高等职业教育新目录新专标
电子与信息大类教材

机器学习技术

孙光明 主 编

高 金 李翔宇 李 昂 副主编

电子工业出版社
Publishing House of Electronics Industry
北京·BEIJING

内 容 简 介

机器学习是一种实现人工智能的方法，也是人工智能领域中最能体现智能、发展最快的一个分支。本书作为该领域算法实现与应用的入门教材，主要介绍了一些经典而常用的机器学习方法及其编程技术，包括朴素贝叶斯、决策树、k-NN、聚类、线性回归、支持向量机（SVM）、神经网络等。全书以 Python 语言作为编程语言，基于工作过程系统化的体例设计，采用理论知识结合项目案例的形式，以图例解析的方式深入浅出又直观地剖析学习模型的计算机理，加深学生的体会和理解，避免了烦琐的数学模型推导；在项目实施过程中，以任务驱动的方式一步一步地演示算法的编程实现与应用过程，学生通过按部就班地反复训练，便能掌握基本的机器学习编程技术和应用方法。此外，为满足学生进一步的学习需要，书中多个单元均介绍了一些阅读材料供学生参考；在每单元最后都挖掘了一个与本单元内容相关的重要人物或事件的思政故事，传导专业正能量，促进学生职业精神与职业素养的养成。

本书配备了丰富的数字化课程教学资源，既可作为高等职业学校、应用型普通高等院校人工智能、大数据专业及其相关专业学生的教材，也可供想快速入门机器学习的工程技术人员、研究人员阅读参考。

未经许可，不得以任何方式复制或抄袭本书之部分或全部内容。
版权所有，侵权必究。

图书在版编目（CIP）数据

机器学习技术 / 孙光明主编. —北京：电子工业出版社，2023.8
ISBN 978-7-121-46112-5

Ⅰ. ①机… Ⅱ. ①孙… Ⅲ. ①机器学习－高等学校－教材 Ⅳ. ①TP181

中国国家版本馆 CIP 数据核字（2023）第 152634 号

责任编辑：左　雅
印　　刷：三河市君旺印务有限公司
装　　订：三河市君旺印务有限公司
出版发行：电子工业出版社
　　　　　北京市海淀区万寿路 173 信箱　　　邮编：100036
开　　本：787×1092　1/16　印张：15.25　字数：411 千字
版　　次：2023 年 8 月第 1 版
印　　次：2025 年 8 月第 3 次印刷
定　　价：55.00 元

凡所购买电子工业出版社图书有缺损问题，请向购买书店调换。若书店售缺，请与本社发行部联系，联系及邮购电话：(010) 88254888，88258888。
质量投诉请发邮件至 zlts@phei.com.cn，盗版侵权举报请发邮件至 dbqq@phei.com.cn。
本书咨询联系方式：(010) 88254580，zuoya@phei.com.cn。

前　　言

机器学习专门研究计算机怎样模拟或实现人类的学习行为，使得计算机能够基于问题给出的有限数据在不对其显式编程的情况下获得待处理问题的知识，其已经成为当前解决人工智能相关问题的主要方式。掌握机器学习的典型算法及其应用技术已经成为人工智能工程技术人员必备的基本技能。

本书是针对当前最流行、最简单易学的 Python 语言及其常用的第三方库而编写的，基于工作过程系统化的体例设计，采用理论知识结合项目案例的形式，由浅入深地介绍了朴素贝叶斯、决策树、k-NN、聚类、线性回归、支持向量机（SVM）、神经网络等机器学习典型算法及其编程技术、应用方法。编者紧密结合本书内容及特点，挖掘课程思政元素，选取适切的案例载体和融入点，力求使知识与技能教育融为一体。

本书的显著特点是较少介绍算法烦琐的数学原理，彰显职业教育类型化特征，突出"四对接""三驱动"的特色。

1. **以课程思政为引领，对接育人目标**

编者在编写本书的过程中，依据《高等学校课程思政建设指导纲要》的要求，结合教材各单元内容及特点，挖掘其中蕴含的课程思政元素，通过适切的课程思政小案例、小故事等多种形式的载体，强化学生工程伦理教育，培养学生精益求精的大国工匠精神，激发学生科技报国的家国情怀和使命担当。

2. **以岗课赛证为抓手，对接行业发展**

本书围绕模块化课程体系的构建，对接行业发展的新知识、新技术、新架构，聚焦大数据分析技术及人工智能技术应用与开发的职业岗位标准、大数据技术与应用国赛标准、人工智能数据处理 1+X 职业技能等级证书标准，将人工智能工程技术人员的工作领域、工作任务、职业能力所需的机器学习典型算法与应用融入教学内容。

3. **以职业能力为本位，对接岗位技能需求**

本书强调以机器学习算法实现与应用编程开发能力提升作为教学的目标，不以学历或学术知识体系为基础，将人工智能工程技术人员职业能力所需的机器学习算法原理、编程过程作为本书内容的最小单元，培养岗位群所需的基本职业技能。

4. **以行动导向为主线，对接真实工作过程**

本书优先选用各人工智能技术在行业中的典型应用案例，分析职业院校学生的学情及学习规律，遵循"资讯—计划—决策—实施—检查—评价"这一完整的工作过程序列，使得在专业教学过程中，在教师的引导下，"教、学、做"一体，理论适用为度，强化学生的实践能力，使学生成为学习过程的中心，在其自主动手实践中，助力其养成职业技能、习得专业知识。

5. 以真实项目为载体，驱动课堂教学实施

本书采用项目化的方式，将典型工作任务与行业企业真实应用相结合，使学生在项目开发与实践的过程中，逐渐具备岗位群典型工作任务所需的知识、能力和素养。

6. 以数字资源为辅助，驱动教学模式创新

本书以"现代教育信息技术+"助力人工智能、大数据等专业升级，满足职业院校学生多样化的学习需求，通过配备丰富的微课视频、PPT、电子教案、工具包等资源，推进"互联网+""AI+"教育新形态，推动教育教学变革创新。

7. 以校企合作为原则，驱动教学质量提升

本书联合深度合作的人工智能头部企业共同开发，充分发挥校企合作优势，利用企业对岗位需求的认知，结合职业院校高职教材开发与教学实施的经验，确保本书的适应性、科学性与可行性。

本书由河北交通职业技术学院的孙光明任主编，河北交通职业技术学院的高金、闽江师范高等专科学校的李翔宇、淄博职业学院的李昂任副主编。本书的具体编写分工如下：单元1、8由孙光明编写，单元2、4由高金编写，单元3、6由李昂编写，单元5、7由李翔宇编写，由孙光明、高金完成全书的审稿工作。

由于编者水平有限，加之时间紧急，书中疏漏之处在所难免，恳请广大读者批评指正。

编　者

目　　录

单元 1　机器学习导引 ··· 1
　　任务 1.1　使用机器学习方法实现纸币真假分类 ·· 2
　　任务 1.2　开发环境的搭建及本地模型的训练、评估 ·································· 25
　　测试习题 ··· 49

单元 2　朴素贝叶斯算法 ·· 52
　　任务 2.1　垃圾短信数据集导入与数据预处理 ·· 52
　　任务 2.2　训练贝叶斯分类器 ·· 56
　　任务 2.3　模型评估 ··· 63
　　测试习题 ··· 72

单元 3　决策树 ··· 75
　　任务 3.1　天气数据集导入与数据预处理 ·· 76
　　任务 3.2　训练决策树模型 ·· 83
　　任务 3.3　模型评估 ··· 97
　　测试习题 ·· 100

单元 4　k-NN 算法 ·· 102
　　任务 4.1　Seeds 数据集导入与数据预处理 ·· 102
　　任务 4.2　训练 k-NN 模型 ·· 106
　　任务 4.3　模型评估 ·· 111
　　测试习题 ·· 116

单元 5　聚类 ··· 119
　　任务 5.1　鸢尾花数据集导入与数据预处理 ·· 119
　　任务 5.2　训练 k-Means 模型 ··· 124
　　任务 5.3　模型评估 ·· 134
　　测试习题 ·· 142

单元 6　线性回归 ·· 145
任务 6.1　房价数据集导入与数据预处理 ·· 145
任务 6.2　训练线性回归模型 ··· 151
任务 6.3　模型评估 ·· 161
测试习题 ·· 166

单元 7　SVM 算法 ·· 170
任务 7.1　蘑菇数据集导入与数据预处理 ·· 170
任务 7.2　训练 SVM 算法模型 ··· 174
任务 7.3　模型评估 ·· 182
测试习题 ·· 187

单元 8　神经网络 ·· 190
任务 8.1　MNIST 数据集导入与数据预处理 ·· 191
任务 8.2　训练神经网络 ·· 197
任务 8.3　深度学习 ·· 213
测试习题 ·· 234

单元 1　机器学习导引

学习目标

通过对本单元的学习，学生能够了解机器学习的发展历程与趋势，理解机器学习的基本概念、算法及其分类，掌握机器学习模型训练与评估方法，激发家国情怀，树立勇于挑战的信心，强化攻坚克难的决心。

通过对本单元的学习，学生能够使用百度飞桨平台训练数据模型；能够搭建 Python 开发环境和安装开发工具 PyCharm；能够配置数据可视化工具 matplotlib 库和 seaborn 库，且能够调用二者的常用函数；能够具备耐心、细致、有条理的工作作风和乐观向上的积极心态。

引例描述

货币在商品或劳务的交换及债务的偿还中扮演着重要角色，众所周知，货币是社会生活中不可分割的部分，因此正确、合理、规范地生产、使用、存储货币，杜绝生产、使用、存储假币，对个人利益和社会集体利益都有重要的积极意义。针对人们日常生活中接触和使用的纸币的真假辨别尤为重要，它与百姓的生活更加密不可分，假币的流通影响了市场规律，直接影响了国家和人民的根本利益。

纸币是以纸张为币材印制而成一定形状，并标明一定面额的货币。我国是世界上最早使用纸币的国家。早在宋朝初年（公元 960 年），一种称为"交子"（意为交换凭证）的纸币就在市场上流通，它是用楮树皮纸制成的楮券，可以兑现。我国的纸币制度后来传到波斯、印度和日本，波斯于 1294 年使用过纸币，印度于 1330—1331 年使用过纸币，日本自 1332 年起仿效中国的办法印制、发行过几次纸币。意大利威尼斯的旅行家马可波罗于 13 世纪来到中国，看到中国人用纸币买卖东西，大为惊奇，当时纸币在中国的使用至少已有 300 年的历史。

随着货币的产生，假币也逐渐蔓延。特别是在纸币诞生和参与流通后，假币就开始逐渐蔓延和泛滥，现已成为一种顽固的社会"毒瘤"。假币的危害在于它扰乱社会、经济秩序，损害一个国家货币的信誉和社会公众的利益。因此，世界各国无不将其列为收缴和打击的对象。纵观世界各国的货币，无论防伪技术多么先进，都有被伪造的可能，用于国际自由兑换的货币，不管是制造精美的美元，还是制造工艺复杂的日元，也面临着越来越严峻的假币冲击和挑战，反假币已成为一个世界性的话题。

我国假人民币作案手段也更加隐蔽，制作技术不断翻新。假币犯罪活动从重点地区向非重点地区、从城市向农村地区转移、扩散。同时，假外国货币案件也逐年增多，跨国犯罪数量呈上升势头。因此，反假币已成为一项长期而艰巨的任务。

　　反假币工作是国家整顿市场经济秩序和防范金融风险的一项重要内容。反假币宣传力度不断加大，反假币活动不断深入，帮助社会公众不断提高反假意识，在一定程度上遏制了假币蔓延态势。但随着科学技术的革新，犯罪分子伪造货币的手段也不断提高，犯罪活动日趋专业化和高智能化，伪造的货币欺骗性更大，由于反假币宣传存在局限性，反假币治理存在滞后性，一些不法分子仍利用一切可以利用的漏洞，向社会输送假币，这对金融安全及人民币流通管理造成了影响，对人民形成了危害。

　　机器学习中有很多算法可以帮助人们对纸币进行真假分类，本单元将通过机器学习算法来介绍利用计算机对纸币进行真假分类的过程。

任务 1.1　使用机器学习方法实现纸币真假分类

任务情景

　　机器学习的本质是多源大数据模型训练，使计算机具备或超出人类已有能力的部分技术集成。算法、算力、数据是机器学习的三要素，基础层提供算力支持，即硬件部分；技术层提供通用技术平台，做算法开发，驯化海量数据，即软件部分；应用层体现不同场景下大数据驯化所体现的价值。

　　AI Studio 是基于百度飞桨平台的人工智能学习与实训社区，集开放数据、开源算法、免费算力于一体，为开发者提供了功能强大的线上训练环境、免费图形处理器（GPU）算力及存储资源，帮助开发者快速创建和部署模型。

　　进行机器学习训练需要强大的算力支持，利用 AI Studio 提供的线上训练环境、GPU 算力及存储资源，无须自行搭建环境便可快速进行机器学习开发。下面以纸币真假分类的简单应用为例来学习 AI Studio 的使用。

任务布置

　　基于百度的在线开放平台 AI Studio，使用机器学习方法，并利用已有的"banknote_authentication"数据集训练数据模型，使用训练的模型实现纸币真假的分类。

知识准备

1. 机器学习概述

　　人工智能是当前的热门话题之一，计算机技术与互联网技术的快速发展更是将对人工智能的研究推向一个新的高潮。人工智能是研究模拟和扩展人类智能的理论、方法及其应用的一门新兴技术科学。机器学习作为人工智能核心研究领域之一，其研究动机是使计算机系统具有人的学习能力，从而实现人工智能。

机器学习（Machine Learning）是一门多领域交叉学科，涉及概率论、统计学、逼近论、凸分析、算法复杂度理论等多门学科，专门研究计算机怎样模拟或实现人类的学习行为，以获取新的知识或技能，重新组织已有的知识结构，使之不断改善自身的性能。它是人工智能的核心，是使计算机具有智能的根本途径。

机器学习是对所研究的问题进行模型假设，利用计算机，从训练数据中学习并得到模型参数，最终对数据进行预测和分析的一门学科。

机器学习是一种通用的数据处理技术，其包含大量的学习算法。不同的学习算法在不同的行业及应用中能够表现出不同的性能和优势。

2. 机器学习的发展历程

机器学习是一门不断发展的学科，虽然只在最近几年才成为一门独立学科，但机器学习的起源可以追溯到 20 世纪 50 年代以来人工智能的符号演算、逻辑推理、自动机模型、启发式搜索、模糊数学、专家系统及人工神经网络（本书中简称神经网络）的反向传播 BP 算法等。表 1-1 简要梳理了机器学习算法演变的过程。

表 1-1 机器学习算法演变过程概览表

机器学习阶段	年份	主要成果	代表人物
人工智能起源	1936	自动机模型理论	阿兰·图灵（Alan Turing）
	1943	M-P 模型	沃伦·麦卡洛克（Warren McCulloch）、沃特·皮茨（Walter Pitts）
	1950	逻辑主义	克劳德·香农（Claude Shannon）
	1951	符号演算	约翰·冯·诺依曼（John von Neumann）
	1956	人工智能	约翰·麦卡锡（John McCarthy）、马文·明斯基（Marvin Minsky）、克劳德·香农（Claude Shannon）
人工智能初期	1958	LISP	约翰·麦卡锡（John McCarthy）
	1962	感知机收敛定理	弗兰克·罗森布拉特（Frank Rosenblatt）
	1972	通用问题解决（GPS）程序	艾伦·纽厄尔（Allen Newell）、赫伯特·西蒙（Herbert Simon）
	1975	框架知识表示	马文·明斯基（Marvin Minsky）
进化计算	1965	进化策略	英戈·雷赫伯格（Ingo Rechenberg）
	1975	遗传算法	约翰·亨利·霍兰德（John Henry Holland）
	1992	基因编程	约翰·科扎（John Koza）
专家系统和知识工程	1965	模糊逻辑、模糊集	拉特飞·扎德（Lotfi Zadeh）
	1965、1972	DENDRA、MYCIN	费根鲍姆（Feigenbaum）、布坎南（Buchanan）、莱德伯格（Lederberg）
	1977	ROSPECTOR	杜达（Duda）
神经网络	1982	霍普菲尔德神经网络	霍普菲尔德（Hopfield）
	1982	自组织神经网络	图沃·科霍宁（Teuvo Kohonen）
	1986	BP 算法	鲁梅尔哈特（Rumelhart）、麦克莱兰（McClelland）
神经网络	1989	卷积神经网络	立昆（LeCun）
	1997	循环神经网络（RNN）	塞普·霍克赖特（Sepp Hochreiter）、尤尔根·施密德胡贝尔（Jurgen Schmidhuber）
	1998	LeNet	立昆（LeCun）

续表

机器学习阶段	年份	主要成果	代表人物
分类算法	1986	ID3 算法	罗斯·昆兰（Ross Quinlan）
	1988	Boosting 算法	弗罗因德（Freund）、迈克尔·卡恩斯（Michael Kearns）
	1993	C4.5 算法	罗斯·昆兰（Ross Quinlan）
	1995	AdaBoost 算法	弗罗因德（Freund）、罗伯特·夏皮尔（Robert Schapire）
	1995	支持向量机（SVM）	科林纳·科尔特斯（Corinna Cortes）、瓦普尼克（Vapnik）
	2001	随机森林	利奥·布雷曼（Leo Breiman）、阿黛尔·卡特勒（Adele Cutler）
深度学习	2006	深度信念网	杰弗里·辛顿（Geoffrey Hinton）
	2011	谷歌大脑	吴恩达（Andrew Ng）
	2014	生成对抗网络（GAN）	伊恩·古德费罗（Ian Goodfellow）

虽然，以上这些技术在当时并没有被冠以机器学习之名，但时至今日，它们依然是机器学习的理论基石。从学科发展过程的角度思考机器学习，有助于理解目前层出不穷的各类机器学习算法。

机器学习的发展分为知识推理期、知识工程期、浅层学习（Shallow Learning）和深度学习（Deep Learning）几个阶段。

1）知识推理期

知识推理期起始于 20 世纪 50 年代中期，这时的人工智能主要通过专家系统赋予计算机逻辑推理能力，由赫伯特·西蒙（Herbert Simon）和艾伦·纽厄尔（Allen Newell）实现的自动定理证明系统 Logic Theorist 证明了逻辑学家拉塞尔（Russell）和怀特黑德（Whitehead）编写的《数学原理》中的 52 条定理，并且其中一条定理比原作者所写更加巧妙。

2）知识工程期

从 20 世纪 70 年代开始，人工智能进入知识工程期，费根鲍姆（E.A.Feigenbaum）作为知识工程之父，在 1994 年获得了图灵奖。由于人工无法将所有知识都总结出来教给计算机系统，所以这一阶段的人工智能面临知识获取的瓶颈。

3）浅层学习

实际上，在 20 世纪 50 年代，就已经有机器学习的相关研究，代表性工作主要是罗森布拉特（F.Rosenblatt）基于神经感知科学提出的计算机神经网络，即感知机。在随后十年中，浅层学习的神经网络风靡一时，特别是马文·明斯基提出了著名的 XOR 问题和感知机线性不可分的问题。

由于计算机的运算能力有限，多层网络的训练十分困难，通常都是只有一层隐藏层的浅层模型。虽然各种各样的浅层机器学习模型被相继提出，对理论分析和应用方面都产生了较大的影响，但是理论分析的难度和训练方法需要很多经验和技巧。随着最近邻等算法的相继提出，浅层模型在模型理解、准确率、模型训练等方面被超越，机器学习的发展几乎处于停滞状态。

4）深度学习

2006 年，辛顿（Hinton）发表了深度信念网论文，本戈欧（Bengio）等人发表了 *Greedy Layer-Wise Training of Deep Networks*，立昆（LeCun）团队发表了 *Efficient Learning of Sparse Representations with an Energy-Based Model*，这些事件标志着人工智能正式进入了深层网络的实

践阶段。同时，云计算和 GPU 并行计算为深度学习的发展提供了基础保障，特别是最近几年，机器学习在各个领域都取得了突飞猛进的发展。

新的机器学习算法面临的主要问题更加复杂，机器学习的应用领域从广度向深度发展，这对模型训练和应用都提出了更高的要求。随着人工智能的发展，冯·诺依曼式的有限状态机的理论基础越来越难以应对目前神经网络中对层数的要求，这些都对机器学习提出了挑战。

3. 机器学习的分类

机器学习在不同的视角/维度下，有不同的类别划分方法。根据不同维度，可以对机器学习进行不同的分类，这有助于了解机器学习不同维度的特点，以及更深入地理解其本质。

1) 根据学习目标分类

根据学习目标，机器学习可以分为生成模型和判别模型两种。

（1）生成模型（Generative Model）。

生成模型指一系列用于随机生成可观测数据的模型，是概率统计和机器学习中的一类重要模型。生成模型学习概率分布，是通过联合概率密度分布 $P(X,Y)$ 来求出条件概率分布 $P(Y|X)$，并对其进行预测的模型，即生成模型的表达式为

$$P(Y|X) = \frac{P(X,Y)}{P(X)} \tag{1-1}$$

生成模型可以从统计的角度表示分布的情况，能够反映同类数据本身的相似度。它不关心划分不同类的边界在哪里。生成模型学习所有数据的特点，关心数据是怎么产生的，哪怕它的目的是学习条件概率分布。

生成模型的应用十分广泛，可以用来对不同的数据（如图像、文本、声音等）进行建模。例如图像生成，将图像表示为一个随机向量 X，其中每一维表示一个像素值。常见的生成模型有隐马尔可夫模型（HMM）、朴素贝叶斯模型、高斯混合模型（GMM）、隐狄利克雷分配（LDA）文档主题生成模型等。

（2）判别模型（Discriminative Model）。

判别模型是一种对未知数据 Y 与已知数据 X 之间的关系进行建模的方法。它基于概率论直接对条件概率 $P(Y|X)$ 进行建模。已知输入变量 X，判别模型通过构建条件概率分布 $P(Y|X)$ 预测 Y。根据训练数据得到分类函数和分界面，例如根据模型得到一个分界面，然后直接计算条件概率 $P(Y|X)$，将最大的 $P(Y|X)$ 作为新样本的分类。

判别模型对条件概率进行建模，学习不同类别之间的最优边界，无法反映训练数据本身的特征，能力有限，其只能提示分类的类别。常见的判别模型有线性回归模型、决策树模型、支持向量机（SVM）算法模型、k-NN 模型、神经网络（NN）等。

判别模型和生成模型的区别如图 1-1 所示。

图 1-1 的左边为判别模型，右边为生成模型，可以很清晰地看到判别模型在寻找一个决策边界，通过该边界来将样本划分到对应类别。生成模型则不同，它学习了每个类别的边界，包含更多信息，可以用来生成样本。

生成模型是所有变量的全概率模型，而判别模型是在给定观测变量值的前提下目标变量的条件概率模型。因此，生成模型能够用于模拟（生成）模型中任意变量的分布情况，而判别模型只能根据观测变量得到目标变量的采样值。

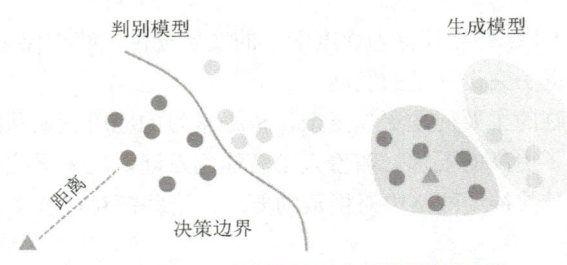

图 1-1　判别模型和生成模型的区别

　　判别模型不对观测变量的分布建模，因此它不能表达观测变量与目标变量之间更复杂的关系。生成模型更适用于无监督的任务，如分类、聚类。如果观测数据是从生成模型中抽样的，那么一种常见的方法是最大化数据似然概率。但是，大部分统计模型只是近似于真实分布，如果任务的目标是在已知一部分变量的值条件下，对另一部分变量的推断，那么可以认为这种模型近似造成了一些对当前任务来说不必要的假设。在这种情况下，使用判别模型对条件概率函数进行建模可能更准确，不过最终会由具体的应用细节决定哪种方法更适用。

　　生成模型更普适；判别模型更直接，目标性更强。生成模型关注数据是如何产生的，寻找的是数据分布模型；判别模型关注数据的差异性，寻找的是分类面。由生成模型可以产生判别模型，但是由判别模型无法产生生成模型。

　　判别模型与生成模型包含的算法如图 1-2 所示。

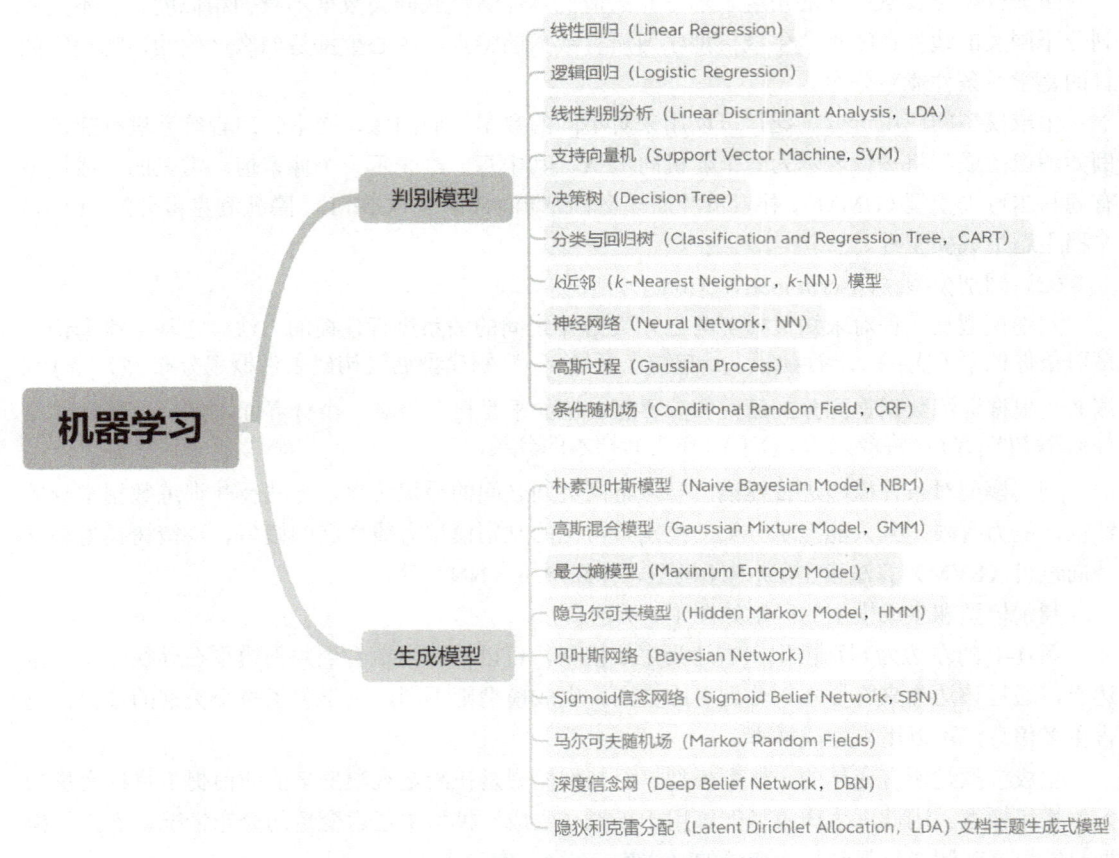

机器学习

判别模型
- 线性回归（Linear Regression）
- 逻辑回归（Logistic Regression）
- 线性判别分析（Linear Discriminant Analysis，LDA）
- 支持向量机（Support Vector Machine，SVM）
- 决策树（Decision Tree）
- 分类与回归树（Classification and Regression Tree，CART）
- k 近邻（k-Nearest Neighbor，k-NN）模型
- 神经网络（Neural Network，NN）
- 高斯过程（Gaussian Process）
- 条件随机场（Conditional Random Field，CRF）

生成模型
- 朴素贝叶斯模型（Naive Bayesian Model，NBM）
- 高斯混合模型（Gaussian Mixture Model，GMM）
- 最大熵模型（Maximum Entropy Model）
- 隐马尔可夫模型（Hidden Markov Model，HMM）
- 贝叶斯网络（Bayesian Network）
- Sigmoid 信念网络（Sigmoid Belief Network，SBN）
- 马尔可夫随机场（Markov Random Fields）
- 深度信念网（Deep Belief Network，DBN）
- 隐狄利克雷分配（Latent Dirichlet Allocation，LDA）文档主题生成式模型

图 1-2　判别模型与生成模型包含的算法

判别模型直接学习决策函数 $Y=f(X)$ 或者条件概率分布 $P(Y|X)$，不能反映训练数据本身的特征，但它寻找不同类别之间的最优分类面，反映的是异类数据之间的差异，直接面对预测往往学习准确度更高。具体来说，判别模型有以下特点：

① 对条件概率进行建模，学习不同类别之间的最优边界。
② 捕捉不同类别特征的差异信息，不学习本身分布信息，无法反映训练数据本身的特征。
③ 学习成本较低，需要的计算资源较少。
④ 需要的样本数可以较少，少样本也能很好地学习。
⑤ 预测时拥有较好性能。
⑥ 无法转换成生成模型。

生成模型学习的是联合概率密度分布 $P(X,Y)$，可以从统计的角度表示分布的情况，能够反映同类数据本身的相似度，它不关心划分不同类的边界在哪里。生成模型的学习收敛速度更快，当样本容量增加时，学习到的模型可以更快地收敛到真实模型；当存在隐变量时，依旧可以用生成模型，此时，判别模型就不可用了。具体来说，生成模型有以下特点：

① 对联合概率进行建模，学习所有分类数据的分布。
② 学习到的训练数据本身的信息更多，能反映训练数据本身的特征。
③ 学习成本较高，需要更多的计算资源。
④ 需要的样本数更多，当样本较少时，学习效果较差。
⑤ 推断时性能较差。
⑥ 在一定条件下，能转换成判别模型。

2）根据学习方法分类

根据学习方法，机器学习可以分为监督学习、无监督学习、半监督学习、强化学习、对抗学习 5 种。

（1）监督学习（Supervised Learning）。

监督学习是机器学习中的一种训练方式/学习方式。它是通过机器学习中大量带有标签的样本数据训练出一个模型，并使该模型可以根据输入得到相应输出的过程。监督学习通过已有的一部分输入数据与输出数据之间的对应关系，生成一个函数，将输入映射到合适的输出，如分类。在监督学习中，训练数据既有特征（Feature）又有标签（Label），通过训练，机器可以自己找到特征和标签之间的联系，在面对只有特征没有标签的数据时，可以判断出标签。

监督学习表示机器学习的数据是带标记的，这些标记包括数据类别、数据属性及特征点位置等。这些标记作为预期效果，不断修正机器的预测结果。其具体实现过程如下：

首先，通过大量带有标记的数据来训练机器，由机器比对预测结果与期望结果；再根据比对结果来修改模型中的参数，又一次输出预测结果；然后，比对预测结果与期望结果，重复多次，直至收敛；最后，生成具有一定鲁棒性的模型，从而达到智能决策的目的。

常见的监督学习有分类和回归。分类（Classification）是将一些实例数据分到合适的类别中，它的预测结果是离散的。回归（Regression）是将数据归到一条"线"上，即离散数据生成拟合曲线，因此其预测结果是连续的。

（2）无监督学习（Unsupervised Learning）。

无监督学习表示机器学习的数据是没有标记的。机器从无标记的数据中探索并推断出数据之间潜在的联系。

常见的无监督学习有聚类和降维。在聚类（Clustering）工作中，由于事先不知道数据类别，因此只能通过分析样本数据在特征空间中的分布，例如基于密度或基于统计学概率模型等，将不同数据分开，并将相似数据聚为一类。降维（Dimensionality Reduction）是将数据的维度降低。例如描述一个西瓜，若只考虑外皮颜色、根蒂、敲声、纹理、大小及含糖率这 6 个属性，则表示西瓜数据的维度为 6。进一步考虑降维的工作，由于数据本身具有庞大的数量和各种属性特征，若对全部数据信息进行分析，将会增加训练负担和存储空间。因此，可以通过主成分分析等其他方法，考虑主要影响因素，舍弃次要因素，从而平衡准确度与效率。

（3）半监督学习（Semi-Supervised Learning）。

半监督学习是模式识别和机器学习领域研究的重点，是监督学习与无监督学习相结合的一种学习方法。无监督学习只利用无标记的样本集进行学习，而监督学习只利用标记的样本集进行学习。但在很多实际问题中，因为对数据进行标记的代价有时很高，所以最后通常只能得到少量的标记数据和大量的无标记数据。半监督学习使用大量的无标记数据及少量的标记数据进行模式识别工作。当使用半监督学习时，会要求尽量少的人员来从事工作，同时能够带来比较高的准确性，因此半监督学习越来越受到人们的重视。

半监督学习有两个样本集，一个有标记，一个没有标记。半监督学习侧重于在有监督的分类算法中加入无标记样本来实现半监督分类。

（4）强化学习（Reinforcement Learning）。

强化学习又称再励学习、评价学习或增强学习，是机器学习的范式和方法论之一，用于描述和解决智能体在与环境的交互过程中通过学习策略以达成回报最大化或实现特定目标的问题。受到行为心理学的启发，强化主要关注智能体如何在环境中采取不同的行动，以最大限度地提高累积奖励。

强化学习模型如图 1-3 所示，其主要由智能体（Agent）、环境（Environment）、状态（State）、动作（Action）、奖励（Reward）组成。在智能体执行了某个动作后，环境将会转换到一个新的状态，对于这一新的状态，环境会给出奖励信号（正奖励或负奖励）。随后，智能体根据新的状态和环境反馈的奖励，按照一定的策略（Policy）执行新的动作。上述过程为智能体和环境通过状态、动作、奖励进行交互的方式。

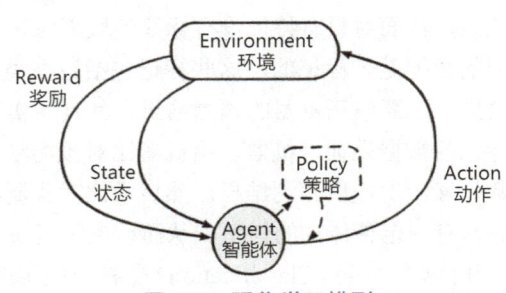

图 1-3 强化学习模型

智能体通过强化学习，可以知道自己在某种状态下，应该采取什么样的动作，使得自身获得最大奖励。由于智能体与环境的交互方式和人类与环境的交互方式类似，可以认为强化学习是一套通用的学习框架，强化学习可用来解决通用人工智能的问题。因此，强化学习也被称为通用的人工智能机器学习方法。

强化学习是带有激励机制的，具体来说，如果机器行动正确，环境将给出一定的正激励；如果行动错误，环境会给出一定的惩罚（也可称为负激励）。因此，在这种情况下，机器将会考虑如何在一个环境中行动，才能达到激励的最大化，具有一定的动态规划思想。

强化学习最火热的一个应用就是谷歌 AlphaGo 的升级品——AlphaGo Zero。相较于 AlphaGo，AlphaGo Zero 舍弃了先验知识，不再需要人为设计特征，而是直接将棋盘上黑、白棋子的摆放情况作为原始数据输入模型中，机器使用强化学习来自我博弈，不断提升自己，从而出色地完成下棋任务。AlphaGo Zero 的成功，证明了在没有人类的经验和指导下，深度强化学习依然能够出色地完成指定任务。

（5）对抗学习（Adversarial Learning）。

对抗学习是一种很新的机器学习方法，由加拿大学者伊恩·古德费罗（Ian Goodfellow）首先提出。对抗学习实现的方法是使两个网络相互竞争对抗。其中，一个是生成器网络，它不断捕捉训练库里真实数据的概率分布，将输入的随机噪声转变成新的样本（假数据）；另一个是判别器网络，它可以同时观察真实和假造的数据，判断这个数据到底是不是真的。

通过反复对抗，生成器和判别器的能力都会不断增强，直到达成一种平衡，最后生成器可生成高质量的、以假乱真的数据。

3）根据应用方向分类

根据应用方向，机器学习可以分为分类、聚类、回归、排序和序列标注 5 种。

（1）分类（Classification）。

分类是一个有监督的学习过程，目标数据库中有些类别是已知的，分类过程需要做的就是把每条记录归到对应的类别之中。由于必须事先知道各个类别的信息，并且所有待分类的数据条目都默认有对应的类别，因此分类算法也有其局限性，若上述条件无法满足，则需要尝试使用聚类分析。

分类是根据训练结果判断输入数据为哪个已知的类别。可以是二类别问题（是/不是），也可以是多类别问题（在多个类别中，判断输入数据具体属于哪一个类别）。分类问题的输出数据不再是连续值，而是离散值，用来指定该值属于哪个类别。分类问题在现实中的应用非常广泛，如垃圾邮件识别、手写数字识别、人脸识别、语音识别等。

（2）聚类（Clustering）。

聚类是典型的无监督学习方法，通过对无标记训练样本的学习来揭示数据的内在性质及规律，为进一步的数据分析提供基础。

聚类试图将数据集中的样本划分为若干通常不相交的子集，每个子集就是一个簇（Cluster）。每个簇可能对应一些潜在的概念，这些概念对聚类算法而言，事先是未知的，聚类过程仅能自动形成簇结构，簇所对应的概念语义需由使用者来把握和命名。

（3）回归（Regression）。

回归是机器学习的三大基本模型中很重要的一环，其功能是建模和分析变量之间的关系。回归多用来预测一个具体的数值，如房价、未来的天气情况等。

回归从一组数据出发，确定某些变量之间的定量关系式，也就是建立数学模型并估计未知参数。回归的目的是预测数值型的目标值，它的目标是接收连续数据，寻找最适合数据的方程，并能对特定的值进行预测。其中，所寻求的方程叫作回归方程。求解回归方程，首先，要确定模型，最简单的回归模型就是简单线性回归模型（如 $y = kx + b$）；然后，就是求回归方程的回归系数（k 和 b 的值）。

（4）排序（Ranking）。

排序即应用机器学习技术来搭建信息检索系统的排序模型。排序主要用于搜索引擎、推荐系统等领域。对于传统的排序算法，一般只能根据少量特征，通过人为设定的规则进行全量排序。然而排序涉及大量的特征，而且这些特征难以用人为的编辑规则来比较，这就出现了机器学习排序应用。

排序以特征和数据为输入，通过机器学习或神经网络，输出对于某个查询的每个数据的相关度分数，进而实现对数据的排序。

训练数据包含每个列表中项目的某种偏序关系的项目列表。这种偏序可以按照数值、序数分值或二元判断来确定。排序模型的目标是学习训练集中的排序方式，从而对未来的数据进行排序。

（5）序列标注（Sequence Tagging）。

序列标注指给定一个序列，找出序列中每个元素对应标签的问题。其中，标签所有可能的取值集合被称为标注集。

序列标注是一个比较简单的自然语言处理（NLP）任务，也可被称作最基础的任务。序列标注的涵盖范围非常广泛，它可用于解决一系列对字符进行分类的问题，如分词、词性标注、命名实体识别、关系抽取等。

常用的序列标注模型包括隐马尔可夫模型（HMM）、条件随机场（CRF）、BiLSTM + CRF。

4. 模型训练与评估

1）模型训练

在机器学习中，经常听到一个词——模型训练。在人工智能中，面对大量用户的数据或素材，如果要在杂乱无章的内容中准确、简易地识别、输出我们期待的图像或语音，并非很容易。因此，算法就显得尤为重要。

算法就是模型。算法的内容除了核心识别引擎，还包括各种配置参数。成熟的识别引擎，其核心内容一般不会经常变化，为达到"识别成功"这一目标，只能调整配置参数。对于不同的输入，需要配置不同的参数值，在进行结果统计时，取一组各方面比较均衡、识别率较高的参数值（最优配置参数），这组参数值就是训练后得到的结果，这个过程就是训练的过程，也叫模型训练过程，如图 1-4 所示。

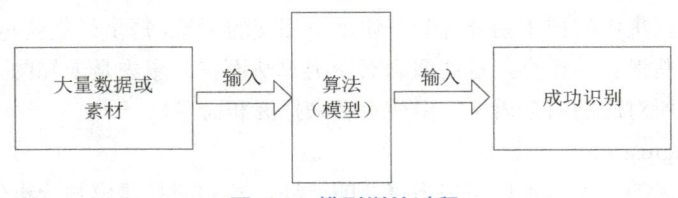

图 1-4 模型训练过程

机器学习模型训练主要包含数据集、探索性数据分析（EDA）、数据预处理、数据分割、模型建立 5 个过程。

(1)数据集。

数据集是搭建机器学习模型历程中的起点,如图 1-5 所示。简单来说,数据集本质上是一个 $M \times N$ 矩阵,其中,M 代表列(特征),N 代表行(样本)。列可以分解为 X 和 Y,其中,X 是几个术语[如特征(Feature)、独立变量(Independent Variable)和输入变量(Input Variable)]的同义词;Y 也是几个术语[如类标签(Class Label)、因变量(Dependent Variable)和输出变量(Output Variable)]的同义词。

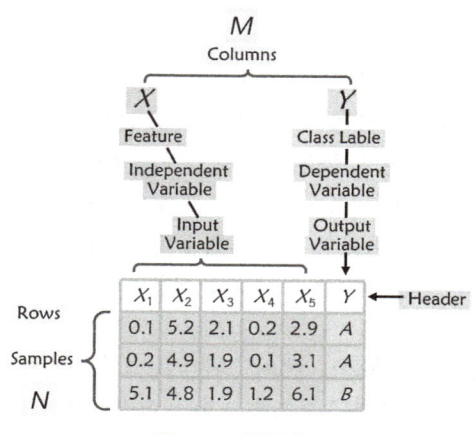

图 1-5 数据集

一个可以用于监督学习的数据集(可以执行回归或分类)将同时包含 X 和 Y,而一个可以用于无监督学习的数据集将只有 X。此外,如果 Y 包含定量值,那么数据集(由 X 和 Y 组成)可以用于回归任务;如果 Y 包含定性值,那么数据集(由 X 和 Y 组成)可以用于分类任务。

(2)探索性数据分析。

进行探索性数据分析是为了获得对数据的初步了解。常用的探索性数据分析方法如下:

① 描述性统计:统计平均数、中位数、模式、标准差。

② 数据可视化:辨别特征内部相关性的热图,体现可视化群体差异的箱形图,体现可视化特征之间相关性的散点图,可视化数据集中呈现的聚类分布的主成分分析图等。其中,箱形图如图 1-6 所示,主成分分析图如图 1-7 所示。在图 1-6 中,Pos 代表位置(Position),SG 代表得分后卫(Shooting Guard),PF 代表大前锋(Power Forward),PG 代表控球后卫(Point Guard),C 代表中锋(Center),SF 代表小前锋(Small Forward),PTS 代表得分(Points)。

③ 数据整形:对数据进行透视、分组、过滤等。

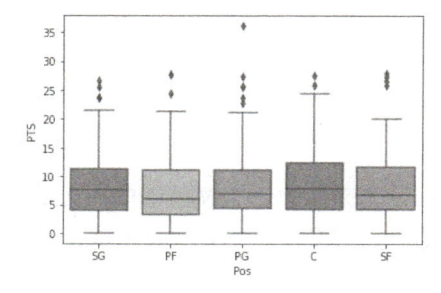

图 1-6 箱形图

图 1-7 主成分分析图

(3)数据预处理。

数据预处理又称数据清理、数据整理或数据处理,是指对数据进行各种检查和审查的过程,具有纠正缺失值、拼写错误(使数值正常化/标准化,以使其具有可比性)、转换数据(如对数转换)等作用。

数据的质量将对生成模型的质量产生很大的影响。为了达到最高的模型质量,应该在数据预处理阶段花费大量精力。一般来说,数据预处理阶段可以轻易占到数据科学项目所花费时间的 80%,而实际的模型建立阶段和后续的模型分析阶段仅占到数据科学项目花费时间的 20%。

(4)数据分割。

数据分割(Data Splitting)有以下 3 种方法。

① 数据集训练-测试分割。在机器学习模型的开发过程中,希望训练好的模型能在新的、未见过的数据上表现良好。为了模拟新的、未见过的数据,对可用数据进行数据分割,将其分割成训练集(Train Set)、测试集(Testing Set)两部分,有时被称为数据集训练-测试分割,如图 1-8 所示。特别是第一部分,它是较大的数据子集,如可占原始数据的 80%,用作训练集;第二部分通常是较小的数据子集,对应地,占原始数据的 20%,用作测试集。需要注意的是,这种数据分割只进行一次。

接下来,利用训练集建立预测模型。然后,将这种训练好的模型应用于测试集(作为新的、未见过的数据)上并进行预测。根据模型在测试集上的表现来选择最优化模型,为了获得最优化模型,还可以进行超参数优化。

② 数据集训练-验证-测试分割,即将初始数据(Initial Data)集分割成训练集、验证集(Validation Set)和测试集三部分,如图 1-9 所示。与数据集训练-测试分割的解释类似,用训练集建立预测模型,同时对验证集进行评估,据此进行预测,还可以进行模型调优(如超参数优化),并根据验证集的结果选择性能最优的模型。正如我们所看到的,类似于数据集训练-测试分割对测试集采用的操作,这里在验证集上采用同样的操作。测试集不参与任何模型的建立和准备。因此,测试集可以真正充当新的、未知的数据。

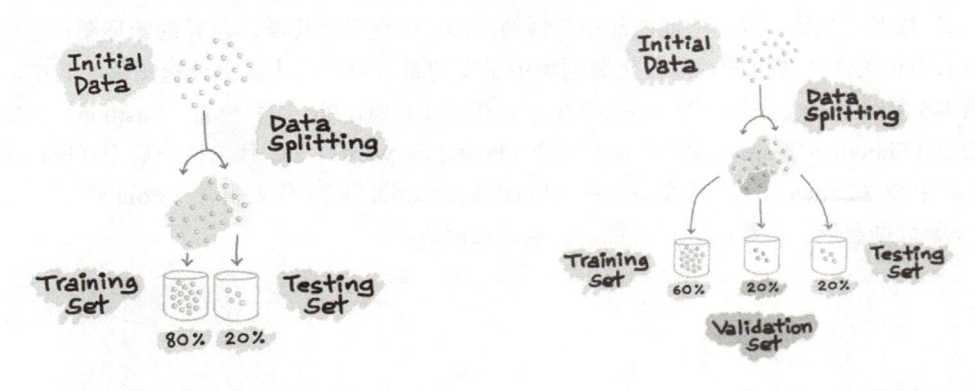

图 1-8 数据集训练-测试分割   图 1-9 数据集训练-验证-测试分割

③ 交叉验证(CV)。为了最经济地利用现有数据,通常采用 N 倍交叉验证(Cross-Validation,CV)方法,将数据集分割出 N 个折,即通常使用 5 倍或 10 倍 CV。5 倍 CV 示例(Example of 5-Fold CV)如图 1-10 所示,其中,Iteration 意为迭代。在这样的 N 倍 CV 中,其中一个折被留作测试数据,而其余的折则被用作建立模型的训练数据。例如,在 5 倍 CV 中,有 1 个折被省略,作

为测试数据；而剩下的 4 个折被集中起来，作为建立模型的训练数据。然后，将训练好的模型应用于上述省略的折（测试数据）。这个过程反复进行，直到所有的折都有机会被留出并作为测试数据为止。因此，我们将建立 5 个模型，即 5 个折中的每个折都被留出并作为测试数据，其中，5 个模型中的每个模型都包含相关的性能指标。最后，度量（指标）值是基于 5 个模型计算出的平均性能。

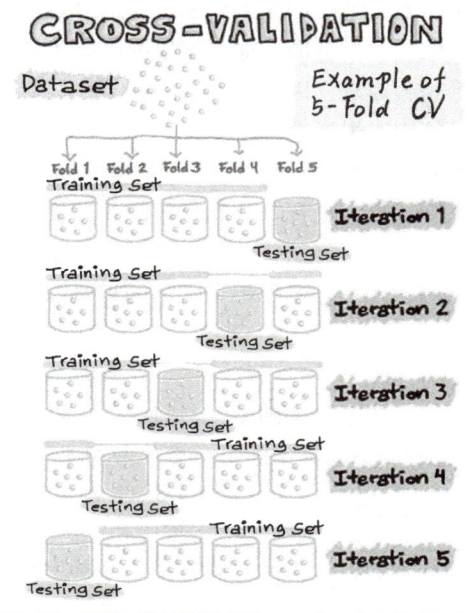

图 1-10　5 倍 CV 示例（Example of 5-Fold CV）

（5）模型建立。

使用准备的数据来建立模型需要根据目标变量（通常被称为 Y 变量）的数据类型（定性或定量），建立一个分类（如果 Y 是定性的）模型或回归（如果 Y 是定量的）模型。

2）学习算法优化

（1）参数调优。

超参数本质上是机器学习算法的参数，直接影响学习过程和预测性能。由于没有"一刀切"的超参数设置来普遍适用于所有数据集，因此需要进行超参数优化（也被称为超参数调整或模型调整）。

另一种流行的机器学习算法是 SVM（支持向量机）算法。需要优化的超参数是径向基函数（RBF）内核的 C 参数和 gamma 参数（线性内核只有 C 参数，多项式内核有 C 参数和指数参数）。C 参数是一个限制过拟合的惩罚项，gamma 参数则控制 RBF 内核的宽度。如上所述，调优通常是为了得出超参数的最优值集，尽管如此，也有一些研究旨在为 C 参数和 gamma 参数找到良好的起始值。

（2）特征选择。

特征选择从字面上看就是从最初的大量特征中选择一个特征子集的过程。除了实现高精度的模型，搭建机器学习模型最重要的一个方面是获得可操作的见解，要实现这一目标，能够从大量的特征中选择出重要的特征子集非常重要。

由于特征选择的任务本身就可以构成一个全新的研究领域，在这个领域中，大量的努力都是为了设计新颖的算法和方法。在众多可用的特征选择算法中，一些经典的方法是以模拟退火和遗传算法为基础的。除此之外，还有大量基于进化算法（如粒子群优化算法、蚁群优化算法等）和随机模拟方法（如蒙特卡洛方法）的方法。

3）模型评估

模型评估即对模型的泛化能力（性能）进行评估，一方面可以从实验角度进行比较，如 CV 等；另一方面可以利用具体的性能评估标准，如测试集准确率等。通常来说，模型的好坏不仅取决于算法和数据，还取决于任务需求。因此，不同的任务往往对应不同的评估指标，如分类任务下的准确率，回归任务下的均方根误差（RMSE）。

在机器学习领域，为了检验训练好的模型性能，要对模型进行评估，并且不同类型的模型所使用的评估方法也会有所差别。只有选择与问题相匹配的评估方法，才能快速发现模型选择或训练过程当中出现的问题，对模型进行迭代优化。模型评估主要分为离线评估和在线评估两个阶段。针对分类、排序、回归、序列预测等不同类型的机器学习问题，评估指标的选择也有所不同。

（1）评估指标分类。

分类模型的常用评估指标有准确率、精确率、召回率、P-R 曲线、F_1 Score、ROC 曲线等。

① 准确率。准确率是指正确分类的样本数占总样本数的比例，其计算公式为

$$\text{Accuracy} = \frac{\text{TP} + \text{TN}}{\text{TP} + \text{FP} + \text{TN} + \text{FN}} \tag{1-2}$$

式中，分子为分类预测正确的样本数；分母为总样本数。准确率是分类问题中最简单也最直观的评估指标，但其存在明显的缺陷。例如，当负样本数占总样本数的 99%时，分类器把所有样本都预测为负样本也可以获得 99%的准确率。所以，当不同类别的样本所占比例非常不均衡时，占比大的类别往往成为影响准确率的最主要因素。

② 精确率。精确率（Precision，用 P 表示）是指预测为正例的样本数中真实正例的样本数所占的比例，其计算公式为

$$P = \frac{\text{TP}}{\text{TP} + \text{FP}} \tag{1-3}$$

式中，分母为预测为正例的样本数；分子为预测的样本中真实正例的样本数。

③ 召回率。召回率（Recall，用 R 表示）是指真实正例的样本数中预测为正例的样本数所占的比例，其计算公式为

$$R = \frac{\text{TP}}{\text{TP} + \text{FN}} \tag{1-4}$$

式中，分母为真实正例的样本数；分子为真实正例中预测为正例的样本数。

④ P-R 曲线。P-R 曲线的横坐标是召回率，纵坐标是精确率。对一个排序模型来说，其 P-R 曲线上的一个点代表在某一阈值下，模型将大于该阈值的结果判定为正样本，将小于该阈值的结果判定为负样本，此时返回结果对应的召回率和精确率。整条 P-R 曲线是通过将阈值从高到低移动而生成的，如图 1-11 所示。

由图 1-11 可见，当召回率接近 0 时，模型 A 的精确率为 0.9，模型 B 的精确率为 1，这说明：在模型 B 中，得分前几位的样本全部是真实的正样本；而在模型 A 中，即使得分最高的几

个样本，也存在预测错误的情况。并且，随着召回率的提高，精确率整体呈下降趋势。但是，当召回率为 1 时，模型 A 的精确率反而超过了模型 B。这充分说明：只用某个点对应的精确率和召回率不能全面地衡量模型的性能，只有通过观察 P-R 曲线的整体表现，才能够对模型进行更全面的评估。

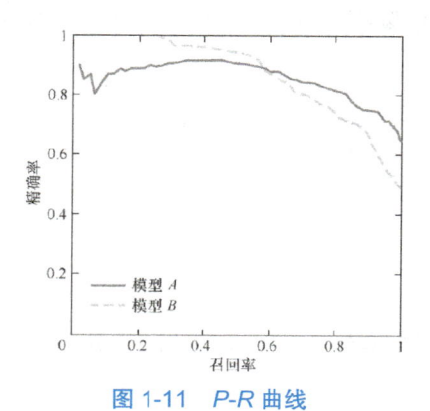

图 1-11　P-R 曲线

⑤ F_1 Score。在介绍 F_1 Score 之前，先用精确率（P）和召回率（R）两个指标来表示评估模型的性能。

$$F_\beta = \frac{(1+\beta^2)PR}{\beta^2 P + R} \tag{1-5}$$

式中，$\beta = R/P$，用来度量精确率和召回率之间的相对关系。如果 $\beta > 1$，召回率占较大比例，有更大的影响；如果 $\beta < 1$，精确率占较大比例，有更大的影响；如果 $\beta = 1$，两者所占比例相同，影响力也相同，即 F_1 Score 的计算公式为

$$F_1 = \frac{2PR}{P+R} \tag{1-6}$$

⑥ ROC 曲线。ROC 曲线即曲线下面积（Area Under the Curve，AUC），是评估二元分类器的重要指标之一。

ROC 曲线的横坐标是假正例率（FPR），纵坐标是真正例率（TPR）。TPR 和 FPR 的计算公式为

$$\text{FPR} = \frac{\text{FP}}{\text{FP}+\text{TN}} \tag{1-7}$$

$$\text{TPR} = \frac{\text{TP}}{\text{TP}+\text{FN}} \tag{1-8}$$

式中，TPR 是指在所有的真实正例中，预测为正例的样本数所占的比例，和召回率的意义相同；FPR 是指在所有的负例中，预测为正例的样本数所占的比例。

（2）回归问题。

由于回归模型的输出值为连续值，其模型的评估与分类模型评估有所差异，一般采用平均绝对误差（MAE）、均方误差（MSE）、均方根误差（RMSE）等。

① 平均绝对误差（MAE）。MAE 被称为 L1，其计算公式为

$$\text{MAE} = \frac{1}{n}\sum_{i=1}^{n}|y_i - \hat{y}_i| \tag{1-9}$$

② 均方误差（MSE）。MSE 被称为 L2，其计算公式为

$$\text{MSE} = \frac{1}{n}\sum_{i=1}^{n}(y-y_i)^2 \tag{1-10}$$

③ 均方根误差（RMSE）。RMSE 能很好地反映回归模型预测值与真实值的偏离程度。但在实际问题中，如果存在个别偏移程度非常大的离群点，即使离群点的数量非常少，也会使 RMSE 指标变得很差。

$$\text{RMSE} = \sqrt{\frac{\sum_{i=1}^{n}(y-y_i)^2}{n}} \tag{1-11}$$

任务实施

请从华信教育资源网本书配套资源处下载 banknote_authentication 数据集，并利用该数据集训练数据模型。

1. 引入相关模块

os 库是 Python 标准库，包含几百个函数，常用的是路径操作、进程管理、环境参数类型。os 是"operating system"的缩写，os 模块提供的就是各种 Python 程序与操作系统进行交互的接口。使用 os 模块，一方面，可以方便地与操作系统进行交互；另一方面，可以极大地增强代码的可移植性。

NumPy（Numerical Python）是 Python 语言的一个扩展程序库，支持大量的维度数组与矩阵运算，也针对数组运算提供大量的数学函数库。

引入 os 库的代码如下：

```
import os
import numpy as np
```

2. 定义 Banknotes 类

类用来描述具有相同属性和方法的对象的集合，它定义了该集合中每个对象所共有的属性和方法。对象是类的实例。在 Python 中，使用 class 关键字来定义类，类的命名规则是每个单词的首字母都要大写。

1）重写构造函数

在 Python 中自定义类时，一般需要重写几种方法。一个类通常包含一种特殊的方法，即采用 __init__()——一种构造函数。这种方法被称为初始化方法，又被称为构造方法，它在创建和初始化一个新对象时被自动调用，初始化方法通常被设计用于完成对象的初始化工作。方法的命名符合驼峰命名规则，但是方法的首字母小写。

```
class Banknotes:
    def __init__(self, feature_dir):
        self.feature_dir = feature_dir #特征的文件路径
        self.features = None #特征值
```

其中，self 是对象本身，feature_dir 是它的形式参数（简称形参）。

2）定义加载模型的方法

方法就是可以对对象采用的操作，它们是一些代码块，可以调用这些代码块来完成某个工作。方法也是包含在对象中的函数，函数能做到的，方法都可以做到，包括传递参数和返回值。采用加载模型的方法可以完成特征数据的加载。

```python
# 特征数据加载，如果特征文件存在，则将特征文件加载到 features 变量中；如果特征文件不存在，则创建特征文件目录 model
def load_model(self):
    if os.path.exists(self.feature_dir):
        with open(self.feature_dir, 'r') as f:
            line = f.readline().strip()
            self.features = np.array(list(map(float, line.split(','))))
        return True
    else:
        path = '/'.join(self.feature_dir.split('/')[:-1])
        if not os.path.exists(path):
            os.mkdir('model')
        return False
```

3）定义加载数据集的方法

采用加载数据集的方法可以完成特征数据集的加载，将数据集按比例分割成训练集和测试集，数据集包含输入集（Inputs）和标签集（Labels）。将数据集的 80% 作为训练集，20% 作为测试集。

```python
# 数据集加载，将数据集按比例分割成训练集和测试集，数据集包含输入集和标签集
def load_dataset(self, dataset_path):
    if os.path.exists(dataset_path):  #判断数据集文件是否存在
        with open(dataset_path, 'r') as f:  #打开数据集文件
            lines = f.readlines()  #按行读取所有数据
            np.random.shuffle(lines)  #按行打乱顺序
            train_inputs = []  #训练数据输入
            train_lables = []  #训练数据标签
            for line in lines[:int(len(lines)*0.8)]:  #遍历前 80% 的数据，将其解析并放入训练集，每行前 4 个数据作为输入数据，最后 1 个数据作为标签
                line_array = line.strip().split(',')
                train_inputs.append([1.0, float(line_array[0]), float(line_array[1]), float(line_array[2]), float(line_array[3])])  # 数据
                train_lables.append(int(line_array[4]))
            #临时保存训练集
            self.train_dataset = [train_inputs, train_lables]
```

数据集中的数据如图 1-12 所示。

4）定义 sigmoid 函数/方法

sigmoid 函数是常见的 S 型函数，也被称为 S 型生长曲线，由于其具有单调递增、反函数

单调递增等性质，因此其常被用作神经网络的阈值函数，将变量映射到 0 与 1 之间。函数的原型为

$$\text{sigmoid}(z) = \frac{1}{1+e^{-z}} \tag{1-12}$$

sigmoid 函数的图像如图 1-13 所示。

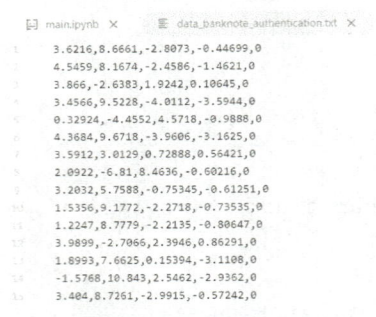

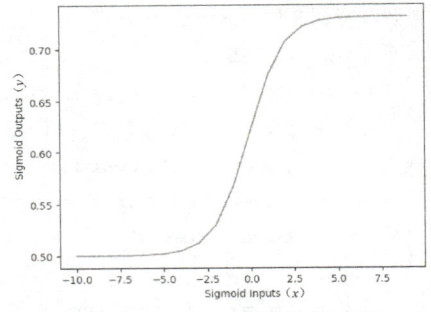

图 1-12　数据集中的数据　　　　　图 1-13　sigmoid 函数的图像

sigmoid 函数连续、光滑且严格单调，是一个良好的阈值函数。当 x 趋近于负无穷时，y 趋近于 0；当 x 趋近于正无穷时，y 趋近于 1；当 x=0 时，y=0.5。当然，在 x 超出[-6,6]的范围后，函数值基本上没有变化，前后值非常接近，在应用中，一般不考虑函数值的变化。sigmoid 函数的值域为(0,1)，这和概率值的范围[0,1]很接近，所以二分类的概率常用这个函数。

```
# sigmoid 函数即得分函数，用于计算数据 x 的概率是 0 还是 1。若得到的 y 大于 0.5，则概率是
1；若得到的 y 小于或等于 0.5，则概率是 0
def sigmoid(self, x):
    return 1 / (1 + np.exp(-x))
```

5）定义代价函数/方法

代价函数也叫损失函数，它在机器学习的每种算法中都很重要，因为训练模型的过程就是优化代价函数的过程，代价函数对每个参数的偏导数就是梯度下降算法中提到的梯度，为防止过拟合而添加的正则化项也是加在代价函数后面的。

```
# 代价函数，hx 是概率估计值，也是由 sigmoid(x)得来的值；y 是样本真值
def cost(self, hx, y):
    return -y * np.log(hx) - (1 - y) * np.log(1 - hx)
```

6）定义梯度下降算法

梯度被定义为一维函数的导数在多维函数 f 上的泛化，表示函数 f 的 n 个偏导数的向量。这对优化很有用，因为在函数 f 最大增长率方向上的梯度值相当于图 1-14 中该方向上的斜率。

梯度下降算法使用导数计算代价函数的斜率，学生应该很熟悉"导数"这个微积分概念。在二维代价函数上，导数是抛物线上任意点的正切，也就是 y 的变化除以 x 的变化，上升除以前进。

梯度下降算法示意图如图 1-14 所示。梯度下降算法是一种通用的优化算法，能够为大范围的问题找到最优解，其中心思想就是迭代地调整参数，从而使代价函数最小化。通过测量与参数向量 $\boldsymbol{\theta}$ 相关的误差函数的局部梯度，并不断沿着降低梯度的方向调整，直到梯度降为 0 或者

达到最小值为止。具体来说,在开始时,需要选定一个随机的 $\boldsymbol{\theta}$(这个值被称为随机初始值);然后,逐渐去改进它,每次变化一小步,每一步都试着降低代价函数,直到算法收敛到一个最小值为止。

梯度下降算法中的一个重要参数是步长,超参数学习率的值决定了步长的大小。如果学习率太小,必须经过多次迭代,算法才能收敛,这是非常耗时的,如图1-15所示。

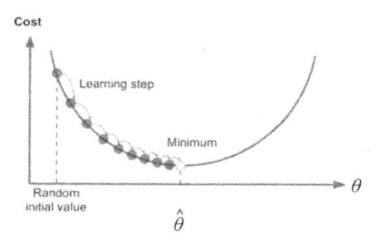

图 1-14　梯度下降算法示意图

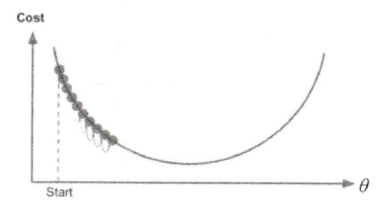

图 1-15　学习率偏小的梯度下降算法的收敛过程

图1-15所示为学习率偏小的梯度下降算法的收敛过程。如果学习率太大,曲线将跳过最低点,到达山谷的另一面,可能下一次的值比上一次还要大。这可能使得算法是发散的,函数值变得越来越大,永远不可能找到一个好的答案,如图1-16所示。

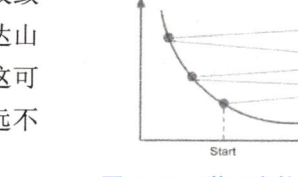

图 1-16　学习率偏大的梯度下降算法

代码如下:

```
# 梯度下降,x是输入数据,y是标签集,learning_rate是学习率
def gradient(self, x, y, learning_rate):
    m = len(y) #计算标签集的长度
    matrix_gradient = np.zeros(len(x[0])) #创建一个全0的梯度列表
    for i in range(m): #遍历输入数据与标签集,计算梯度
        current_x = x[i]
        current_y = y[i]
        current_x = np.asarray(current_x)
        matrix_gradient += (self.sigmoid(np.dot(self.features,current_x)) - current_y) * current_x
    self.features = self.features - learning_rate * matrix_gradient #遵循梯度下降原则,更新特征数据
```

7)定义误差计算函数

模型的输出结果和其对应的真实值之间往往会存在一些差异,这些差异被称为该模型的输出误差,简称误差。误差函数是用来计算实际和预测的差别的。机器学习在训练模型时,都会把样本集分为训练集和测试集。其中,训练集用来完成算法模型的学习和训练,而测试集用来评估训练好的模型对于数据的预测性能。此时要考虑评估的性能是否合理。

由于测试学习算法是否成功在于算法对于训练中未见过的数据的预测执行能力,因此一般将分类模型的误差分为训练误差(Training Error)和测试误差(Testing Error)。训练误差是指模型在训练集上的平均损失,测试误差是指模型在测试集上的平均损失。训练误差的大小对判断给定的问题是不是一个容易学习的问题具有一定意义,但其本质上不重要。测试误差反映了学习方法对未知的测试集的预测能力，是学习中的重要概念。

```python
# 误差计算，x是输入数据，y是标签集，返回平均误差
def error(self, x, y):
    total = len(y)
    error_num = 0
    for i in range(total):
        current_x = x[i]
        current_y = y[i]
        hx = self.sigmoid(np.dot(self.features, current_x))  # LR算法
        if self.cost(hx, current_y) > 0.5:  # 进一步计算损失
            error_num += 1
    return error_num / total
```

8）定义训练函数

训练模型意味着找到一组模型参数，这组参数可以在训练集上使得代价函数最小，这是对模型参数空间进行的搜索，模型的参数越多，参数空间的维度越多，找到合适的参数也就越困难。

在训练机器学习模型时，使用梯度下降算法，首先，定义初始参数值；然后，在渐变下降中，使用微积分迭代 1000 次调整值，以使它们最小化给定的代价函数。训练后的特征数据保存在 **model/feature.txt** 文件中。

```python
# 训练函数，learning_rate是学习率，num_iter是迭代次数
def train(self, learning_rate, num_iter):
    train_inputs, train_lables = self.train_dataset
    n = len(train_inputs[0])
    self.features = np.ones(n) #初始化特征值
    dataMat = np.asarray(train_inputs)
    labelMat = np.asarray(train_lables)
    for i in range(num_iter + 1):
        self.gradient(dataMat, labelMat, learning_rate)  # 梯度下降算法
        if i % 10 == 0: #每10轮计算1次误差，打印当前数据
            err = self.error(dataMat, labelMat)
            print(f'迭代次数：{i:<6} 误差值：{err:<20}')
    with open(self.feature_dir, 'w') as f: #保存特征数据
        feature = [str(f) for f in self.features]
        f.writelines(','.join(feature))
```

训练后的特征值如图 1-17 所示。

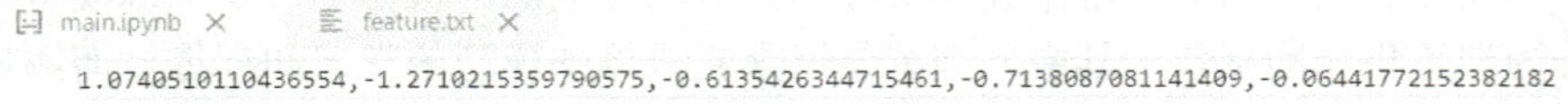

```
1.0740510110436554,-1.2710215359790575,-0.6135426344715461,-0.7138087081141409,-0.06441772152382182
```

图 1-17　训练后的特征值

9）定义 main 函数

Python 语言是一种解释型脚本语言，和 C 语言、C++语言不同，C 程序、C++程序从 main 函数开始执行，Python 程序从开始到结尾顺序执行。Python 语言中 main 函数的作用：使模块

（函数）可以自己单独执行（调试），相当于构造了调用其他函数的入口，这类似于 C 语言、C++ 语言中的 main 函数。当我们自己写了一个.py 文件时，像这样构造一个 main 函数入口，就可以调用、测试自己写的.py 文件中的函数了。

```
if __name__ == "__main__":
    learning_rate = 0.00001
    num_iterations = 1000
    bns = Banknotes('model/feature.txt')
    bns.load_dataset('data/data157628/data_banknote_authentication.txt')
    if bns.load_model():
        pass
    else:
        print(f'没找到训练好的模型，先训练！')
    bns.train(learning_rate, num_iterations) #训练
```

输出结果如图 1-18 所示。

图 1-18 输出结果

任务拓展

基于百度的在线开放平台 AI Studio，使用机器学习方法，利用已有的 banknote_authentication 数据集（该数据集可从华信教育资源网本书配套资源处下载）训练数据模型。

通过本任务的实施，学生可以利用百度飞桨平台训练数据模型（该模型可从华信教育资源网本书配套资源处下载），并使用训练的模型实现纸币真假的分类。

程序编写

首先，删除平台自动生成的代码，得到空白文档，并删除左侧文件目录中不使用的"work"目录，如图 1-19 所示。

图 1-19 删除查看目录命令

在 main.ipynb 文件中输入以下实验代码：

```python
import numpy as np
import os
class Banknotes:
    def __init__(self, feature_dir):
        self.feature_dir = feature_dir #特征文件的路径
        self.features = None #特征值
    # 特征数据加载，如果特征文件存在，则将特征文件加载到 features 变量中；如果特征文件不存在，则创建特征文件目录 model
    def load_model(self):
        if os.path.exists(self.feature_dir):
            with open(self.feature_dir, 'r') as f:
                line = f.readline().strip()
                self.features = np.array(list(map(float, line.split(','))))
            return True
        else:
            path = '/'.join(self.feature_dir.split('/')[:-1])
            if not os.path.exists(path):
                os.mkdir('model')
            return False

    # 数据集加载，将数据集按比例分割成训练集和测试集，数据集包含输入集和标签集
    def load_dataset(self, dataset_path):
        if os.path.exists(dataset_path): #判断数据集文件是否存在
            with open(dataset_path, 'r') as f: #打开数据集文件
                lines = f.readlines() #按行读取所有数据
                np.random.shuffle(lines) #按行打乱顺序
                train_inputs = [] #训练数据输入
                train_lables = [] #训练数据标签
                test_inputs = [] #测试数据输入
                test_labels = [] #测试数据标签
                for line in lines[:int(len(lines)*0.8)]: #遍历前 80%的数据，将其解析并放入训练集，每行前 4 个数据作为输入数据，最后 1 个数据作为标签
                    line_array = line.strip().split(',')
                    train_inputs.append([1.0, float(line_array[0]), float(line_array[1]), float(line_array[2]), float(line_array[3])]) # 数据
                    train_lables.append(int(line_array[4]))
                for line in lines[int(len(lines)*0.8):]: #遍历后 20%的数据，将其解析并放入测试集，每行前 4 个数据作为输入数据，最后 1 个数据作为标签
                    line_array = line.strip().split(',')
                    test_inputs.append([1.0, float(line_array[0]), float(line_array[1]), float(line_array[2]), float(line_array[3])]) # 数据
                    test_labels.append(int(line_array[4]))
```

```python
            #临时保存训练集和验证集
            self.train_dataset, self.test_dataset = [train_inputs,
train_lables], [test_inputs, test_labels]

    # sigmoid函数即得分函数，用于计算数据x的概率是0还是1。若得到的y大于0.5，则概
率是1；若得到的y小于或等于0.5，则概率是0
    def sigmoid(self, x):
        return 1 / (1 + np.exp(-x))

    # 代价函数，hx是概率估计值，也是由sigmoid(x)得来的值；y是样本真值
    def cost(self, hx, y):
        return -y * np.log(hx) - (1 - y) * np.log(1 - hx)

    # 梯度下降，x是输入数据，y是标签集，learning_rate是学习率
    def gradient(self, x, y, learning_rate):
        m = len(y)   #计算标签集的长度
        matrix_gradient = np.zeros(len(x[0]))  #创建一个全0的梯度列表
        for i in range(m):  #遍历输入数据与标签集，计算梯度
            current_x = x[i]
            current_y = y[i]
            current_x = np.asarray(current_x)
            matrix_gradient += (self.sigmoid(np.dot(self.features,current_x))
- current_y) * current_x
        self.features = self.features - learning_rate * matrix_gradient  #
遵循梯度下降原则，更新特征数据

    # 误差计算，x是输入数据，y是标签集，返回平均误差
    def error(self, x, y):
        total = len(y)
        error_num = 0
        for i in range(total):
            current_x = x[i]
            current_y = y[i]
            hx = self.sigmoid(np.dot(self.features, current_x))   # LR算法
            if self.cost(hx, current_y) > 0.5:  # 进一步计算损失
                error_num += 1
        return error_num / total

    # 训练函数，learning_rate是学习率，num_iter是迭代次数
    def train(self, learning_rate, num_iter):
        train_inputs, train_lables = self.train_dataset
        n = len(train_inputs[0])
        self.features = np.ones(n)  #初始化特征值
        dataMat = np.asarray(train_inputs)
```

```python
            labelMat = np.asarray(train_lables)
            for i in range(num_iter + 1):
                self.gradient(dataMat, labelMat, learning_rate)    # 梯度下降算法
                if i % 10 == 0: #每10轮计算1次误差,打印当前数据
                    err = self.error(dataMat, labelMat)
                    print(f'迭代次数:{i:<6} 误差值:{err:<20}')
            with open(self.feature_dir, 'w') as f: #保存特征数据
                feature = [str(f) for f in self.features]
                f.writelines(','.join(feature))

if __name__ == "__main__":
    learning_rate = 0.00001
    num_iterations = 1000
    bns = Banknotes('model/feature.txt')
    bns.load_dataset('data/data157628/data_banknote_authentication.txt')
    if bns.load_model():
        pass
    else:
        print(f'没找到训练好的模型,先训练!')
        bns.train(learning_rate, num_iterations)  #训练
```

在"Banknote"类中增加测试方法的定义:

```python
#测试函数,返回准确率的百分比
def test(self, test_dataset=None,show=False):
    [test_inputs, test_labels] = test_dataset
    total = len(test_labels)
    error_num = 0
    right_num = 0
    for ti, tl in zip(test_inputs, test_labels): #遍历测试集
        #统计测试结果,如果预测值与真值相同,则准确数据+1;如果预测值与真值不同,则错误数据+1
        if (np.dot(np.array(ti), self.features.T) < 0.5 and tl == 0) or (np.dot(np.array(ti), self.features.T) > 0.5 and tl == 1):
            right_num += 1
        else:
            error_num += 1
    if show:
        print(f'测试集总数:{total},准确数:{right_num},错误数:{error_num},准确率:{round(right_num/total*100,2)}%')
    return round(right_num/total*100,2)
```

在__main__方法中增加测试函数调用:

```python
bns.test(test_dataset=bns.test_dataset,show=True) #测试
```

完整的代码可从华信教育资源网本书配套资源处下载。

程序运行

在程序编写完成后，单击"运行"按钮，即可运行程序，如图 1-20 所示。

图 1-20　运行程序

程序运行结果在代码下方窗口中显示，如图 1-21 所示。

图 1-21　程序运行结果

任务评价

任务评价表（一）如表 1-2 所示。

表 1-2　任务评价表（一）

任务：_____时间：_____

阶段任务	任务评价		
	合格	良好	优秀
任务布置			
知识准备			
任务实施			

任务 1.2　开发环境的搭建及本地模型的训练、评估

任务情景

Python 语言已经成为许多数据科学应用的通用语言，它既有通用编程语言的强大功能，也有特定领域脚本语言的易用性。Python 语言提供用于数据加载、可视化、统计、自然语言处理、图像处理等各种功能的库，为数据科学家提供了大量的通用功能和专用功能。而机器学习本质上就是数据分析的迭代过程，这些过程必须要有快速迭代和易于交互的工具，这恰好就是 Python

语言擅长的领域。所以，Python 语言可以作为机器学习的工具。

　　Python 代码可以直接使用记事本编写，通过命令提示行运行。但是，一般不建议这么做，因为命令提示行的编码界面不友好，而且不利于调试，所以需要选一款专用的编程工具。下面以 PyCharm 为例，学习 Python 开发环境的搭建。

　　机器学习的过程就是数据分析的过程，而数据分析结果如果以数据的形式直接展示，很难从中看出数据的规律。所以，还需要学习一些数据可视化工具。

任务布置

　　在 Windows 系统中搭建 Python 开发环境，安装开发工具 PyCharm，学习数据可视化工具 matplotlib 库和 seaborn 库的基础设置与常用函数的调用。

知识准备

1. PyCharm 环境搭建

　　首先说明一下，Python 环境是一种基本编译环境，而 PyCharm 环境是一种集成开发环境。安装 PyCharm 是为了能够快速编写代码，便于调试。在安装 PyCharm 之前，需要先在计算机上部署 Python 环境。所以，需要准备 Python 安装包和 PyCharm 安装包。

1）下载 Python 安装包

　　如图 1-22 所示，进入 Python 官网 https://www.python.org/，下载最新版 Python 安装包，有些函数库只兼容特定版本，需要按照函数库的要求安装指定版本的 Python。

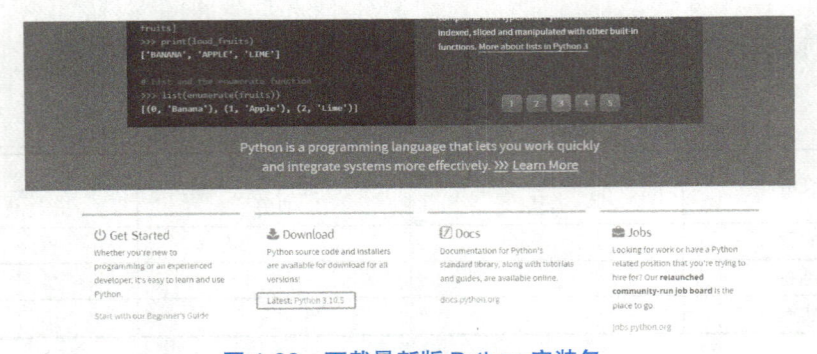

图 1-22　下载最新版 Python 安装包

　　在 Download 处单击 Python 版本号，进入下载页面，下载 Windows 64 位的安装包。如果是其他的操作系统，则选择对应版本的安装包，如图 1-23 所示。

图 1-23　选择 Python 版本号的界面

2）下载 PyCharm 安装包

进入 PyCharm 官网 https://www.jetbrains.com/pycharm/download/#section=windows，下载 PyCharm 安装包，选择免费的社区版进行下载即可，如图 1-24 所示。

图 1-24　下载 PyCharm 安装包

2. 数据可视化工具——matplotlib 库和 seaborn 库

1）matplotlib 库

matplotlib 库是 Python 语言的绘图库，也是一个非常强大的 Python 画图工具，可以使用该工具将很多数据通过图表的形式更直观地呈现出来，方式包括线图、散点图、等高线图、条形图、柱状图、三维图形，甚至图形动画等。

（1）一般函数。

① plt.savefig('test', dpi = 600)：将绘制的图画保存成 png 格式，命名为 test。

② plt.axis([-1,10,0,6])：x 轴起始于-1，终止于 10；y 轴起始于 0，终止于 6。

③ plt.subplot(3,2,4)：分成 3 行 2 列，共 6 个绘图区域，在第 4 个区域绘图，排序为行优先。

（2）plot 函数。

plt.plot(x,y,format_string,**kwargs)

① x 为 x 轴数据，可为列表或数组。y 同理。

② format_string 为控制曲线的格式字符串，由颜色字符、风格字符和标记字符组成。

a. 颜色字符：'b'表示蓝色，'#008000'表示 RGB 中的一个颜色，'0.8'表示灰度值字符串。

b. 风格字符：'-'表示实线，'——'表示破折号，'-.'表示点划线，':'表示虚线，''表示无线条。

c. 标记字符：'.'表示点标记，'o'表示实心圈，'v'表示倒三角，'^'表示上三角。

③ **kwargs 为第二组或更多的（x,y,format_string）。

（3）显示中文字符。

① rcParams：pyplot 默认不支持中文显示，用 rcParams 修改字体才可以显示中文。

② 'font.family'：用于显示字体的名字。

③ 'font.style'：用于设置字体的风格，可设置为正常'normal'或斜体'italic'。

④ 'font.size'：用于设置字体的大小，可设置为整数字号或'large''x-small'。

函数使用实例：

```
import matplotlib
matplotlib.rcParams['font.family'] = ['SimHei']
matplotlib.rcParams['font.size'] = 20
```

（4）文本显示函数。

① plt.xlabel 函数：对 x 轴增加文本标签。

② plt.ylabel 函数：对 y 轴增加文本标签。
③ plt.title 函数：对图形整体增加文本标签。
④ plt.text 函数：在任意位置增加文本。

函数使用实例：

```
plt.xlabel('横轴:时间', fontproperties='SimHei', fontsize=15, color='green')
plt.ylabel('纵轴:振幅', fontproperties='SimHei', fontsize=15)
plt.title('正弦波实例', fontproperties='SimHei', fontsize=25)
plt.text(2, 1, 'test', fontsize=15)
```

（5）Plot 库的图表函数。
① plt.plot(x,y,fmt)：绘制坐标图。
② plt.boxplot(data,notch,position)：绘制箱形图。
③ plt.bar(left,height,width,bottom)：绘制条形图。
④ plt.barh(width,bottom,left,height)：绘制横向条形图。
⑤ plt.polar(theta,r)：绘制极坐标图。
⑥ plt.pie(data,explode)：绘制饼图。
⑦ plt.scatter(x,y)：绘制散点图。
⑧ plt.hist(x,bings,normed)：绘制直方图。

2）seaborn 库

seaborn 库也是 Python 语言的绘图库，是基于 matplotlib 库实现进一步封装的函数库，具有多种特性，例如内置主题、调色板，可视化单变量数据、双变量数据、线性回归数据、数据矩阵及统计型时序数据等，可以用于创建富含信息量和美观的统计图形，以及更加复杂的可视化图形。

因为 seaborn 库是在 matplotlib 库的基础上扩展的，所以在此只介绍一些 seaborn 库特有且常用的函数。

（1）样式参数设置函数——set。

matplotlib 库绘图的默认图像样式算不上美观，可以使用 seaborn 库完成快速优化，只需要将 seaborn 库提供的样式声明代码 sns.set()放置在绘图代码前即可，sns.set()的默认参数为

```
sns.set(context='notebook', style='darkgrid', palette='deep', font='sans-serif', font_scale=1, color_codes=False, rc=None)
```

context=' '参数用于控制默认的画幅大小，有 {paper,notebook,talk,poster}四个值。其中，poster > talk > notebook > paper。

style=' '参数用于控制默认样式，有 {darkgrid,whitegrid,dark,white,ticks}五个值，可以自行更改参数，以查看它们之间的不同。

palette=' '参数为预设的调色板，有 {deep,muted,bright,pastel,dark,colorblind}等值，可以自行更改参数，以查看它们之间的不同。

font=' '参数用于设置字体；font_scale=用于设置字体大小；color_codes=不使用调色板，而采用先前的'r'等色彩的缩写。

（2）关联图。

关联图用于呈现数据关联之后的关系，主要有散点图和线形图两种样式，适用于不同类型

的数据。

① 散点图。

a．指定 x 和 y 的特征，默认可以绘制出散点图（iris 为示例数据集）。

```
sns.scatterplot(x="sepal_length", y="sepal_width", data=iris)
```

b．加入类别特征，对数据进行着色，使散点图更加直观。

```
sns.scatterplot(x="sepal_length", y="sepal_width", hue="species", data=iris)
```

c．指定 style 参数可以赋予不同类别的散点不同的形状。

```
sns.scatterplot(x="sepal_length", y="sepal_width", hue="species", style="species", data=iris)
```

② 线形图。线形图还可以通过 lineplot 函数实现。

```
sns.lineplot(x="sepal_length", y="petal_length", hue="species", style="species", data=iris)
```

（3）类别图。

类别图按照展示类型可以分为 7 类：

① 散点图 stripplot、swarmplot。

a．用 stripplot 函数可以绘制普通散点图。

```
sns.stripplot(x="sepal_length", y="species", data=iris)
```

b．用 swarmplot 函数可以使散点按照 beeswarm 的方式防止重叠，从而更好地观测数据分布。

```
sns.swarmplot(x="sepal_length", y="species", data=iris)
```

② 箱形图 boxplot。

```
sns.boxplot(x="sepal_length", y="species", data=iris)
```

③ 增强箱形图 boxenplot。

```
sns.boxenplot(x="sepal_length", y="species", data=iris)
```

④ 小提琴图 violinplot。

```
sns.violinplot(x="sepal_length", y="species", data=iris)
```

⑤ 点线图 pointplot。

```
sns.pointplot(x="sepal_length", y="species", data=iris)
```

⑥ 条形图 barplot。

```
sns.barplot(x="sepal_length", y="species", data=iris)
```

⑦ 计数条形图 countplot。

```
sns.countplot(x="species", data=iris)
```

(4) 分布图——distplot、kdeplot、jointplot、pairplot。

① 单变量分布图 distplot。seaborn 库快速查看单变量分布的方法是采用 distplot。在默认情况下，该方法即绘制直方图并拟合核密度估计图。distplot 提供了参数来调整直方图和核密度估计图。例如，设置 kde=False 则可以只绘制直方图，设置 hist=False 则可以只绘制核密度估计图。

```
sns.distplot(iris["sepal_length"])
```

② 核密度估计图 kdeplot。kdeplot 可以专门用于绘制核密度估计图，其效果和 distplot(hist=False)一致，但 kdeplot 拥有更多的自定义设置。

```
sns.kdeplot(iris["sepal_length"])
```

③ 二元变量分布图 jointplot。jointplot 主要用于绘制二元变量分布图。例如，在探寻 sepal_length 和 sepal_width 二元特征变量之间的关系时，便会用到 jointplot。

```
sns.jointplot(x="sepal_length", y="sepal_width", data=iris)
```

jointplot 并不是一个 Figure-level 接口，但其支持 kind=参数指定绘制出不同样式的分布图。例如，绘制出核密度估计对比图 kde：

```
sns.jointplot(x="sepal_length", y="sepal_width", data=iris, kind="kde")
```

绘制六边形计数图 hex：

```
sns.jointplot(x="sepal_length", y="sepal_width", data=iris, kind="hex")
```

绘制回归拟合图 reg：

```
sns.jointplot(x="sepal_length", y="sepal_width", data=iris, kind="reg")
```

④ 变量两两对比图 pairplot。pairplot 更加强大，其支持一次性地将数据集中的特征变量两两对比绘图。在默认情况下，对角线上是单变量分布图，其他的则是二元变量分布图。

```
sns.pairplot(iris)
```

引入第三维度 hue=["species"会更加直观。

```
sns.pairplot(iris, hue="species")
```

(5) 回归图——regplot、lmplot。

① regplot。在用 regplot 绘制回归图时，只需要指定自变量和因变量即可，regplot 会自动完成线性回归拟合。

```
sns.regplot(x="sepal_length", y="sepal_width", data=iris)
```

② lmplot。lmplot 同样用于绘制回归图，但 lmplot 支持引入第三维度进行对比，如设置 hue="species"。

```
sns.lmplot(x="sepal_length", y="sepal_width", hue="species", data=iris)
```

(6) 矩阵图——heatmap、clustermap。

① 热图 heatmap。heatmap 主要用于绘制热图。热图在某些场景下非常实用，如绘制变量

相关性系数热图。

```
import numpy as np
sns.heatmap(np.random.rand(10, 10))
```

② 层次聚类结构图 clustermap。clustermap 支持绘制层次聚类结构图。如下所示，先去掉原数据集中最后一个目标列，再传入特征数据即可。

```
iris.pop("species")
sns.clustermap(iris)
```

（7）组合图。

组合图并不是特有的一类图，而是上述图表的组合，在进行数据多维度分析时，经常会用到若干种图表组合分析。在这种情况下，只需要把以上图表组合使用即可。

任务实施

1. Python 安装及配置

1）安装 Python

运行 Python 安装包，如图 1-25 所示。

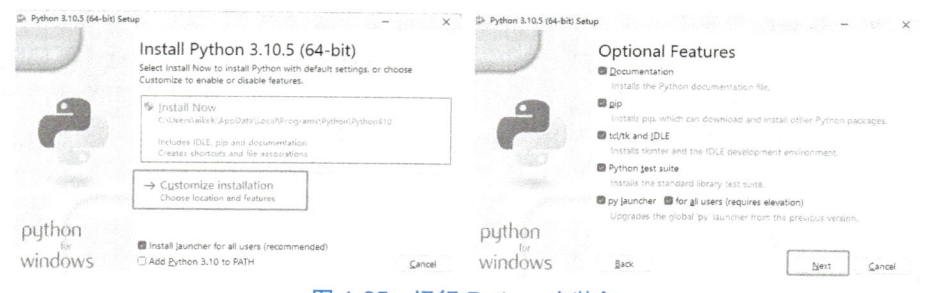

图 1-25　运行 Python 安装包

如图 1-26 所示，安装方式选择自定义，选项预览全选，然后进行下一步。

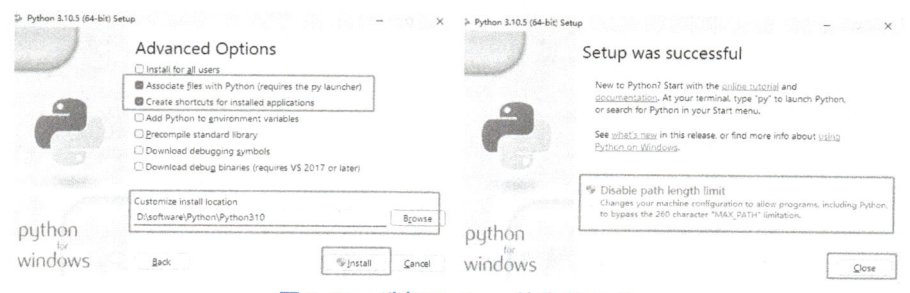

图 1-26　选择 Python 的安装方式

高级选项默认即可，安装路径建议选择 C 盘，并需记录安装路径，后续环境配置会使用该安装路径。然后，单击"Install"按钮开始安装，等待安装完毕，单击"Disable path length limit"图标解除限制。最后，单击"Close"按钮完成安装。

2）配置 Python 环境变量

按 Win+R 组合键，弹出"运行"对话框，输入"sysdm.cpl"并按回车键，弹出"系统属性"对话框，在"高级"选项卡中，单击"环境变量"按钮，如图 1-27 所示。

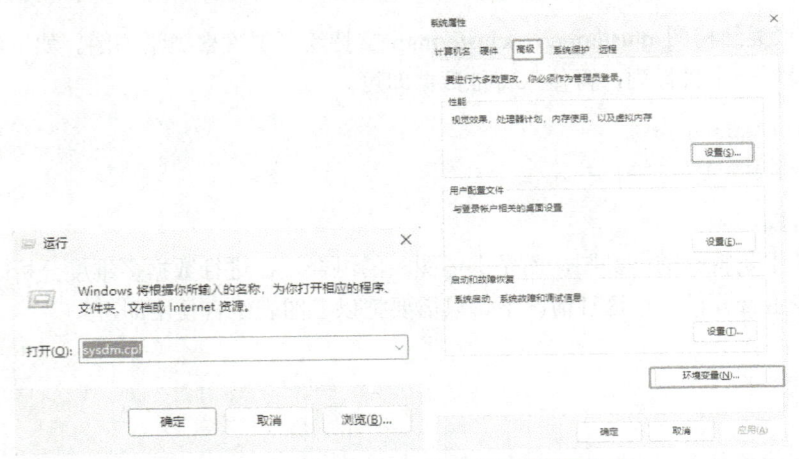

图 1-27 运行 sysdm.cpl 环境变量配置命令

在系统变量中，新建变量名为 PYTHON_HOME、变量值为 Python 的安装路径，如图 1-28 所示。

然后，还是在系统变量中，找到 Path 环境变量并编辑（一定要编辑，不要新建），在 Path 环境变量中添加"%PYTHON_HOME%；%PYTHON_HOME%\Scripts；"。注意，不要随意删除或修改原有内容，新添加内容可以添加到原有内容的开头或者结尾，插入中间的话，一定要插入某一个分号的后边。另外，添加的环境变量也必须以分号结尾。

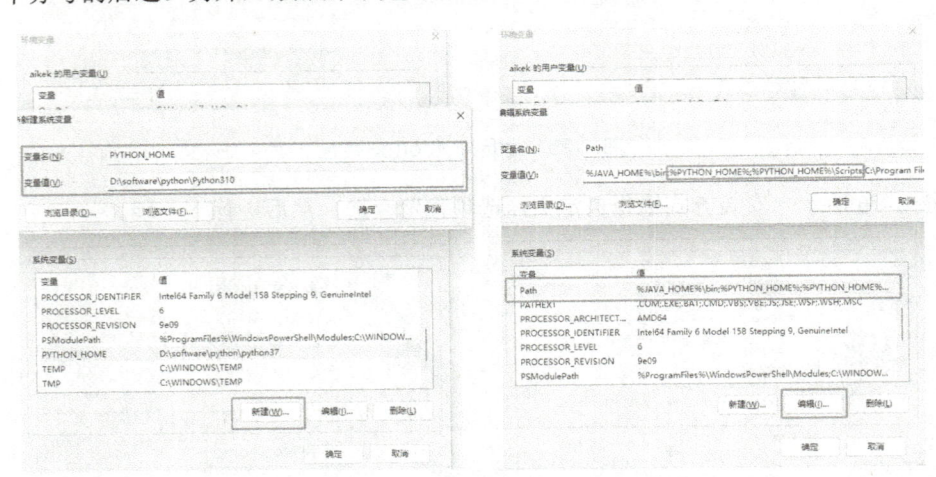

图 1-28 添加 Python 安装路径环境变量

最后，依次确定并保存环境变量设置。按 Win+R 组合键，弹出"运行"对话框，输入"cmd"并按回车键，如图 1-29 所示，打开 Windows 命令行界面。

在 Windows 命令行界面中输入"python--version"，查看 Python 的版本；输入"pip -V"，查看 Python 包管理工具的版本。若可以正确显示版本号，则说明 Python 环境配置成功，如图 1-30 所示。

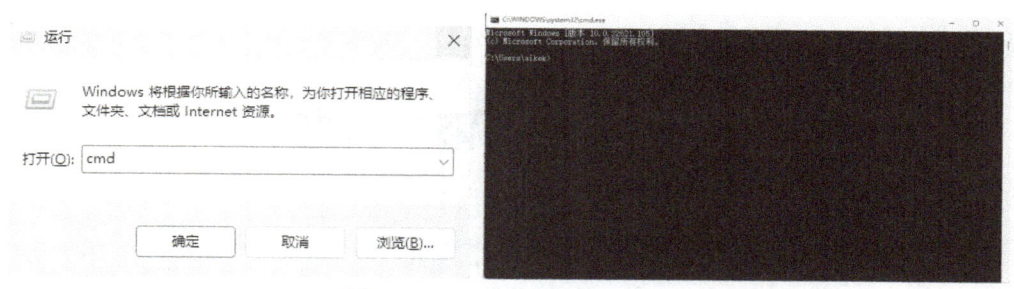

图 1-29　Windows 命令行界面

图 1-30　查看 Python 运行环境

2. PyCharm 安装及配置

1）安装 PyCharm

运行 PyCharm 安装包，如图 1-31 所示，开始安装，直接单击"Next"按钮，进入下一步，在修改安装路径（建议不选择 C 盘）后，单击"Next"按钮。

图 1-31　运行 PyCharm 安装

设置安装选项，如图 1-32 所示，安装选项可根据需要勾选（建议按图 1-32 所示勾选），单击"Next"按钮，然后直接单击"Install"按钮。

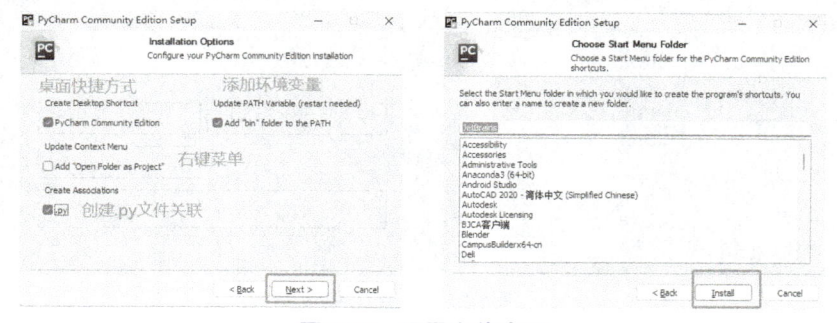

图 1-32　设置安装选项

手动启动 PyCharm，如图 1-33 所示，等待安装完毕，选择手动重启（如果没有文件需要保存等特别需求，可以直接重启），单击"Finish"按钮，完成安装。

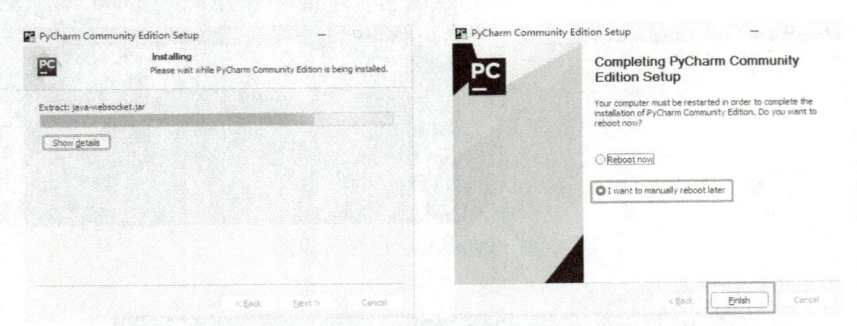

图 1-33 手动启动 PyCharm

2）配置 PyCharm

通过桌面快捷方式启动 PyCharm，首次需要勾选确认用户条款，然后单击"Continue"按钮，在"Welcome to Pycharm"窗口中新建工程，如图 1-34 所示。

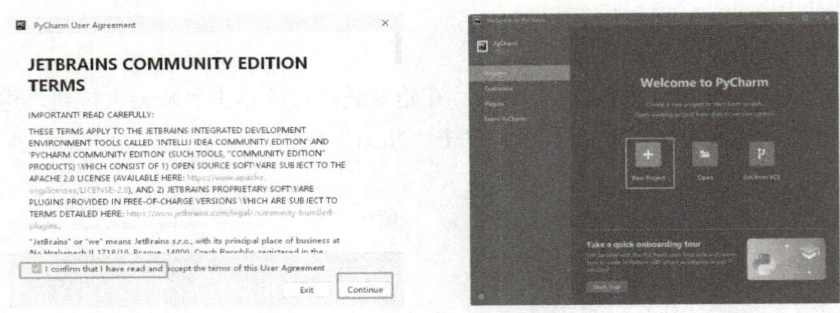

图 1-34 确认用户条款并新建工程

设置项目位置时，建议新建一个文件夹（默认文件夹不容易找），Python 解释器应选择已有的运行环境，通过"interpreter"文本框右侧的按钮打开解释器选择界面。在系统解释器中，选择上边安装的 Python3.10，然后单击"OK"按钮确认选择，最后单击"create"按钮完成新建工程，如图 1-35 所示。

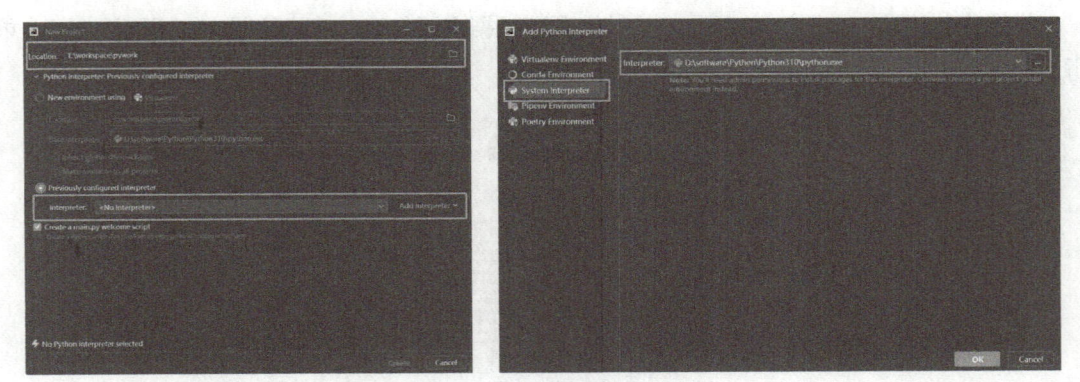

图 1-35 新建工程

在新建工程中，默认生成了一个 main.py 文件，文件中有几行基础代码，可以直接运行，单击右上角的"运行"按钮，运行 main.py 程序，如图 1-36 所示。

图 1-36 运行 main.py 程序

在正常情况下，测试 PyCharm 运行环境，如图 1-37 所示，工具下方会弹出控制台，打印运行结果，输出"Hi, PyCharm"，说明环境搭建成功。接下来就可以修改 main.py 文件，或者直接新建一个 Python 文件，由此开启机器学习之旅。

图 1-37 测试 PyCharm 运行环境

3. matplotlib 库安装及测试

在 PyCharm 编码界面，通过 Ctrl+Alt+S 组合键打开函数库安装界面，如图 1-38 所示。

图 1-38 函数库安装界面

选择对应项目下的 Python 解释器，单击右侧函数库列表上方的加号按钮，打开函数库选择列表，输入"matplotlib"，选择"matplotlib"选项，并单击"Install Package"按钮，如图 1-39 所示。

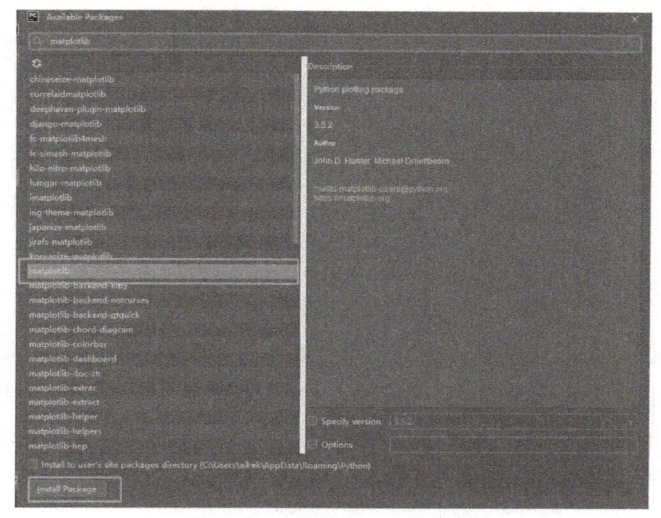

图 1-39 选择 matplotlib 包

位于 PyCharm 编码界面右下角的弹窗提示安装成功，就可以退出了，在已安装函数库列表中，可以看到多了一些函数库，这些是 matplotlib 库及其依赖的函数库，如图 1-40 所示。

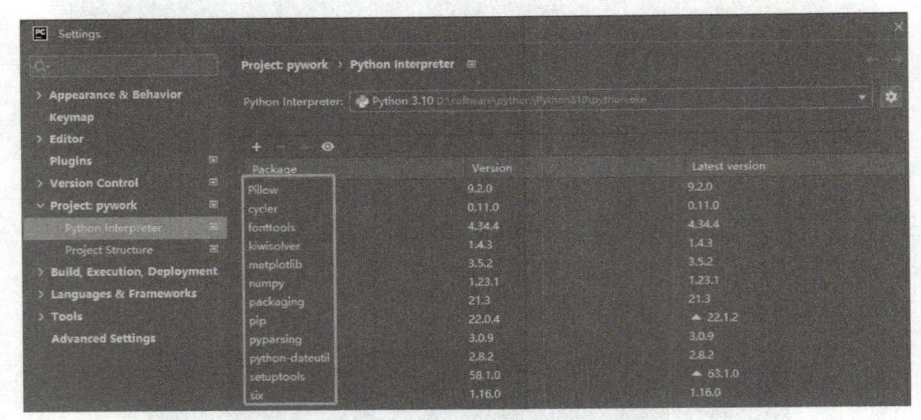

图 1-40　查看已安装函数库的列表

返回编码页面，在 main.py 文件中输入以下代码，测试函数库。

```
from matplotlib import pyplot as plt
plt.plot([1,2,3,4,5,6,7,8,9,10],[3,5,1,7,8,2,7,3,7,9])
plt.show()
```

运行代码，测试结果是一个基本的折线图，如图 1-41 所示。

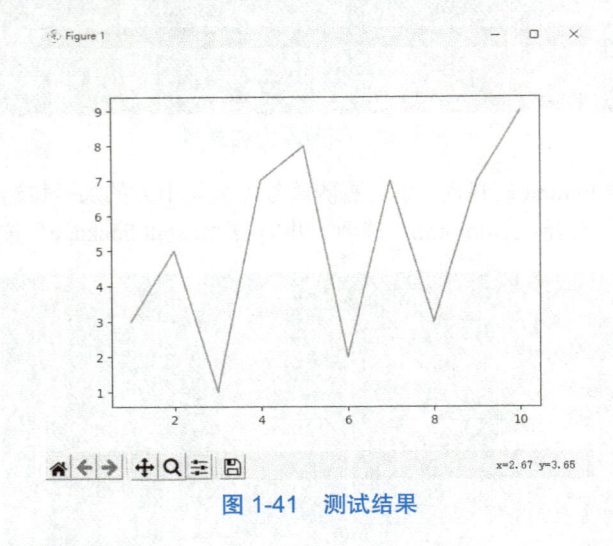

图 1-41　测试结果

4．seaborn 库安装及测试

在 PyCharm 编码界面，通过 Ctrl+Alt+S 组合键打开函数库安装界面，如图 1-42 所示。

选择对应项目下的 Python 解释器，单击右侧函数库列表上方的加号按钮，打开函数库选择列表，输入"seaborn"，选择"seaborn"选项，勾选对话框右下角的指定版本 0.11.1（最新版的兼容性有一点问题），并单击"Install Package"按钮，如图 1-43 所示。

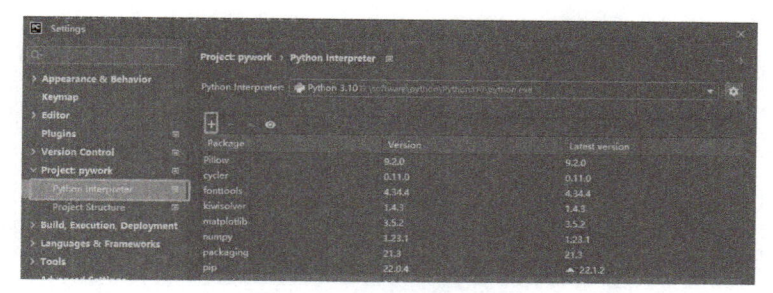

图 1-42 函数库安装界面

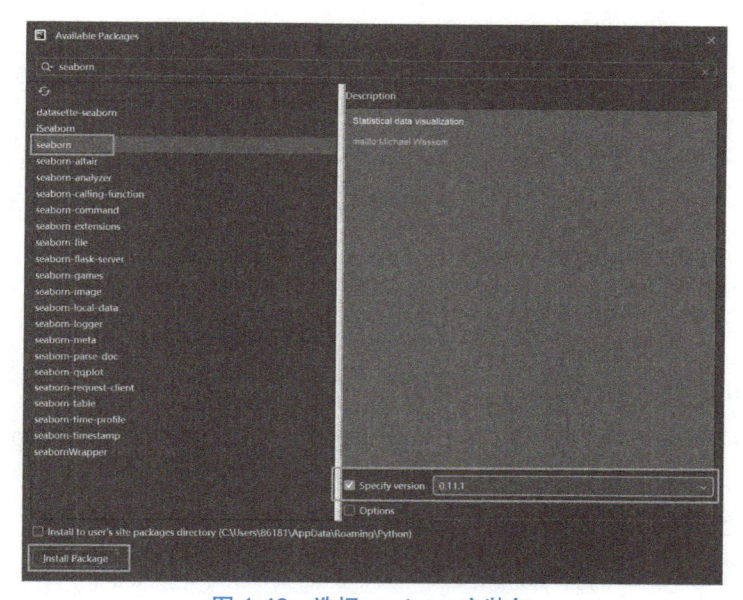

图 1-43 选择 seaborn 安装包

等待安装完成并返回编码界面，在 main.py 文件中输入以下代码：

```
import numpy as np
import matplotlib.pyplot as plt
import seaborn as sns
x=np.linspace(-10,10,100)
y=np.sin(x)
se=["darkgrid","whitegrid","dark","white"]
for i in range(len(se)):
    plt.figure(figsize=(6,4))
    sns.set(style=se[i])
    sns.lineplot(x=x,y=y,legend="brief",label="xx")
    plt.title(se[i])
plt.show()
```

从代码中可以看出，seaborn 库的主要作用是在图形绘制和美化方面做文章。一些基本的设置和显示还是直接使用 matplotlib 库的函数，运行代码，会绘制四种不同风格的曲线图，如图 1-44 所示。

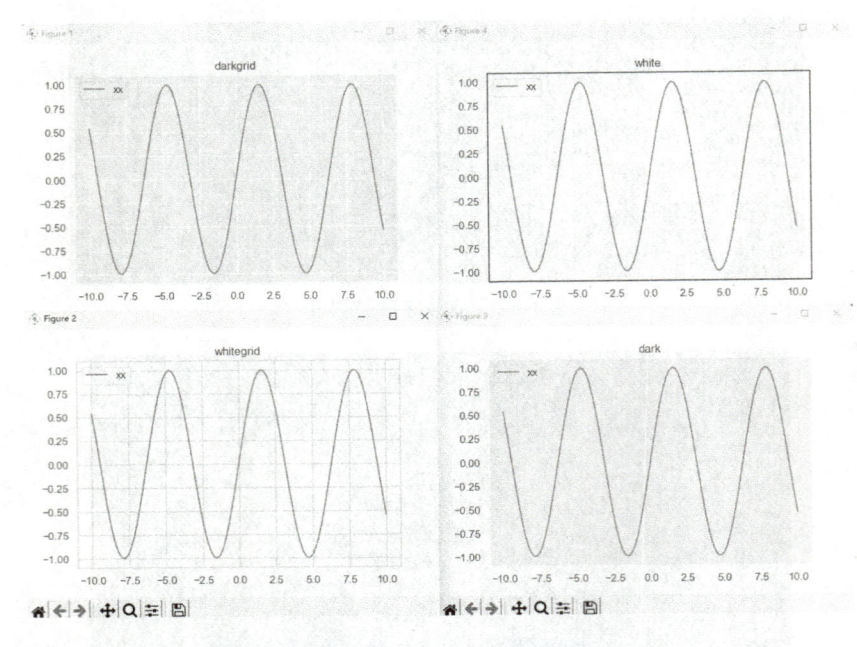

图 1-44　seaborn 库的运行结果

5. matplotlib 库常用设置及图表绘制

例1 在同一张图中以不同的形式画出一次函数和正弦函数图，并设置标题、坐标轴名称及图例。

首先，导入函数库 pyplot 和 NumPy，前者用来绘图，后者用来生成数据。

```
import matplotlib.pyplot as plt
import numpy as np
```

设置中文显示字体库和字体大小，同时设置 axes.unicode_minus 的属性为 False，防止坐标轴上的符号显示异常。

```
plt.rcParams['font.family'] = ['SimHei']
plt.rcParams['font.size'] = 16
plt.rcParams['axes.unicode_minus'] =False
```

利用 NumPy 库的 arange 函数生成 x 轴坐标，数据为-10 与 10 之间以 0.5 为间距等间距取值，x 的数据为[-10,-9.5,-9,-8.5,-8,-7.5,…,8,8.5,9,9.5]，y1 是 x 的一半，y2 是 x 的正弦函数值。

```
x = np.arange(-10,10,0.5)
y1 = x/2
y2 = np.sin(x)
```

同时绘制两条线，一条为实线，标记为正方形；另一条为点划线，标记为圆形。

```
plt.plot(x,y1,'-sr',x,y2,'-.og')
```

设置图表标题、坐标轴名称及图例名称，显示图像如图 1-45 所示。

```
plt.title('一次函数与正弦函数')
```

```
plt.xlabel('x轴')
plt.ylabel('y轴')
plt.legend(['line','sin'])
plt.show()
```

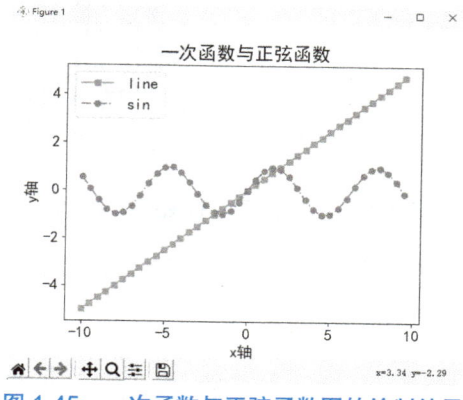

图 1-45　一次函数与正弦函数图的绘制结果

例 2 随机生成一组数据，在同一窗口的不同图表中分别以散点图和柱状图展示数据。

导入函数库，设置字体。

```
import matplotlib.pyplot as plt
import numpy as np
plt.rcParams['font.family'] = ['SimHei']
plt.rcParams['font.size'] = 16
plt.rcParams['axes.unicode_minus'] =False
```

生成数据，x 为 1~10 的整数数组，y 为由 10~19 范围内的 10 个随机整数组成的数组。

```
x = np.arange(1,11)
y = np.random.randint(10,20,10)
```

要在一个窗口中绘制两张图，需要先设置画板参数，2 是子图数量，(12,4)是宽高比。

```
fig = plt.figure(2,(12,4))
```

添加第一张图，设置图的横、纵坐标轴范围，设置子图标题，绘制散点图。

```
ax1 = fig.add_subplot(1,2,1)
ax1.axis([0,11,0,20])
ax1.set_title('散点图')
ax1.scatter(x,y)
```

添加第二张图，设置子图标题，绘制柱状图，并得到图 1-46 所示的图表。

```
ax2 = fig.add_subplot(1,2,2)
ax2.bar(x,y)
ax2.set_title('柱状图')
```

```
plt.show()
```

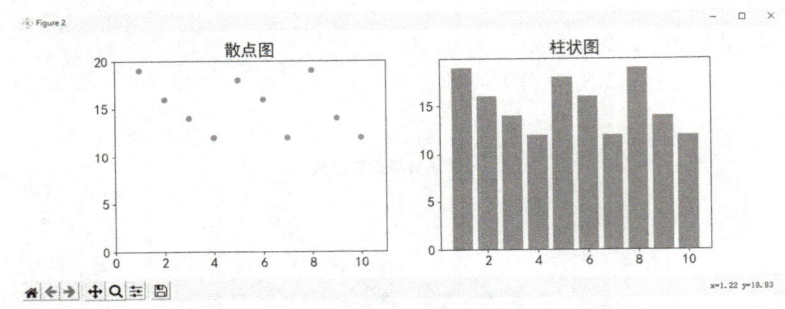

图 1-46　散点图和柱状图的绘制结果

例3　随机生成一组数据，绘制直方图，并把直方图统计结果绘制成饼图，两张图要在同一窗口的不同图表中。

导入函数库，设置字体。

```
import matplotlib.pyplot as plt
import numpy as np
plt.rcParams['font.family'] = ['SimHei']
plt.rcParams['font.size'] = 16
plt.rcParams['axes.unicode_minus'] =False
```

生成数据，x 为 100 个 0～50 范围内的整数。

```
x = np.random.randint(0,50,100)
```

设置画板参数，子图数量为2，宽高比为(12,4)。

```
fig = plt.figure(2,(12,4))
```

添加第一幅子图，绘制直方图，指定条柱数为10，条柱宽为3，直方图返回统计结果，nums 是每个区间的数量，edges 是各个区间的边界。

```
ax1 = fig.add_subplot(1,2,1)
[nums,edges,_] = ax1.hist(x,bins=10,width=3)
ax1.set_title('直方图')
```

添加第二幅子图，设置饼图的数据为直方图每个区间的数量，标签为边界方位，绘制饼图，添加标题，并得到图 1-47 所示的图表。

```
ax2 = fig.add_subplot(1,2,2)
pie_x = nums
pie_labels = [str(round(edges[i],2))+'--'+str(round(edges[i+1],2)) for i in range(len(nums))]
ax2.pie(x=pie_x,labels=pie_labels)
ax2.set_title('饼图')
plt.show()
```

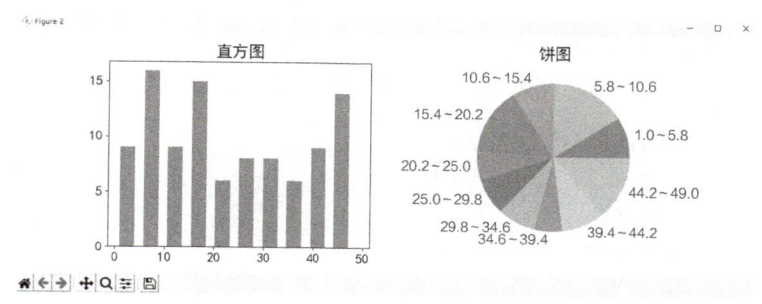

图 1-47 直方图及饼图的绘制结果

6. seaborn 库常用设置及图表绘制

例 4 通过 seaborn.set 函数优化以上 3 个例题的图表样式。

不做复杂修改,只需在上述 3 个例题的代码中添加以下 2 行代码,即可实现图表样式的修改。

```
import seaborn as sns
sns.set()
```

修改后,分别运行 3 段代码,得到图 1-48 所示的图表。

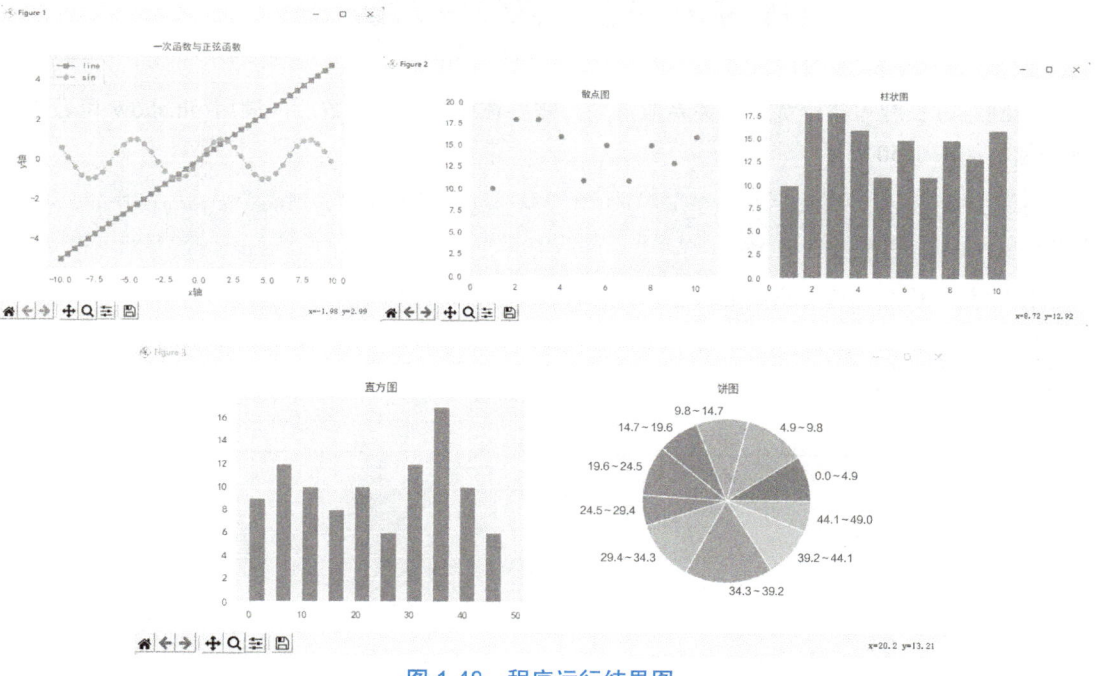

图 1-48 程序运行结果图

例 5 用鸢尾花数据集测试 seaborn 库的基础绘图功能,测试函数如下:
① 关联图——scatterplot、lineplot。
② 类别图——stripplot、swarmplot、boxplot、boxenplot、violinplot、pointplot、barplot、countplot。
③ 分布图——distplot、kdeplot、jointplot、pairplot。
④ 回归图——regplot、lmplot。

⑤ 矩阵图——heatmap、clustermap。

首先导入函数库，加载鸢尾花数据集，并打印数据集，查看数据的格式。

```
import matplotlib.pyplot as plt
import numpy as np
import seaborn as sns
iris = sns.load_dataset("iris")
print(iris)
```

数据集示意图如图 1-49 所示。数据集有 5 列，分别是花萼长度、花萼宽度、花瓣长度、花瓣宽度及鸢尾花类别。数据类别有 3 种，分别是山鸢尾、变色鸢尾及维吉尼亚鸢尾。下面利用这些数据来测试 seaborn 库的各种绘图函数。

图 1-49 数据集示意图

绘制花萼长度与花萼宽度的关系散点图，需要在调用绘制函数后，调用 plt.show 函数来显示图像，如图 1-50 所示。

```
sns.scatterplot(x="sepal_length", y="sepal_width", hue="species", style="species", data=iris)
```

绘制花萼长度与花萼宽度的关系折线图，结果如图 1-51 所示。

```
sns.lineplot(x="sepal_length", y="petal_length", hue="species", style="species", data=iris)
```

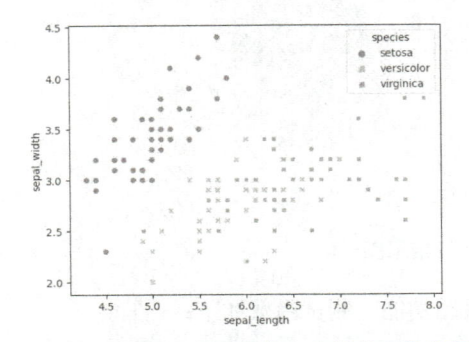

图 1-50 花萼长度与花萼宽度的关系散点图 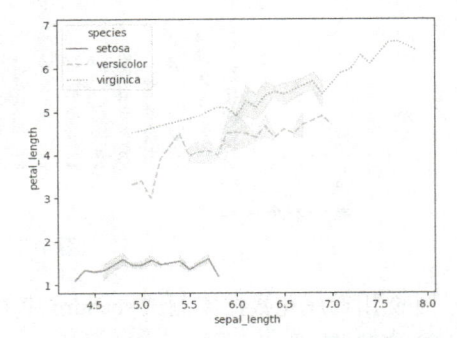　　图 1-51 花萼长度与花萼宽度的关系折线图

绘制花萼长度类别散点图，结果如图 1-52 所示。

```
sns.stripplot(x="sepal_length", y="species", data=iris)
```

绘制花萼长度类别不重叠散点图，结果如图 1-53 所示。

```
sns.swarmplot(x="sepal_length", y="species", data=iris)
```

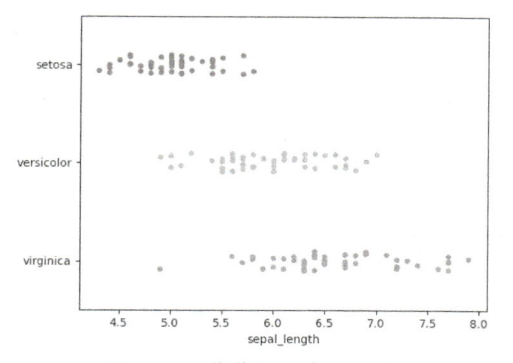

图 1-52　花萼长度类别散点图 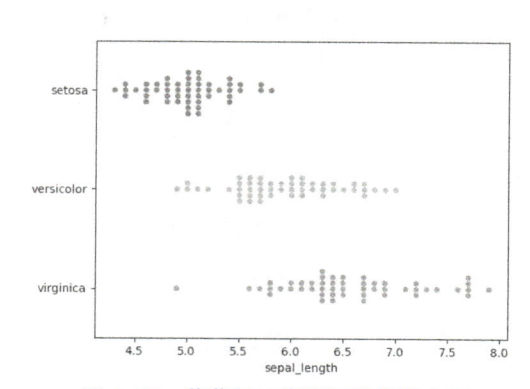　　　　图 1-53　花萼长度类别不重叠散点图

绘制花萼长度类别箱形图，结果如图 1-54 所示。

```
sns.boxplot(x="sepal_length", y="species", data=iris)
```

绘制花萼长度类别增强箱形图，结果如图 1-55 所示。

```
sns.boxenplot(x="sepal_length", y="species", data=iris)
```

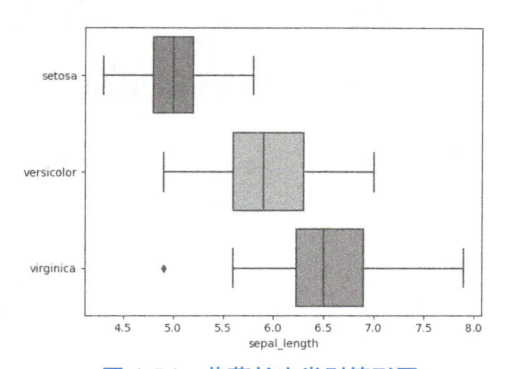

图 1-54　花萼长度类别箱形图 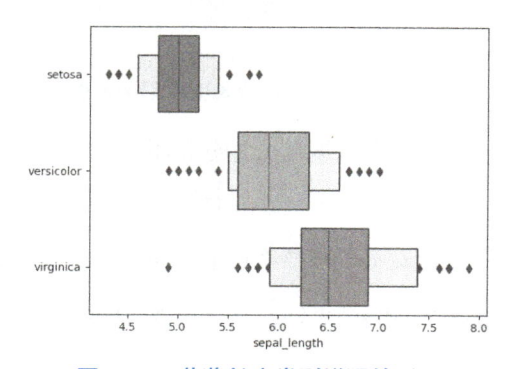　　　　图 1-55　花萼长度类别增强箱形图

绘制花萼长度类别小提琴图，结果如图 1-56 所示。

```
sns.violinplot(x="sepal_length", y="species", data=iris)
```

绘制花萼长度类别点线图，结果如图 1-57 所示。

```
sns.pointplot(x="sepal_length", y="species", data=iris)
```

绘制花萼长度类别条形图，结果如图 1-58 所示。

```
sns.barplot(x="sepal_length", y="species", data=iris)
```

绘制花萼长度类别计数条形图，结果如图 1-59 所示。

```
sns.countplot(x="species", data=iris)
```

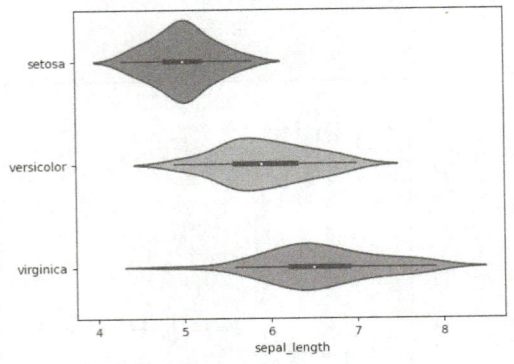

图 1-56　花萼长度类别小提琴图 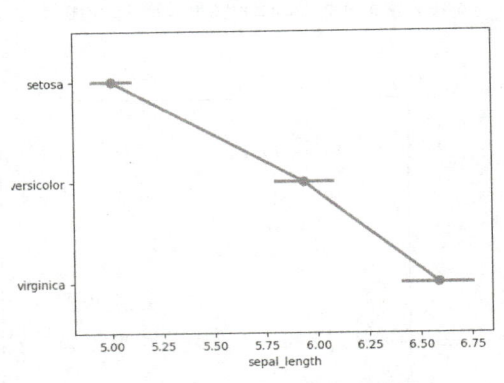　　　图 1-57　花萼长度类别点线图

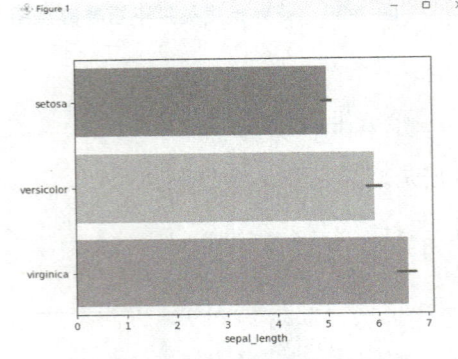

图 1-58　花萼长度类别条形图 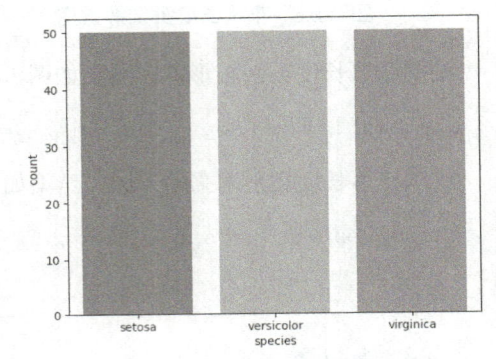　　　图 1-59　花萼长度类别计数条形图

绘制花萼长度单变量分布图，结果如图 1-60 所示。

```
sns.distplot(iris["sepal_length"])
```

绘制花萼长度核密度估计图，结果如图 1-61 所示。

```
sns.kdeplot(iris["sepal_length"])
```

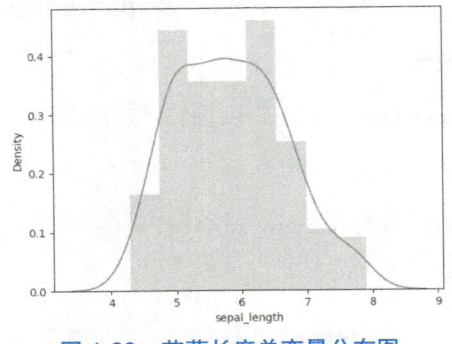

图 1-60　花萼长度单变量分布图 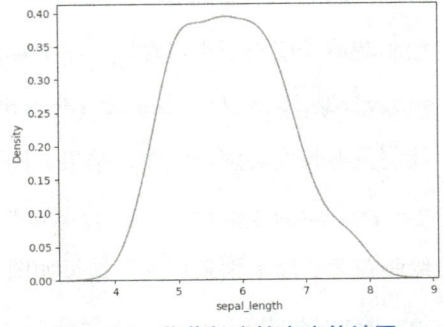　　　图 1-61　花萼长度核密度估计图

绘制花萼长度与花萼宽度的二元变量分布图，结果如图 1-62 所示。

```
sns.jointplot(x="sepal_length", y="sepal_width", data=iris, hue="species")
```

绘制花萼长度与花萼宽度的二元变量分布核密度估计对比图，结果如图1-63所示。

```
sns.jointplot(x="sepal_length", y="sepal_width", data=iris, kind="kde", hue="species")
```

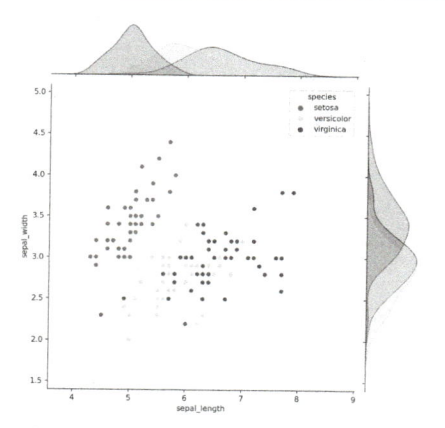

图 1-62　花萼长度与花萼宽度的二元变量分布图

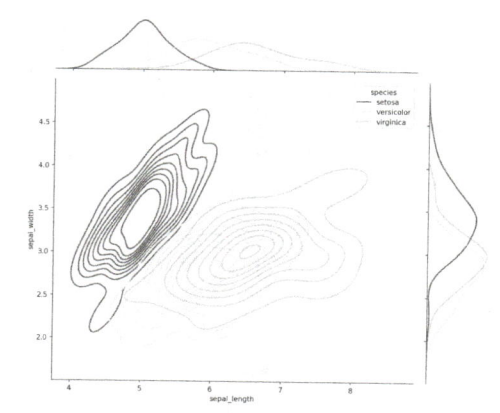

图 1-63　花萼长度与花萼宽度的二元变量分布核密度估计对比图

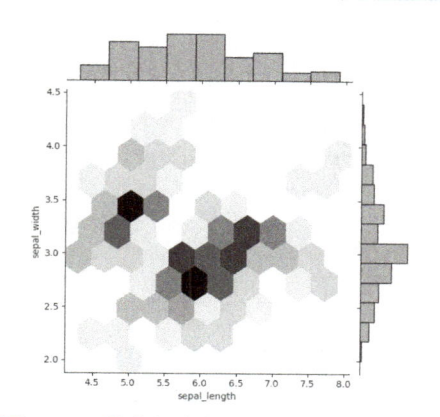

绘制花萼长度与花萼宽度的二元变量分布六边形计数图，结果如图1-64所示。

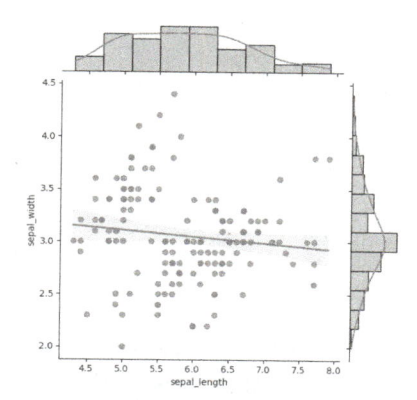

```
sns.jointplot(x="sepal_length", y="sepal_width", data=iris, kind="hex")
```

绘制花萼长度与花萼宽度的二元变量分布回归拟合图，结果如图1-65所示。

```
sns.jointplot(x="sepal_length", y="sepal_width", data=iris, kind="reg")
```

图 1-64　花萼长度与花萼宽度的二元变量分布六边形计数图

图 1-65　花萼长度与花萼宽度的二元变量分布回归拟合图

一次性绘制鸢尾花数据集的两两对比图，结果如图1-66所示。

```
sns.pairplot(iris, hue="species")
```

绘制花萼长度与花萼宽度的线性回归拟合图，结果如图1-67所示。

```
sns.regplot(x="sepal_length", y="sepal_width", data=iris)
```

绘制花萼长度与花萼宽度的分类线性回归拟合图，结果如图 1-68 所示。

```
sns.lmplot(x="sepal_length", y="sepal_width", hue="species", data=iris)
```

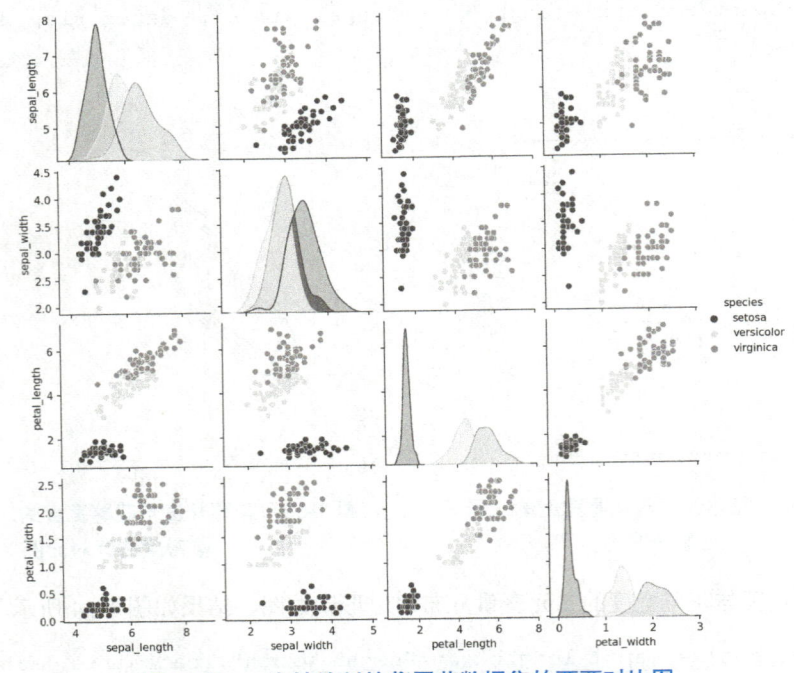

图 1-66　一次性绘制的鸢尾花数据集的两两对比图

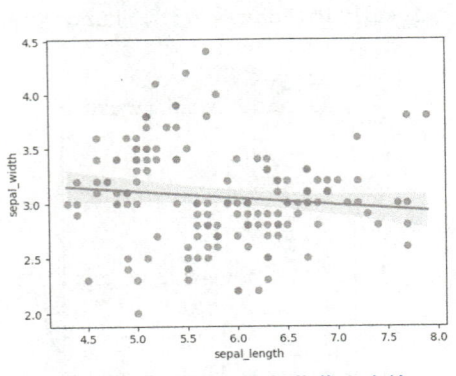

图 1-67　花萼长度与花萼宽度的
线性回归拟合图

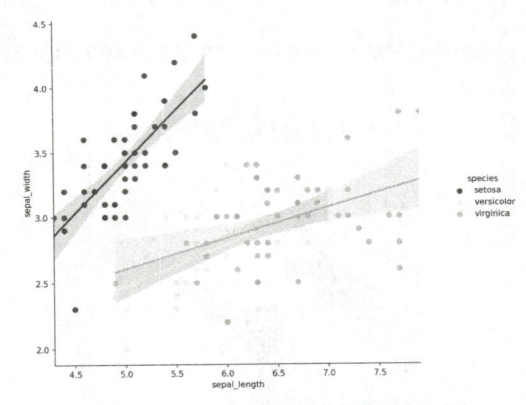

图 1-68　花萼长度与花萼宽度的分类
线性回归拟合图

自拟数据绘制热图，结果如图 1-69 所示。

```
sns.heatmap(np.random.rand(10, 10))
```

利用花萼和花瓣的长宽数据绘制层次聚类结构图，结果如图 1-70 所示。

```
iris.pop("species")   #去除分类数据，保留花萼、花瓣的长宽数据
sns.clustermap(iris)
```

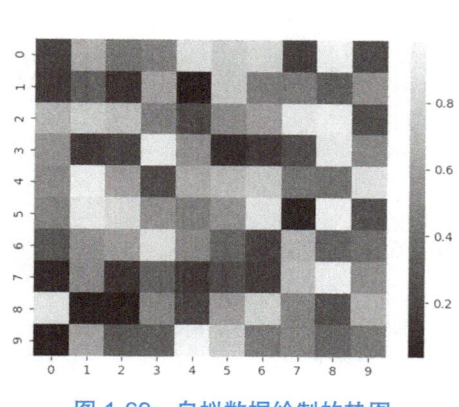

图 1-69 自拟数据绘制的热图　　　　图 1-70 层次聚类结构图

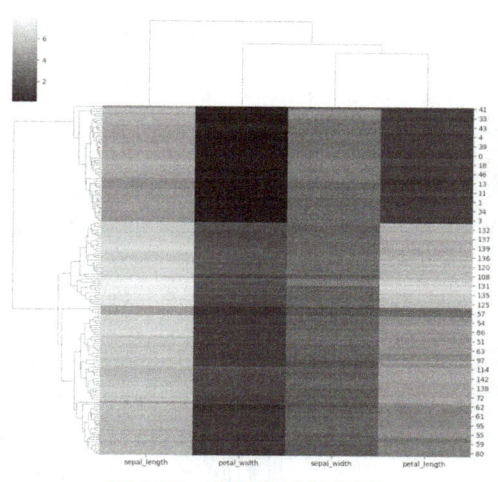

任务拓展

在任务 1.1 中，在线上平台完成了纸币真假鉴别模型的训练和评估。接下来，要实现同样的功能，并在训练前对数据集进行可视化分析。然后，保存训练过程中的数据，对模型训练过程进行可视化分析。

纸币真假数据集请从华信教育资源网本书配套资源处下载，在项目目录下新建 data 目录，把数据集放到 data 目录下。

程序编写

1. 数据可视化分析

```
import pandas as pd
from matplotlib import pyplot as plt
import seaborn as sns
data = pd.read_csv('./data/data_banknote_authentication.txt',header=None)
data_part = pd.DataFrame(data.values[0:-1:10],columns=['variance','skewness','curtosis','entropy','truth'])
data_all = pd.DataFrame(data.values,columns=['variance','skewness','curtosis','entropy','truth'])
sns.pairplot(data_part, hue="truth")
plt.show()
sns.lmplot(x="skewness", y="variance", hue="truth", data=data_all)
plt.show()
sns.jointplot(x="skewness", y="variance", data=data_all, kind="kde", hue="truth")
plt.show()
```

2. 纸币真假鉴别训练、评估及过程数据分析

```python
import numpy as np
import os
import matplotlib.pyplot as plt
import pandas as pd

class Banknotes:
    def __init__(self, feature_dir):
        self.feature_dir = feature_dir  #特征文件的路径
        self.features = None  #特征值
    def load_model(self):  #特征数据加载
    def load_dataset(self, dataset_path):  #数据集加载
    def sigmoid(self, x):  #定义得分函数
    def cost(self, hx, y):  #代价函数
    def gradient(self, x, y, learning_rate):  # 梯度下降
    def error(self, x, y):  #误差计算
    def train(self, learning_rate, num_iter):  #训练函数
    def test(self, test_dataset=None, show=False):  #测试函数
    def show_train_data(self, train_data):  #展示训练结果

if __name__ == "__main__":
    learning_rate = 0.00001
    num_iterations = 1000
    bns = Banknotes('model/feature.txt')
    bns.load_dataset('data/data_banknote_authentication.txt')
    if bns.load_model():
        pass
    else:
        print(f'没找到训练好的模型，先训练！')
        bns.train(learning_rate, num_iterations)  #训练
bns.test(test_dataset=bns.test_dataset, show=True)  #测试
```

完整的代码请从华信教育资源网本书配套资源处下载。

任务评价

任务评价表（二）如表 1-3 所示。

表 1-3 任务评价表（二）

任务：_____ 时间：_____

阶段任务	任务评价		
	合格	良好	优秀
任务布置			
知识准备			
任务实施			

测试习题

1. 机器学习经历了哪几个发展阶段？（　　）
   A．知识推理期　　　B．知识工程期　　　C．浅层学习　　　D．深度学习
2. 下列说法中正确的是（　　）。
   A．生成模型是所有变量的全概率模型，可用于模拟模型中任意变量的分布情况
   B．判别模型是在给定观测变量值的前提下目标变量的条件概率模型，只能根据观测变量得到目标变量的采样值
   C．判别模型不对观测变量的分布进行建模，不能表达观测变量与目标变量之间更复杂的关系
   D．生成模型关注数据是如何产生的，寻找的是数据分布模型
   E．判别模型关注数据的差异性，寻找的是分类面，由生成模型可以产生判别模型，但是由判别模型无法产生生成模型
3. 关于监督学习，下列说法中正确的是（　　）。
   A．监督学习的数据是不带标记的
   B．分类将实例数据分到合适的类别中，其预测结果是离散的
   C．回归为离散数据生成拟合曲线，其预测结果是连续的
   D．监督学习过程能一次性生成鲁棒的预测模型
4. 按照应用方向，机器学习可以分为哪几类？（　　）
   A．分类　　　　　B．聚类　　　　　C．回归
   D．排序　　　　　E．序列标准
5. 模型训练主要包括哪几个过程？（　　）
   A．数据集　　　　　　　　　　B．探索性数据分析
   C．数据分割　　　　　　　　　D．模型建立
6. 关于模型评估，下列说法中正确的是（　　）。
   A．所有机器学习模型使用的评估方法是相同的
   B．模型评估主要分为离线评估和在线评估两个阶段
   C．准确率是分类问题中最简单也最直观的评估指标，但其存在明显的缺陷
   D．只用某个点对应的精确率和召回率不能全面地衡量模型的性能

技能训练

实训项目数据集请从华信教育资源网本书配套资源处下载，实训项目编程讲解视频请扫码观看。

实训目的

通过本次实训，学生能够掌握 Python 训练数据模型和 NumPy 库、matplotlib 库及 seaborn 库可视化编程技能。

实训内容

（1）绘制 2000—2017 年各季度的国内生产总值散点图。
（2）绘制 2000—2017 年第一产业、第二产业、第三产业各季度的国内生产总值散点图。
（3）绘制 2000—2017 年各产业第一季度的生产总值折线图。
（4）绘制 2000—2017 年各产业各季度的生产总值点线图。
（5）绘制 2000 年与 2016 年的产业结构饼图。
（6）使用服从标准正态分布的数据绘制直方图。
（7）绘制 2017 年第一季度各产业的国内生产总值条形图。
（8）绘制国内生产总值分散情况箱形图。
（9）分析 1996—2015 年人口数据特征间的关系。
（10）分析 1996—2015 年人口数据各个特征的分布与分散状况。
（11）绘制 scatterplot 关联图。

单元小结

本单元系统介绍了机器学习的发展历程与趋势、基本概念、算法及其分类，阐述了机器学习模型训练与评估的方法，并结合具体案例，训练学生使用百度飞桨平台训练数据模型，以及使用 Python、PyCharm 数值分析库实现数据可视化的技能，激发学生的家国情怀，使学生树立勇于挑战的信心并强化攻坚克难的决心。

思政故事

机器学习的前世今生——一段在波折中前行的历史

AlphaGo 的胜利、无人驾驶的实现、模式识别的突破性进展，以及人工智能的飞速发展一次又一次地挑动着人们的神经。作为人工智能的核心，机器学习也在人工智能的大步发展中备受瞩目。但也许人们不曾想到的是机器学习乃至人工智能的发展一波三折，令人惊讶而又叹服。

20 世纪 50 年代初到 20 世纪 60 年代中期——基础奠定的热烈时期。1949 年，赫布（Hebb）基于神经心理学的学习机制开启了机器学习的第一步；1950 年，阿兰·图灵创造了图灵测试来判定计算机是否智能，令人信服地说明了"思考的机器"是可能的；1952 年，阿瑟·塞缪尔开发的跳棋程序驳倒了普罗维登斯提出的"机器无法超越人类"的论断；1957 年，罗森·布拉特基于神经感知科学背景提出了第二模型，设计出了第一个计算机神经网络——感知机，它模拟了人脑的运作方式；1967 年，Cover 和 Hart 提出最近邻算法可以使计算机进行简单的模式识别；1969 年，马文·明斯基将感知机的发展推到高潮，把人工智能技术和机器人技术结合起来，开发出了世界上最早的能够模拟人类活动的机器人 Robot C。此后，神经网络的研究处于休眠状态，直到 20 世纪 80 年代结束。

20 世纪 60 年代中期到 20 世纪 70 年代末——停滞不前的冷静时期。虽然这个时期温斯顿（Winston）的结构学习系统和海斯·罗思（Hayes Roth）等基于逻辑的归纳学习系统取得较大的进展，但只能学习单个概念，且理论未能投入实际应用。此外，神经网络学习机因理论缺陷未能达到预期效果而转入发展低潮。事实上，这个时期，整个人工智能领域都遭遇了瓶颈，当时计算机有限的内存和处理速度不足以解决所有实际的人工智能问题。

20 世纪 70 年代末到 20 世纪 80 年代中期——重拾希望的复兴时期。从 20 世纪 70 年代末开始，人们从学习单个概念扩展到学习多个概念，并探索不同的学习策略和各种学习方法。1980 年，在美国的卡内基梅隆大学（CMU）召开了第一届机器学习国际研讨会，这标志着机器学习研究已在全世界兴起；1981 年，韦尔博斯提出了多层感知机（MLP）；1986 年，罗斯·昆兰提出了决策树算法，这点燃了另一个主流机器学习方向的火花（在此之前，罗森·布拉特提出了神经网络模型）。

20 世纪 90 年代初到 21 世纪初——现代机器学习的成型时期。1990 年，Boosting 算法诞生。一年后，Freund 提出了一种效率更高的 Boosting 算法。1995 年，Freund 和 Schapire 改进了 Boosting 算法，改进后的 Boosting 算法不需要用到关于弱学习器的先验知识，更容易应用到实际问题中。同年，机器学习领域一个最重要的突破——支持向量机（Support Vector Machine，SVM）由瓦普尼克和科林纳·科尔特斯在大量理论和实证的条件下提出。从此，机器学习社区被分为神经网络社区和 SVM 社区。2001 年，利奥·布雷曼博士提出了另一个集成决策树模型——随机森林（Random Forest，RF），并利用随机森林在理论和经验上证明了决策树模型对过拟合的抵抗性。

21 世纪初至今——大放光芒的蓬勃发展时期。机器学习发展分为两部分——浅层学习（Shallow Learning）和深度学习（Deep Learning）。浅层学习起源于 20 世纪 20 年代神经网络反向传播（Back-propagation）算法的发明。浅层学习的出现使得基于统计的机器学习算法成为研究热点，虽然这时的神经网络算法也被称为多层感知机，但由于多层网络训练困难，通常都是只有一层隐藏层的浅层模型。2006 年，Hinton 提出了神经网络深度学习算法，这使神经网络的能力大大提高，并向 SVM 发出了挑战，开启了深度学习在学术界和工业界的发展浪潮。

机器学习是诞生于 20 世纪中叶的一门"年轻"的学科，它对人类的生产、生活方式产生了重大的影响，也引发了激烈的哲学争论，其发展并不是一帆风顺的，也经历了螺旋式上升的过程，成就与坎坷并存。正是因为众多学者坚持不懈地研究所获得的成果，才有了今天人工智能领域的空前繁荣，这体现出量变到质变的过程，也体现出内因和外因的共同作用。

单元 2　朴素贝叶斯算法

学习目标

通过对本单元的学习，学生能够了解贝叶斯定理与条件概率，理解贝叶斯定理中先验概率、后验概率的区别，掌握朴素贝叶斯分类器的实现方法、评估方法和可视化方法等知识。通过学习与练习，学生能够锻炼代码编写能力。在操作上，学生能通过 Jupyter Notebook 熟练加载数据集并进行数据预处理，能熟练运用 sklearn 库搭建朴素贝叶斯分类器并熟练训练朴素贝叶斯分类器，最后能对测试集进行预测并得出结果。在朴素贝叶斯算法的学习过程中，学生可以树立实事求是、不断更新认知、绝不先入为主的世界观。

引例描述

对于分类问题，其实谁都不会陌生。在日常生活中，我们每天都进行着分类。例如，当我们看到一个人时，我们的大脑会下意识判断他是年轻人、中年人还是老年人；在车辆经过时，我们可能会对身旁的朋友说"这辆车一看就很贵"之类的话。而贝叶斯用概率量化了分类这个过程。简单来说，就是根据已知的事情，用概率推断未知的事情发生的可能性。举个例子，班里来了一位新同学小明，我们不知道他的过去。如果让我们猜测他的成绩，因为我们不知道他既往的考试成绩，所以猜测他可能是班里的中游水平。后来，我们发现小明的第一次考试成绩并不理想，会猜测小明的成绩不算太好，但这也不能说明小明就是一个不爱学习的学生，有可能小明只是对新环境还不熟悉。只有随着小明参加的考试越来越多，我们要根据他的成绩进行猜测，才会得到越来越趋近于他的真实水平的猜测结果。

任务 2.1　垃圾短信数据集导入与数据预处理

任务情景

在过去的十年中，手机的使用量猛增，但这也使得垃圾短信越来越多。人们在日常生活中可能会无意泄露了他们的手机号码，然后垃圾短信就会铺天盖地地发过来。本任务的目标是导入一个包含垃圾短信数据的 csv 逗号分隔值文件，并进行数据预处理工作。本任务所用的垃圾信息数据集来自 Kaggle 的垃圾邮件分类（Spam Text Message Classification）比赛，学生如有兴趣，可在 Kaggle 官方网站上搜索。该数据集包含 5157 条短信，其中，87%为正常短信，13%

为垃圾短信。

任务布置

使用 sklearn 库与 pandas 库实现数据集导入和数据预处理,导入的垃圾短信数据集如图 2-1 所示。

```
Category  Message
ham       Go until jurong point, crazy. Available only in bugis n great world la e buffet... Cine there got amore wat...
ham       Ok lar... Joking wif u oni...
spam      Free entry in 2 a wkly comp to win FA Cup final tkts 21st May 2005. Text FA to 87121 to receive entry question(std txt rate)T&C's apply 08452810075over18's
ham       U dun say so early hor... U c already then say...
ham       Nah I don't think he goes to usf, he lives around here though
spam      FreeMsg Hey there darling it's been 3 week's now and no word back! I'd like some fun you up for it still? Tb ok! XxX std chgs to send, 拨1.50 to rcv
ham       Even my brother is not like to speak with me. They treat me like aids patent.
ham       As per your request 'Melle Melle (Oru Minnaminunginte Nurungu Vettam)' has been set as your callertune for all Callers. Press *9 to copy your friends Callertune
spam      WINNER!! As a valued network customer you have been selected to receivea 拨900 prize reward! To claim call 09061701461. Claim code KL341. Valid 12 hours only.
spam      Had your mobile 11 months or more? U R entitled to Update to the latest colour mobiles with camera for Free! Call The Mobile Update Co FREE on 08002986030
ham       I'm gonna be home soon and i don't want to talk about this stuff anymore tonight, k? I've cried enough today.
spam      SIX chances to win CASH! From 100 to 20,000 pounds txt> CSH11 and send to 87575. Cost 150p/day, 6days, 16+ TsandCs apply Reply HL 4 info
spam      URGENT! You have won a 1 week FREE membership in our 拨100,000 Prize Jackpot! Txt the word: CLAIM to No: 81010 T&C www.dbuk.net LCCLTD POBOX 4403LDNW1A7RW18
ham       I've been searching for the right words to thank you for this breather. I promise i wont take your help for granted and will fulfil my promise. You have been wonderful and a blessing at all times.
ham       I HAVE A DATE ON SUNDAY WITH WILL!!
spam      XXXMobileMovieClub: To use your credit, click the WAP link in the next txt message or click here>> http://wap.xxxmobilemovieclub.com?n=QJKGIGHJJGCBL
ham       Oh k...i'm watching here:)
ham       Eh u remember how 2 spell his name... Yes i did. He v naughty make until i v wet.
```

图 2-1 导入的垃圾短信数据集

知识准备

1. 导入必要的库与数据集

首先是导入必要的用于决策树分类器的第三方科学计算库,如 pandas 库、sklearn 库等。在 sklearn 库中,需要导入 train_test_split、Pipeline、TfidfVectorizer、MultinomialNB、accuracy_score、confusion_matrix、classification_report 等函数。

train_test_split 函数可以将一个数据集拆分为两个子集——用于训练数据的训练集和用于测试数据的测试集,这样就无须再手动划分数据集。在默认情况下,train_test_split 函数将数据集随机拆分为两个子集。

课堂随练 2-1 导入 train_test_split 函数。

```
from sklearn.model_selection import train_test_split
```

Pipeline 函数可以将许多算法模型串联起来,例如将特征提取、归一化、分类组织在一起,形成一个典型的机器学习问题工作流。这样做主要带来两点好处:①采用直接调用 fit 函数和 predict 函数的方法对 Pipeline 函数中的所有算法模型进行训练和预测;②可以结合 grid search 对参数进行选择。

课堂随练 2-2 导入 Pipeline 函数。

```
from sklearn.pipeline import Pipeline
```

TfidfVectorizer 函数是 sklearn 库中用于实现 TF-IDF 算法的函数,TF-IDF 算法会在后边讲解。此函数可以将原始文本转换为 TF-IDF 的特征矩阵,也就是实现文本的向量化,从而为后续的文本相似度计算、文本搜索排序等一系列应用奠定基础。

课堂随练 2-3 导入 TfidfVectorizer 函数。

```
from sklearn.feature_extraction.text import TfidfVectorizer
```

MultinomialNB（Multinomial Naïve Bayes）即多项式朴素贝叶斯，它基于原始的贝叶斯理论，但它的概率分布被假设为服从一个简单多项式分布。多项式分布来源于统计学中的多项式实验，对这种实验的具体解释如下：实验包括 n 次重复试验，每项试验都有不同的可能结果。在任何给定的试验中，特定结果发生的概率是不变的。关于贝叶斯理论，会在任务 2.2 中详细解释。

课堂随练 2-4　导入 MultinomialNB 函数。

```
from sklearn.naive_bayes import MultinomialNB
```

accuracy_score、confusion_matrix、classification_report 等函数是 sklearn.metrics 模块中的函数。在实现各种机器学习算法时，无论是回归、分类，还是聚类，都需要一个指标来评估机器学习模型的效果，sklearn.metrics 就是一个汇总了各种评估指标的模块。关于模型评估，会在任务 2.3 中进行讲解。

课堂随练 2-5　导入各指标评估函数。

```
from sklearn.metrics import accuracy_score, confusion_matrix, classification_report
```

2. TF-IDF

TF-IDF 的英文全称是 Term Frequency-Inverse Document Frequency，是一种用于信息检索与数据挖掘的常用加权技术。TF 即词频（Term Frequency），IDF 即逆向文档频率（Inverse Document Frequency）。TF-IDF 技术一般用于评估一个字词对于一个文件集或一个语料库中的其中一份文件的重要程度。字词的重要性随着它在文件中出现的次数成正比增加，同时会随着它在语料库中出现的频率成反比下降。TF-IDF 加权的各种形式常被搜索引擎应用，作为文件与用户查询之间相关程度的度量或评级。除了 TF-IDF，互联网上的搜索引擎还会使用基于链接分析的评级方法，以确定文件在搜寻结果中出现的顺序。TF-IDF 算法认为，如果某个单词或短语在一篇文章中出现的频率很高，并且在其他文章中很少出现，则认为该单词或短语具有很好的类别区分能力，适合用来分类。

1）词频（TF）

词频（TF）指的是词条（关键字）在文本中出现的频率。短文与长文中的词频不一样。因此，为了便于对不同的文章进行比较，词频通常会被归一化。其计算公式为

$$\text{TF}_w = \frac{某一类中的词条 w 出现的次数}{该类中所有的词条数目} \tag{2-1}$$

需要注意的是，几乎每篇文章里"的""是"等词出现的频率都特别高，但这并不意味着这些词特别重要。这些词被称为停用词（Stop Words），这些词对找到结果毫无帮助，需要将其过滤掉。

2）逆向文档频率（IDF）

某一特定词语的逆向文档频率（IDF）是一个词在所有文本中出现的频率。如果一个词在很多文本中出现，那么它的 IDF 值应该低，比如"的"。而反过来，如果一个词在比较少的文本中出现，那么它的 IDF 值应该高，比如一些专业名词——"机器学习"。一种极端的情况——一个词在所有的文本中都出现，它的 IDF 值应该为 0。因此，IDF 可以有效帮助过滤停用词。

IDF 可以由总文件数目除以包含该词语的文件的数目，再将得到的商取以 10 为底的对数得

到。因为不可能搜集到世界上所有的文本,所以需要建立一个包含大量文本的语料库,用来模拟语言的使用环境。但是,可能有一些生僻字在语料库的所有文件里都没有。为了避免分母出现 0 的情况,一般要在分母上加 1。

$$\text{IDF} = \log\left(\frac{\text{语料库的文档总数}}{\text{包含词条 } w \text{ 的文档数} + 1}\right) \qquad (2\text{-}2)$$

3)TF-IDF

TF 和 IDF 都不能正确地反映出一个词的重要性,但它们合在一起就可以了,TF 与 IDF 的积就是 TF-IDF。

$$\text{TF-IDF} = \text{TF} \times \text{IDF} \qquad (2\text{-}3)$$

需要注意的是,尽管 TF-IDF 算法非常容易理解,并且很容易实现,但是其简单结构并没有考虑词语的语义信息,因此无法处理一词多义与一义多词的情况。

3. 训练集与测试集

机器学习的流程如下:首先,使用大量和任务相关的数据集来训练模型,在训练中,利用模型在数据集上的误差不断迭代训练模型,得到对数据集拟合合理的模型;然后,将训练并调整好的模型应用到真实的场景中。模型在真实数据上预测的结果误差应该越小越好。模型在真实环境中的误差叫作泛化误差,因此训练好的模型的泛化误差应该越低越好。

那么如何减小泛化误差,从而得到泛化能力更强的模型呢?

(1)使用泛化误差本身。这是很自然的想法,训练模型的最终目的就是使模型的泛化误差最小。当然,可以将泛化误差本身作为检测信号。泛化误差小的话还可以接受,但是通常情况下没有那么幸运,泛化误差可能很大,这时肯定需要将部署的模型撤回并重新训练,然后可能需要在部署和训练之间往复很多次,这种方式虽然能够更好地指导我们部署和训练模型,但是成本很高,效率也很低。

(2)将模型在数据集上训练的拟合程度作为评估模型的信号。但是,往往获取到的数据集并非完全干净,数据集包含太多的噪声或者被一些无关特征污染;获取到的数据可能很少,数据的代表性不够。我们获取到的数据集或多或少地会有上述问题,那么模型对训练集的拟合程度不能指导泛化误差,也就是说,训练时拟合得好并不代表模型的泛化误差小,我们甚至可以将模型在数据集上的误差减小到 0。但是,因为对模型进行训练时的数据集往往不干净,所以这样的模型的泛化能力并不强。

不能直接将泛化误差作为了解模型泛化能力的信号,因为在部署环境和训练模型之间往复的代价很高;也不能将模型对训练集的拟合程度作为了解模型泛化能力的信号,因为获得的数据往往包含噪声和被污染的数据。更好的方法就是将数据集分割成两部分:训练集和测试集。训练集的数据用来训练模型,将测试集上的误差作为最终模型应对现实场景中的泛化误差。有了测试集,想要验证模型的最终效果,只需将训练好的模型在测试集上计算误差,即可认为此误差为泛化误差的近似,这样只需使训练好的模型在测试集上的误差最小即可。

在 sklearn 库中,可以用 split_train_test 函数简单地将数据集划分为训练集与测试集。

任务实施

Step 1:导入相关的库,这里主要导入的是 pandas 库和 sklearn 库中的函数。

```
# 导入相关的库
import pandas as pd
from sklearn.model_selection import train_test_split
from sklearn.pipeline import Pipeline
from sklearn.feature_extraction.text import TfidfVectorizer
from sklearn.naive_bayes import MultinomialNB
from sklearn.metrics import accuracy_score , confusion_matrix, classification_report
```

Step 2：使用 pandas 库中的 read_csv 函数，从垃圾短信数据集中读取数据。

```
# 将垃圾短信数据集中的数据存放在 df 中
df = pd.read_csv('SPAM text message 20170820 - Data.csv')
```

Step 3：将数据集分成训练集与测试集。

```
# 将短信的内容存放在 x 中，将是否为垃圾短信存放在 y 中
x = df.iloc[:,1].values
y = df.iloc[:,0].values
# 将数据集分成训练集和测试集，测试集占 30%
x_train,x_test,y_train,y_test = train_test_split(x,y,test_size=0.3,random_state=0)
```

任务评价

任务评价表（一）如表 2-1 所示。

表 2-1　任务评价表（一）

任务：_____ 时间：_____

阶段任务	任务评价		
	合格	良好	优秀
任务布置			
知识准备			
任务实施			

任务 2.2　训练贝叶斯分类器

任务情景

生活中常会遇到分类问题，如垃圾邮件过滤、情感分析、新闻分类等。贝叶斯分类器就是一种基于贝叶斯定理进行分类的分类器，用于将对象分到多个类别中的一个。在本任务中，我们将学习使用贝叶斯分类器来解决分类问题，并学习贝叶斯分类器背后的原理——贝叶斯定理。

任务布置

学习并掌握贝叶斯定理，明白如何使用先验概率、条件概率和联合概率来计算贝叶斯分类器中需要的概率值，以及如何根据这些概率值解决分类问题。

知识准备

1. 贝叶斯定理

贝叶斯定理是整个机器学习的基础框架。贝叶斯定理是 18 世纪英国数学家托马斯·贝叶斯（Thomas Bayes）提出的重要概率论理论。贝叶斯定理源于贝叶斯生前为解决一个"逆向概率"的问题而写的一篇文章，这篇文章是在他死后才由他的一位朋友发表出来的。在贝叶斯写这篇文章之前，人们已经能够计算正向概率，如"假设袋子里面有 N 个白球，M 个黑球，你伸手进去摸一把，摸出黑球的概率是多大"。而反过来，一个自然而然的问题如下："如果我们事先并不知道袋子里面黑、白球的比例，而是闭着眼睛摸出一个（或好几个）球，观察这些取出来的球的颜色，那么我们可以就此对袋子里面的黑、白球的比例做出怎样的推测"。这个问题就是所谓的逆向概率问题。

逆向概率和通常所说的概率不一样。对于概率，大家都很熟悉，中学课本里说过，概率是一件事发生的频率，或者将其叫作客观概率。贝叶斯框架下的概率理论却从另一个角度给出了答案，贝叶斯认为，概率是个人的一个主观概念，表明个人对某个事物发生的相信程度。如同著名的数学家拉普拉斯（Laplace）说的：Probability theory is nothing but common sense reduced to calculation（概率论不过是把常识简化为计算而已）。这正是贝叶斯流派的核心思想，换句话说，概率论解决的是来自外部的信息与人脑内信念的交互关系问题。不过，尽管贝叶斯定理的思想出现在 18 世纪，但真正大规模派上用途还在计算机出现之后。因为这个定理需要大规模的数据计算推理才能凸显效果，如机器学习。

在普通的概率学中，有一个最常出现的场景——掷骰子。如果问第一次掷出的点数为 3 的概率是多大，那么答案显然是 1/6。但是，如果加一个前提，即已知第一次掷出的点数是 3，那么第二次掷出的点数是 3 的概率是多少？学过概率学的学生会认为答案依然是 1/6，但这种假设是建立在完全理想化的世界中的。如果这个骰子有些缺损，使得它掷出的点数是 3 的概率大一些，那么显然第二次掷出的点数是 3 的概率并不是 1/6。在生活中，这类场景更多，我们一般不会直接推断一个事件发生的可能性，因为这样做的实际意义并不明显，而且也不容易推断出结果，例如问你今天下雨的概率是多大？你可能是一头雾水。什么地点？什么月份？当日云层的厚度怎样？这些条件都没有告知，那是无法给出一个有意义、有价值的合理推断的。而且在实际情况下，一个事件一般而言不会是孤立地发生，都会伴随着其他的一些事情或表现一同出现，单独地谈一个事件的概率，一般而言也是不存在的。假设我们知道给定事件 B 已经发生，在此基础上，希望知道另一个事件 A 发生的可能性，此时就需要构建出条件概率，先顾及事件 B 已经发生的信息，然后求出事件 A 发生的概率。条件概率就是在事件 B 发生的条件下，事件 A 发生的概率，记为 $P(A|B)$。那么回到例子上，可以将事件 B 看作第一次掷出的点数为 3，而事件

A 就是第二次掷出的点数为 3，它们的概率分别是 P(B) 和 P(A)。P(A) 也被称作先验概率，指的是根据经验估算出的一个概率；而 P(B|A) 也被称作后验概率，指的是事件 A 发生的条件下，事件 B 发生的概率。

贝叶斯定理是从以上三个概率推导得来的，是关于随机事件 A 和 B 的条件概率。它的计算公式为

$$P(A|B) = \frac{P(B|A)P(A)}{P(B)} \tag{2-4}$$

（1）$P(A)$ 是事件 A 的先验概率或边缘概率，称"先验"是因为它不考虑事件 B 的因素。

（2）$P(A|B)$ 是已知事件 B 发生后事件 A 的条件概率，也被称作事件 A 的后验概率。

（3）$P(B|A)$ 是已知事件 A 发生后事件 B 的条件概率，也被称作事件 B 的后验概率，这里称作似然度。

（4）$P(B)$ 是事件 B 的先验概率或边缘概率，这里称作标准化常量。

（5）$P(B|A)/P(B)$ 被称作标准似然度，它是一个调整因子，可以将其理解为新信息事件 B 发生后，对先验概率的一个调整。如果标准似然度等于 1，那么事件 B 并不能帮助判断事件 A 发生的可能性；如果标准似然度大于 1，事件 A 发生的可能性就变大；如果标准似然度大于 1，事件 A 发生的可能性就变小。因此，贝叶斯定理又可以这样表示：后验概率=(似然度×先验概率)/标准化常量=标准似然度×先验概率。

下面举一个应用贝叶斯公式的例子：已知某种疾病在人群中的患病率为 1/10000，现在发明了一种新的用于诊断该疾病的检测方法。用这种方法先检测了 1000 名患者，结果显示其中阳性者为 999 例，阴性者为 1 例；又检测了 1000 名正常人，结果显示其中的阴性者为 995 例，阳性者为 5 例。请问：对于一个人，其检测结果为阳性，这个人患病的概率是多少？

如果从数据来看，这个人的患病概率应该是 999/(999+5)≈99.5%。但是，如果考虑到这个疾病在人群中的患病率，结果就不大一样了。假设甲阳性/阴性为事件 A，甲是否患病为事件 B，那么根据贝叶斯公式可以算出与二者相关的概率，如表 2-2 所示。

表 2-2 贝叶斯公式的应用

B	A	P(B)	P(A|B)	P(A)	P(B|A)
患病	阳性	0.0001	0.999（999/1000）	0.0051	0.02
未患病	阴性	0.9999	0.005（5/1000）	0.0051	0.98

从表 2-2 中可以看出，患病的概率为 2%，未患病的概率为 98%。

那是不是说明这种检测方法没有用呢？当然不是。检测前，患病的概率是 0.01%；检测出阳性后，患病的概率增加为 2%，提高至检测前的 200 倍。因此，当务之急是复查一次。复查后，如果结果再次是阳性，通过计算得出甲的患病概率为 80%。第三次检查如果仍为阳性，那么患病概率即为 99.9%。这也是许多疾病的检测都需要多次复查的原因。

贝叶斯定理是整个机器学习的基础框架，这是因为现实生活中的问题大部分都是"逆概率"问题。由于生活中绝大多数决策面临的信息都是不全的，因此我们手中只有有限的信息。既然无法得到全面的信息，我们就只能在信息有限的情况下，尽可能做出一个好的预测。例如天气预报说，明天降雨的概率是 30%，这是什么意思呢？我们无法像计算频率、概率那样，重复地把明天过上 100 次，然后计算出大约有 30 次会下雨（下雨的天数/总天数），而是只能利用有限

的信息（过去天气的测量数据），用贝叶斯定理来预测明天下雨的概率是多少。

但是，使用贝叶斯定理往往都是潜意识的。例如，当你和另一个人在一起时，如果对方说出"虽然"两个字，你大概会猜测，对方后面有九成的可能性会说出"但是"。我们的大脑看起来就好像天生会用贝叶斯定理。特别是对小孩来说，告诉他一个新单词，他一开始并不知道这个词是什么意思，但是他可以根据当时的情景，先猜测一下（先验概率/主观判断）。一有机会，他就会在不同的场合说出这个词，然后观察父母的反应。如果父母告诉他用对了，他就会进一步记住这个词的意思；如果父母告诉他用错了，他就会进行相应的调整（可能性函数/调整因子）。这样反复地猜测、试探、调整主观判断就是贝叶斯定理思维的过程。吴军博士在他的著作《数学之美》里面就提到了，最早的自然语言处理，如翻译、语音识别，都是通过语法分析来进行的，就是把"主谓宾"分析清楚，然后加以处理，正确率极低。后来，Google 公司中由自然语言处理专家贾里尼克领导的部门利用统计、概率方法进行上述研究，正确率提高了很多。在本书中也列举了贝叶斯定理是如何参与自然语言处理的。

科学家用贝叶斯定理分析新数据能在多大程度上验证或否定已有的模型，程序员用贝叶斯定理构建人工智能。而在实际生活中，贝叶斯定理告诉我们：纷繁复杂的事实不应直接决定我们的看法，而应不断更新我们的看法。贝叶斯定理使我们在实际生活中的判断更加量化、系统化，甚至可以以某种方式重新塑造我们对思想本身的看法，修正我们的直觉，也使我们在面对生活中的不确定时避免随波逐流，时刻让数学理性的光芒照进现实。

在现实世界中，每个人都需要预测。想要深入分析未来，思考是否买股票，判断政策给自己带来哪些机遇，提出新产品构想，或者只是计划一周的饭菜。贝叶斯定理就是为了解决这些问题而诞生的，它可以根据过去的数据来预测未来事情发生的概率。贝叶斯定理的思考方式为我们提供了有效地帮助我们做决策的方法，方便我们更好地预测未来的商业、金融及日常生活。

2. 朴素贝叶斯分类器

朴素贝叶斯分类是常用的贝叶斯分类方法。我们日常生活中看到一个陌生人，要做的第一件事情就是判断其性别，判断性别的过程就是一个分类的过程。根据以往的经验，我们通常会从身高、体重、鞋码、头发长短、服饰、声音等角度进行判断。这里的"经验"就是一个训练好的关于性别判断的模型，其训练数据是日常遇到的各式各样的人，以及这些人实际的性别数据。

数据可以分为两种，一种是离散数据，另一种是连续数据。那么什么是离散数据呢？"离散"就是不连续的意思，有明确的边界，例如整数 1、2、3 就是离散数据；而 1~3 范围内的所有数就是连续数据。

以表 2-3 中的数据为例，这些数据是根据我们之前的经验所获得的。然后给出一组新的数据：身高"高"、体重"中"，鞋码"中"。请问这个人是男还是女？

表 2-3 贝叶斯分类器数据

编号	身高	体重	鞋码	性别
1	高	重	大	男
2	高	重	大	男
3	中	中	大	男
4	中	中	中	男

续表

编号	身高	体重	鞋码	性别
5	矮	轻	小	女
6	矮	轻	小	女
7	矮	中	中	女
8	中	中	中	女

针对这个问题，我们先确定一共有 3 个属性，假设用 A 代表属性，用 A_1、A_2、A_3 分别表示身高 = 高、体重 = 中、鞋码 = 中。一共有两个类别，假设用 C_j 代表类别，用 C_1、C_2 分别表示男、女。

如果要求在 A_1、A_2、A_3 属性下 C_j 的概率，那么用条件概率表示就是 $P(C_j|A_1A_2A_3)$。根据贝叶斯公式，可以得出

$$P(C_j|A_1A_2A_3) = \frac{P(A_1A_2A_3|C_j)P(C_j)}{P(A_1A_2A_3)} \tag{2-5}$$

因为一共有两个类别，所以只需求得 $P(C_1|A_1A_2A_3)$ 和 $P(C_2|A_1A_2A_3)$ 的概率即可，然后比较一下哪个分类的可能性大，就是哪个分类结果。在式（2-5）中，因为 $P(A_1A_2A_3)$ 的值是固定的，求 $P(C_j|A_1A_2A_3)$ 的最大值就等价于求 $P(A_1A_2A_3|C_j)P(C_j)$ 的最大值。

假设 A_i 之间是相互独立的，那么

$$P(A_1A_2A_3|C_j) = P(A_1|C_j)P(A_2|C_j)P(A_3|C_j) \tag{2-6}$$

然后，需要计算出 $P(A_i|C_j)$ 的值，将其代入式（2-6），得出 $P(A_1A_2A_3|C_j)$ 的值。最后，找到使得 $P(A_1A_2A_3|C_j)$ 的值最大的类别 C_j。

分别求得这些条件下的概率：$P(A_1|C_1)=1/2$，$P(A_2|C_1)=1/2$，$P(A_3|C_1)=1/4$，$P(A_1|C_2)=0$，$P(A_2|C_2)=1/2$，$P(A_3|C_2)=1/2$，因此 $P(A_1A_2A_3|C_1)=1/16$，$P(A_1A_2A_3|C_2)=0$。

因为 $P(A_1A_2A_3|C_1)P(C_1) > P(A_1A_2A_3|C_2)P(C_2)$，所以这个人应该属于 C_1 类别，即为男性。

以上就是朴素贝叶斯分类器的工作原理。然而，"朴素"是什么意思呢？我们在应用贝叶斯定理时会注意到，贝叶斯定理默认身高、体重、鞋码是互相独立的，但在实际生活中，往往身高越高，体重会越重，鞋码也会越大。而"朴素"就是指贝叶斯分类器并不考虑这些因素，在应用贝叶斯分类器时，默认这些条件都是相互独立的。

课堂随练 2-6 贝叶斯公式练习。

盒子中原来有一个球，不是白色的就是黑色的，现在再放入一个白球，然后随机拿出一个球，结果拿出的是白色的。试求剩下的球是白球或黑球的概率分别是多少？

解：设拿出白球为事件 A，盒子里原来的球是黑球为事件 B。

剩下的球为黑球的概率其实就是

$$P(B|A) = P(A|B) \cdot P(B)/P(A)$$

而

$$P(A) = P(A|B) \cdot P(B) + P(A|\neg B) \cdot P(\neg B)$$

其中，$P(B) = P(\neg B) = 1/2$，因为原来的球不是黑色的就是白色的，概率相等。

$P(A|B)$ 指的是盒子里原来的球是黑球的情况下，拿出白球的概率为 1/2。

而 $P(A|\neg B)$ 指的是盒子里原来的球是白球的情况下，拿出的球是白球的概率，显然是 1。

所以 $P(B|A) = 0.5×0.5/(0.5×0.5+1×0.5) = 1/3$
且 $P(\neg B | A) = 1 - P(B|A) = 2/3$

3. 朴素贝叶斯分类

朴素贝叶斯分类常用于文本分类，尤其是对英文等语言来说，分类效果很好。它常用于垃圾文本过滤、情感预测、推荐系统等方面。

朴素贝叶斯分类器的使用分为三个阶段。

第一阶段：准备阶段。

在这个阶段，需要先确定特征属性，如表 2-3 中的"身高"、"体重"和"鞋码"等，并对每个特征属性进行适当划分，然后由人工对一部分数据进行分类，形成训练样本。

这一阶段是整个朴素贝叶斯分类中唯一需要人工完成的阶段，其质量对整个过程将有重要影响。分类器的质量在很大程度上由特征属性、特征属性划分及训练样本质量决定。

第二阶段：训练阶段。

这个阶段就是生成分类器，主要工作是计算每个类别在训练样本中出现的频率及每个特征属性划分对每个类别的条件概率。输入是特征属性和训练样本，输出是分类器。

第三阶段：应用阶段。

这个阶段是使用分类器对新数据进行分类。输入是分类器和新数据，输出是新数据的分类结果。

4. 3 种朴素贝叶斯分类算法

在 sklearn 库中，有 3 种朴素贝叶斯分类算法，分别是高斯朴素贝叶斯（GaussianNB）、多项式朴素贝叶斯（MultinomialNB）和伯努利朴素贝叶斯（BernoulliNB）。这 3 种算法适合应用在不同的场景下，应该根据特征变量的不同选择不同的算法，也就是选择不同的分类器。

（1）高斯朴素贝叶斯分类器：特征变量是连续变量，符合正态分布，如人的身高、物体的长度。

正态分布（Normal Distribution）又名高斯分布（Gaussian Distribution），是一个在数学、物理及工程等领域都非常重要的概率分布，在统计学的许多方面有着重大的影响力。

若随机变量 X 服从一个数学期望为 μ、方差为 σ^2 的正态分布，记为 $X\sim N(\mu,\sigma^2)$，则其概率密度函数为 $f(x) = \dfrac{1}{\sigma\sqrt{2\pi}}e^{-\dfrac{(x-\mu)^2}{2\sigma^2}}$。

正态分布的数学期望 μ 决定了其位置，标准差 σ 决定了分布的幅度。因为正态分布的曲线呈钟形，所以人们又经常称正态分布的曲线为钟形曲线。通常所说的标准正态分布是 $\mu = 0$、$\sigma = 1$ 的正态分布。

正态分布是自然科学与行为科学中的定量现象的一个方便模型。各种各样的心理学测试分数和物理现象（如光子计数）都被发现近似地服从正态分布。尽管产生这些现象的根本原因经常是未知的，理论上可以证明：如果把许多小作用加起来看作一个变量，那么这个变量服从正态分布（在 R.N.Bracewell 的 *Fourier transform and its application* 中，可以找到一种简单的证明）。正态分布出现在许多区域统计中，如采样分布均值是近似正态的，即使被抽样的样本总体并不服从正态分布。另外，常态分布信息熵在所有的已知均值及方差的分布中最大，这使得它成为一种均值及方差已知的分布的自然选择。正态分布是在统计及许多统计测试中应用最广泛的一类分布。在概率论中，正态分布是几种连续分布及离散分布的极限分布。

正态分布最早是由亚伯拉罕·棣莫弗在其 1733 年发表的一篇关于二项分布的文章中提出的。拉普拉斯在1812 年发表的《概率的分析理论》（*Theorie analytique des probabilites*）中对棣莫佛的结论进行了扩展。现在这一结论通常被称为棣莫佛-拉普拉斯定理。拉普拉斯在误差分析实验中使用了正态分布。"正态分布"这个名字还被 Charles S. Peirce、Francis Galton、Wilhelm Lexis 在 1875 年分别独立地使用过。这个术语反映和鼓励了一种谬误，即很多概率分布都是正态的。这个分布被称为"正态"或"高斯"，正好是施蒂格勒定律的一个例子，这个定律指出"没有一项科学发现是以其最初发现者的名字命名的"。

（2）多项式朴素贝叶斯分类器：特征变量是离散变量，符合多项分布，在文档分类中，特征变量体现在一个单词出现的次数或者是单词的 TF-IDF 值等。

伯努利分布假设一个事件只有发生、不发生两种可能，并且这两种可能是固定不变的。如果假设一个事件发生的概率是 p，那么它不发生的概率就是 $1-p$，这就是伯努利分布。而二项分布是多次伯努利分布实验的概率分布。以抛硬币举例，在抛硬币事件当中，每次抛硬币的结果是独立的，并且每次抛硬币正面朝上的概率是恒定的，所以单次抛硬币符合伯努利分布。假设硬币正面朝上的概率是 p，忽略中间朝上的情况，那么反面朝上的概率是 $q=(1-p)$。重复抛 n 次硬币，有 k 次正面朝上的事件，即可得出二项分布公式 $P(X=k)=C_n^k p^k q^{n-k}$，其中，

$$C_n^k = \frac{n!}{(n-k)!k!}。$$

而多项分布是在二项分布的基础上进一步的拓展。多项分布中随机试验的结果不是两种状态，而是 k 种互斥的离散状态，每种状态出现的概率为 p_i，$p_1+p_2+\cdots+p_k=1$，在这个前提下共进行了 N 次试验，用 $x_1\sim x_k$ 表示每种状态出现的次数，$x_1+x_2+\cdots+x_k=N$，称 $X=(x_1, x_2, \cdots, x_k)$ 服从多项分布，记作 $X\sim P_N(N: p_1, p_2, \cdots, p_n)$。把二项扩展为多项就得到了多项分布。例如扔骰子，不同于扔硬币，骰子的 6 个面对应 6 个不同的点数，这样单次每个点数朝上的概率都是 1/6（对应 $p_1\sim p_6$，它们的值不一定都是 1/6，只要和为 1 且互斥即可）。

（3）伯努利朴素贝叶斯分类器：特征变量是布尔变量，符合 0-1 分布，在文档分类中，特征是单词是否出现。

伯努利朴素贝叶斯分类器以文件为粒度，如果该单词在某文件中出现了即为 1，否则为 0。而多项式朴素贝叶斯分类器以单词为粒度，会计算某单词在某个文件中出现的具体次数。而高斯朴素贝叶斯分类器适合处理特征变量是连续变量，且符合正态分布的情况。身高、体重这种自然界的现象就比较适合用高斯朴素贝叶斯分类器来处理。而文本分类使用多项式朴素贝叶斯分类器。

本任务为垃圾短信过滤，也就是判断一个文本是否为垃圾文本，因此要采用多项式朴素贝叶斯分类器。

任务实施

Step 1：创建一个多项式朴素贝叶斯分类器。

```
#创建一个名为 text_model 的贝叶斯分类器
text_model=Pipeline([('tfidf',TfidfVectorizer()),('model',MultinomialNB(
))])
```

Step 2：根据训练数据训练模型。

```
# 使用 fit 函数训练数据
text_model.fit(x_train,y_train)
```

任务评价

任务评价表（二）如表 2-4 所示。

表 2-4 任务评价表（二）

任务：_____ 时间：_____

阶段任务	任务评价		
	合格	良好	优秀
任务布置			
知识准备			
任务实施			

任务 2.3 模型评估

任务情景

本单元中主要介绍的是机器学习二元分类模型的评估，评估机器学习模型最简单的方法是用准确率评估，准确率是指分类正确的样本数占总样本数的比例。

知识准备

1. 基于混淆矩阵的模型评估方法

对于二分类问题，可将样例根据其真实类别和分类器预测类别划分如下：

（1）真正例（True Positive，TP）：真实类别为正例，预测类别为正例。
（2）假正例（False Positive，FP）：真实类别为负例，预测类别为正例。
（3）假负例（False Negative，FN）：真实类别为正例，预测类别为负例。
（4）真负例（True Negative，TN）：真实类别为负例，预测类别为负例。
然后，可以构建混淆矩阵（Confusion Matrix），如表 2-5 所示。

表 2-5 混淆矩阵

真实类别	预测类别	
	正例	负例
正例	TP	FN
负例	FP	TN

用 sklearn 库可以构建一个混淆矩阵：

```
from sklearn.metrics import confusion_matrix
# y_pred是预测标签
y_pred, y_true =[1,0,1,0], [0,0,1,0]
confusion_matrix(y_true=y_true, y_pred=y_pred)
```

精确率（Precision，用 P 表示）的计算公式为

$$P = \frac{TP}{TP+FP} \tag{2-7}$$

精确率是针对预测结果而言的，它表示的是预测为正的样本中有多少是真实的正样本。那么预测为正就有两种可能了，一种是把正类预测为正类（TP），另一种是把负类预测为正类（FP）。在信息检索领域，精确率被称为查准率，查准率＝检索出的相关信息量÷检索出的信息总量。

召回率（Recall，用 R 表示）的计算公式为

$$R = \frac{TP}{TP+FN} \tag{2-8}$$

召回率是针对原来的样本而言的，它表示的是样本中的正例有多少被预测正确了。那也有两种可能，一种是把原来的正类预测成正类（TP），另一种是把原来的正类预测为负类（FN）。在信息检索领域，召回率被称为查全率，查全率＝检索出的相关信息量÷系统中的相关信息总量。

F_1 值：

$$F_1 = \frac{2PR}{P+R} \tag{2-9}$$

F_1 值即为精确率和召回率的调和平均值。因为尽管我们希望精确率与召回率都越高越好，但事实上，这两者在某些情况下是有矛盾的。例如，在极端情况下，我们只搜索出了一个结果，且是香蕉，那么精确率就是 100%，但是召回率为 1/6，相对来说，召回率就很低；而我们抽取 10 个水果，召回率是 100%，但是精确率为 6/10，相对来说，精确率就会比较低。因此，精确率和召回率指标有时会出现矛盾的情况，这样就需要综合考虑它们。最常见的方法就是利用 F Measure，通过计算 F_1 值来评价一个指标。

利用 sklearn 库中的 classification_report 函数，可以直接输出各个类的精确率、召回率和 F_1 Score。

```
from sklearn.metrics import classification_report
# y_pred是预测标签
y_pred, y_true =[1,0,1,0], [0,0,1,0]
print(classification_report(y_true=y_true, y_pred=y_pred))
```

另外，准确率用于计算所有被分类器预测过的样本中，有多大比例是被正确预测的。分类中使用模型对测试集进行分类，即分类正确的样本数占总样本数的比例，也就是

$$\text{Accuracy} = \frac{n_{\text{correct}}}{n_{\text{total}}} \tag{2-10}$$

式中，n_{correct} 为被正确分类的样本数；n_{total} 为总样本数。

但是，关于准确率有两个问题：一是不同类别的样本无区分，对于各个类需平等对待，而在实际中，会针对不同类有所区分，例如医疗上侧重正例的召回（假阴性：不要漏诊疾病），垃圾邮件侧重垃圾邮件的精度（假阳性：正常邮件不被误分）；二是数据不平衡，对于数据分布不平衡的情况，个别类别的样本过多，其他类别的样本少，大类别主导了准确率的计算。（采用平均准确率能够解决此问题）

```
#sklearn_example
from sklearn.metrics import accuracy_score
#y_pred是预测标签
y_pred, y_true=[1,2,3,4], [2,2,3,4]
accuracy_score(y_true=y_true, y_pred=y_pred)
```

采用平均准确率是针对不平衡数据的解决办法。对于 n 个类别，计算每个类别 i 的准确率，然后求平均值。但缺点是某些类别的样本数很少，测试集中该类别的准确率方差会很大（统计变量偏离程度：高）。

```
from sklearn.metrics import average_precision_score
# y_pred是预测标签
y_pred, y_true =[1,0,1,0], [0,0,1,0]
average_precision_score(y_true=y_true, y_score=y_pred)
```

除了上述几种评估方法，还有 ROC 与 AUC 方法。基于混淆矩阵，可以了解以下几个名词：

（1）真正例率（TPR）。

TPR 为分类器分类正确的正样本数占总正样本数的比例，意味着正例里有多少被合理召回了，即为召回率。

（2）假正例率（FPR）。

FPR 为分类器分类错误的负样本数占总负样本数的比例，意味着负例里有多少被失误召回了。

（3）真负例率（TNR）。

TNR 计算的是分类器正确识别出的负实例占所有负实例的比例。

（4）假负例率（FNR）。

FNR 是指判定为负例也是真负例（TN）的概率，即真负例（TN）中判定为负例的概率。

而 ROC 曲线（Receiver Operating Characteristic Curve，接受者操作特征曲线）是以横坐标为 FPR，纵坐标为 TPR，画出的一条曲线。ROC 曲线越靠拢(0,1)点，越偏离 45°对角线越好。ROC 曲线描述的是分类器的 TPR 与 FPR 之间的关系。ROC 曲线是由二战中的电子工程师和雷达工程师发明的用来侦测战场上敌军载具（飞机、船舰）的指标，用于区分信号与噪声。后来，人们将其用于评估模型的预测能力，ROC 曲线是在混淆矩阵的基础上得出的。一个二分类模型的阈值可能设定为高或低，每种阈值的设定会得出不同的 FPR 和 TPR，将同一模型每个阈值的坐标(FPR,TPR)都画在 ROC 空间里，就成为特定模型的 ROC 曲线。这种方法简单、直观，通过图示可观察、分析学习器的准确性,并可用肉眼做出判断。ROC 曲线将 TPR 和 FPR 以图示方法结合在一起,可准确反映某种学习器 TPR 和 FPR 之间的关系,是检测准确性的综合代表。

ROC 曲线的主要作用如下:

(1) ROC 曲线能很容易地查出任意阈值对学习器的泛化能力的影响。

(2) ROC 曲线有助于选择最优阈值。ROC 曲线越靠近左上角,模型的准确性就越高。最靠近左上角的 ROC 曲线上的点是分类错误最少的最优阈值,其 FP 和 FN 的总数最少。

(3) ROC 曲线可以对不同的学习器进行性能比较。将各个学习器的 ROC 曲线绘制到同一坐标系中,可以直观地鉴别各学习器的优劣,靠近左上角的 ROC 曲线代表的学习器准确性最高。

绘制 ROC 曲线的代码如下:

```
import matplotlib.pyplot as plt
from sklearn.metrics import roc_curve, auc
# y_test 是实际标签, dataset_pred 是预测的概率值
fpr, tpr, thresholds = roc_curve(y_test, dataset_pred)
roc_auc = auc(fpr, tpr)
#画图,只需要 plt.plot(fpr,tpr),变量 roc_auc 只是记录 AUC 的值,通过 auc 函数能将 AUC 的值计算出来
plt.plot(fpr, tpr, lw=1, label='ROC(area = %0.2f)' % (roc_auc))
plt.xlabel("FPR (False Positive Rate)")
plt.ylabel("TPR (True Positive Rate)")
plt.title("Receiver Operating Characteristic, ROC(AUC = %0.2f)"% (roc_auc))
plt.show()
```

AUC 被定义为 ROC 曲线下与坐标轴围成的面积,显然,这个面积的数值不会大于 1。又由于 ROC 曲线一般都处于 $y=x$ 这条直线的上方,所以 AUC 的取值范围在 0.5 和 1 之间。AUC 越接近 1.0,检测方法的真实性越高;当 AUC 为 0.5 时,检测方法的真实性最低,无应用价值。AUC 的意义如下:

(1) 因为是在 1×1 的方格里求面积,AUC 必在 0~1 范围内。

(2) 假设 ROC 曲线下方面积在阈值以上,样本是阳性;在阈值以下,样本是阴性;等于阈值无应用意义。

(3) 若随机抽取一个阳性样本和一个阴性样本,分类器正确判断阳性样本的值高于正确判断阴性样本的值的概率等于 AUC。

(4) 简单来说,AUC 越大的分类器,正确率越高。

由 AUC 判断分类器(预测模型)优劣的标准如下:

(1) AUC = 1,该分类器是完美分类器。

(2) AUC = (0.85, 1),分类器的效果很好。

(3) AUC = (0.7, 0.85),分类器的效果一般。

(4) AUC = (0.5, 0.7),分类器的效果较差,但用于预测股票已经很不错了。

(5) AUC = 0.5,分类器的效果跟随机猜测一样(如丢铜板),模型没有预测价值。

(6) AUC < 0.5,分类器的效果比随机猜测还差,但只要总是反预测而行,就优于随机猜测。

如果两条 ROC 曲线没有相交,那么哪条曲线最靠近左上角,哪条曲线代表的学习器性能就

最优。但是，在实际任务中，情况很复杂，如果两条 ROC 曲线发生了交叉，则很难一般性地断言谁优谁劣。在很多实际应用中，我们往往希望把学习器性能分出个高低来。在此引入 AUC。

在比较学习器时，若一个学习器的 ROC 曲线被另一个学习器的曲线完全"包住"，则可断言后者的性能优于前者；若两个学习器的 ROC 曲线发生交叉，则难以一般性地断言两者孰优孰劣。此时，如果一定要进行比较，则比较合理的判断依据是比较 ROC 曲线下的面积，即 AUC。

ROC 与 AUC 的代码如下：

```
# 用 predict 函数预测测试集的结果
y_pred = text_model.predict(x_test)
# 计算准确率
accuracy_score(y_pred,y_test)*100
```

2. 错误分析与假设检验

前面我们了解了模型的评估方法和性能度量，看起来就能够对学习器进行评估、比较了：先使用某种评估方法测得学习器的某个性能度量结果，然后对这些结果进行比较。那么如何进行比较呢？是直接取得性能度量的值，然后比"大小"吗？实际上没有这么简单，第一，因为我们希望比较的是泛化能力，但通过实验的方法，能获得的只是测试集上的性能，两者未必相同；第二，由于测试集选择的不同，测试集上的性能也未必相同；第三，很多机器学习算法本身具有一定的随机性（如常见的 k-Means 算法），即使是同一个算法，因为参数设置的不同，产生的结果也不同。那么有没有合适的方法来比较学习器的性能呢？这就是比较检验，偏差与方差可以解释学习器的泛化能力。

偏差-方差分解是解释学习器泛化能力的重要工具。在学习算法中，偏差（Bias）反映的是模型在样本上的输出与真实值之间的误差，即算法本身的拟合能力。偏差是模型本身导致的误差，即错误的模型假设所导致的误差，它是模型预测值的数学期望与真实值之间的差距。

方差（Variance）反映的是模型每次的输出结果与模型输出期望之间的误差，即模型的稳定性。方差是由于对训练样本集的小波动敏感而导致的误差。可以将方差理解为模型预测值的变化范围，即模型预测值的波动程度。

通过对泛化误差的分解，可以得到期望泛化误差=方差+偏差，而偏差刻画学习器的拟合能力，方差体现学习器的稳定性，因此方差和偏差具有矛盾性，这就是常说的偏差-方差困境（Bias-Variance Dilemma）。一方面，随着训练程度的提升，期望预测值与真实值之间的差异越来越小，即偏差越来越小；另一方面，随着训练程度的加深，学习算法对数据集的波动越来越敏感，方差值越来越大。换句话说，在欠拟合时，偏差主导泛化误差，而在训练到一定程度后，偏差越来越小，方差主导泛化误差。因此，训练也不要"贪杯"，适度为好。

统计假设检验能够为我们进行学习器性能比较提供依据，基于假设检验的结果，可以推断出，如果在测试集上观察到学习器 A 比 B 好，则 A 的泛化能力是否高于 B，以及这个结论的把握有多大。

假设检验：先对总体参数提出某种假设，然后利用样本数据判断假设是否成立。在逻辑上，假设检验采用了反证法，即先提出假设，再通过适当的统计学方法证明这个假设基本不可能是真的。（说"基本"是因为统计得出的结果来自随机样本，结论不可能是绝对的，只能根据概率上的一些依据进行相关的判断。）

假设检验依据的是小概率思想，即小概率事件在一次试验中基本上不会发生。如果样本数据拒绝该假设，就可以说该假设检验的结果具有统计显著性。一项检验结果在统计上是"显著的"，意思是样本和总体之间的差别不是由抽样误差或偶然造成的。

3. 优化方向

从数据的优化角度看，根据不同的分类业务场景，数据优化方面的主要工作是从原始数据（如文本、图像或应用数据）中清洗出特征数据和标注数据，或是对清洗出的特征和标注数据进行处理，如样本抽样、样本调权、异常点去除、特征归一化处理、特征变化、特征组合等过程。最终生成的数据主要供模型训练使用。一般来说，如果问题是欠拟合，则需要清洗数据，增加数据特征，以及删除噪声特征。对于模型，则是调低正则项的惩罚参数，或换更复杂的模型（如把线性模型换为非线性模型），以及多个模型级联或组合。如果问题是过拟合，则需要增加数据，进行特征选择，以及降维（如对特征聚类，对主题模型进行处理等）。对于模型，则是提高正则项的惩罚参数，减少训练迭代次数，或更换更简单的模型（如把非线性模型换为线性模型）。

从模型的优化角度看，混合精度训练方式可以提高预训练效率。混合精度训练指的是FP32和FP16混合的训练方式，使用混合精度训练方式可以加速训练过程并减少显存开销，同时兼顾FP32的稳定性和FP16的速度。另外，可以发挥领域数据的优势，以Google中文BERT模型为例，可以加入领域数据继续训练，并进行领域自适应，使得模型更加匹配业务场景。如果模型出现常识（Common Sense）的缺失或缺乏对语义的理解等问题，可以尝试在BERT模型预训练过程中融入知识图谱信息。知识图谱可以组织现实世界中的知识，描述客观概念、实体、关系。这种基于符号语义的计算模型可以为BERT模型提供先验知识，使其具备一定的常识和推理能力，使其实现从对单字的建模到对实体的建模，学习到它跟其他实体之间的关联，增强其语义表征能力。

从模型轻量化的优化角度看，模型裁剪和剪枝减少了模型层数和参数规模；低精度量化，在模型训练和推理中，使用低精度（FP16甚至INT8、二值网络）表示取代原有精度（FP32）表示；模型蒸馏，通过知识蒸馏的方法，基于原始BERT模型，蒸馏出符合上线要求的小模型。

任务实施

Step 1：采用训练集训练好的多项式朴素贝叶斯分类器预测测试集，在得到预测标签后，使用score函数得到预测标签与原标签对比的准确率。

```
# 用predict函数预测测试集的结果
y_pred = text_model.predict(x_test)
# 计算准确率
accuracy_score(y_pred,y_test)*100
```

得出贝叶斯分类器预测测试集的准确率约为96.05%。

Step 2：显示主要分类指标的文本报告。

```
# 显示其他分类指标的得分
print(classification_report(y_pred,y_test))
```

分类指标分数如图 2-2 所示。

```
              precision    recall  f1-score   support

         ham       1.00      0.96      0.98      1517
        spam       0.70      1.00      0.82       155

    accuracy                           0.96      1672
   macro avg       0.85      0.98      0.90      1672
weighted avg       0.97      0.96      0.96      1672
```

图 2-2　分类指标分数

support 指标讲解：

在 ham 这行中，support 为 1517 代表测试集中正常短信的总数为 1517；在 spam 这行中，support 为 155 代表测试集中垃圾短信的总数为 155。

任务拓展

请从华信教育资源网本书配套资源处下载蘑菇数据集，并根据蘑菇的颜色、形状、光滑度等，用朴素贝叶斯分类器将蘑菇分为毒蘑菇与可食用的蘑菇。

```python
# 导入必要的库
import pandas as pd
from pandas import DataFrame
import numpy as np
from sklearn.model_selection import train_test_split

# 读取蘑菇数据集，并将其存放在 mushrooms.csv 文件中
mushrooms=pd.read_csv("mushrooms.csv")
mushrooms.columns=['class','cap-shape','cap-surface','cap-color','ruises','odor','gill-attachment','gill-spacing','gill-size','gill-color','stalk-shape','stalk-root','stalk-surface-above-ring','stalk-surface-below-ring','stalk-color-above-ring','stalk-color-below-ring','veil-type','veil-color','ring-number','ring-type','spore-print-color','population','habitat']

# 使所有列都能加载出来
pd.set_option("display.max_columns",500)

# 去掉第一列
X=mushrooms.drop('class',axis=1)
y=mushrooms['class']

# 将蘑菇数据集分为数据集与测试集，测试集占比 30%
X_train, X_test, y_train, y_test = train_test_split(X, y, test_size=0.3, random_state=1234)
```

```python
# 导入高斯朴素贝叶斯分类器和分类指标
from sklearn.naive_bayes import GaussianNB
from sklearn import metrics

# 训练贝叶斯分类器,并给出准确率
model2 = GaussianNB()
model2.fit(X_train, y_train)
prediction2 = model2.predict(X_test)
print(metrics.accuracy_score(prediction2,y_test))
```

使用多项式朴素贝叶斯模型对垃圾短信进行识别。

下面用贝叶斯模型进行难度更高的实战。这里导入一个垃圾短信数据集(该数据集可从华信教育资源网本书配套资源处下载),通过贝叶斯模型对垃圾短信进行识别。

```python
# 导入必要的库
import pandas as pd
data=pd.read_table('../data/noteData.txt',sep='\t',header=None,nrows = 10000,names=["标签","短信内容"])
data.head()
#数据集分为两部分:一部分是数据标签,0代表正常短信,1代表垃圾短信;另一部分是短信内容。
因为短信数量太多,为方便起见,这里只用10000条短信
```

```
#进行分词
分词前:我来到北京清华大学
分词后:我 / 来到 / 北京 / 清华大学
由以上的例子可以看出,分词的作用是将句子切分为单词,方便识别垃圾短信中的关键字
import jieba
data['分词后数据']=data["短信内容"].apply(lambda x:' '.join(jieba.cut(x)))
data.head()
```

```
# 导入停用词
停用词是对理解语意无关紧要的字或者词(例如:$ 0 1 2 3 4 5 6 7 8 9 ? _ " " 、 。《 》
一 一些 一何 一切 一则 一方面 一旦 一来 一样 一般 一转眼 万一 上 上下 下 不 不仅 不但 不光
不单 不只 不外乎 不如 不妨 不尽 不尽然 不得 不怕 不惟 不成 不拘 不料 呃 呕 呗 呜 呜呼),为
了防止这些字词对后面的训练造成影响,需要先剔除这些字词
f = open('../data/my_stop_words.txt','r')
my_stop_words_data = f.readlines()
f.close()
my_stop_words_list=[]
for each in my_stop_words_data:
    my_stop_words_list.append(each.strip('\n'))
```

```python
#模型训练与预测打分
from sklearn.model_selection import StratifiedKFold
from sklearn.feature_extraction.text import TfidfVectorizer
from sklearn.naive_bayes import MultinomialNB
from sklearn.pipeline import Pipeline
X = data['分词后数据']
y = data['标签']
skf = StratifiedKFold(n_splits=10, random_state=1, shuffle=True)
for train_index, test_index in skf.split(X, y):
    X_train, X_test = X[train_index], X[test_index]
    y_train, y_test = y[train_index], y[test_index]
        pipeline = Pipeline([
                ('vect', TfidfVectorizer(stop_words=my_stop_words_list)),
            ('clf', MultinomialNB(alpha=1.0))])
    pipeline.fit(X_train,y_train)
    #进行预测
    predict = pipeline.predict(X_test)
    score = pipeline.score(X_test,y_test)
    print(score)
"""
输出:
0.948051948051948
0.949050949050949
0.955044955044955
0.954045954045954
0.951048951048951
0.946946946946946
0.950950950950951
0.948948948948949
0.941941941941941
0.944944944944945
"""
#TfidfVectorizer 相当于先后采用调用 CountVectorizer 函数和调用 TfidfTransformer
函数两种方法。CountVectorizer 函数用于将文本从标量转换为向量, TfidfTransformer 函数则用
于将向量文本转换为 TF-IDF 矩阵。这是使预测结果更加准确的一种数据预处理方法


#预测效果
data["数据类型"] = pipeline.predict(X)  #lambda x:x+1 if not 2==1 else 0
data['数据类型']=data["数据类型"].apply(lambda x:"垃圾短信" if x==1 else "正常短信")
data.head()
```

任务评价

任务评价表（三）如表2-6所示。

表2-6 任务评价表（三）

任务：_____ 时间：_____

阶段任务	任务评价		
	合格	良好	优秀
知识准备			
任务实施			

测试习题

1. 下列选项中可以用来界定因果关系的是（　　）。
   A．贝叶斯公式　　　　　　　　　　B．先验概率
   C．后验概率　　　　　　　　　　　D．归纳逻辑

2. 贝叶斯决策是根据（　　）进行决策的一种方法。
   A．极大似然概率　　　　　　　　　B．先验概率
   C．边际概率　　　　　　　　　　　D．后验概率

3. 在某个城市的某天，有10%的人患有一种流感。已知在患病人群中，95%的人会发烧，而在健康人群中，只有1%的人会发烧。现在，如果一个人发烧了，他患上这种流感的概率是（　　）。
   A．9.5%　　　　　　　　　　　　　B．47.5%
   C．81%　　　　　　　　　　　　　D．95%

4. 一家工厂生产两种型号的产品：A和B。产品A和B的产量比为3∶7，其中，10%的A产品和20%的B产品存在缺陷。现在从工厂中随机挑选了一个产品，发现它存在缺陷，那么它是B产品的概率是（　　）。
   A．28.57%　　　　　　　　　　　　B．33.33%
   C．58.33%　　　　　　　　　　　　D．71.43%

5. 判断：在使用贝叶斯定理进行条件概率的计算时，需要知道先验概率和后验概率，其中，先验概率指的是在没有任何其他信息的情况下，某个事件发生的概率。（　　）

6. 设灯泡的使用寿命在2000h以上的概率为0.15，如果要求3个灯泡在使用2000h后只有1个不坏的概率，则只需用（　　）即可算出。
   A．全概率公式　　　　　　　　　　B．古典概型计算公式
   C．贝叶斯公式　　　　　　　　　　D．伯努利概型计算公式

7. 在事件A（结果A）出现后，各不相容的条件B_i存在的概率被称为（　　）。
   A．后验概率　　　　　　　　　　　B．先验概率

　　　　C．类条件概率　　　　　　　　　　D．全概率
　　8．判断：贝叶斯定理决策法就是利用贝叶斯定理修正先验概率，求得后验概率，据此进行决策的方法。（　　）
　　9．在不知道类条件概率分布的情况下，要进行错误率最小的分类决策，应当依据（　　）。
　　　　A．先验概率　　　　　　　　　　　B．后验概率
　　　　C．特征值大小　　　　　　　　　　D．类条件概率
　　10．贝叶斯认为概率是（　　）。
　　　　A．建立在主观判断基础上的
　　　　B．绝对一致条件下的重复行为的频率
　　　　C．基于不确定性因素的考虑
　　　　D．对事物发生可能性的一种合理置信度

技能训练

实训项目编程讲解视频请扫码观看。

实训目的

　　通过本次实训，学生能够学会数据集的导入与划分，掌握贝叶斯分类器的训练方法，理解贝叶斯分类器的评估指标。

实训内容

　　搭建朴素贝叶斯分类器，实现毒蘑菇与可食用的蘑菇的区分，数据集为前面任务拓展环节中的蘑菇数据集。

单元小结

　　本单元主要讲解贝叶斯定理及机器学习模型的评估方法。当我们需要对某些数据进行分类时，可以使用贝叶斯分类器。贝叶斯分类器的基本思想是利用贝叶斯定理计算每个类别的后验概率，并将待分类的数据归类到概率最大的那个类别中。贝叶斯分类器的分类过程分为两个阶段：训练和分类。在训练阶段，分类器会根据已有的标注数据来学习每个类别的特征，并计算每个特征在该类别中出现的概率；在分类阶段，分类器会使用贝叶斯定理来计算待分类数据在各个类别中出现的概率，并将其归类到概率最大的那个类别中。贝叶斯分类器在文本分类、垃

圾邮件过滤、情感分析等领域有着广泛的应用。

拓展学习

[1] SEBASTIANI F. Machine learning in automated text categorization[J]. ACM Computing Surveys，2022，34（1）：1-47.

[2] 王佐仁，杨琳. 贝叶斯统计推断及其主要进展[J]. 统计与信息论坛，2012，27（12）：3-8.

思政故事

从神学到数学

18 世纪的英国哲学家休谟在自己的怀疑论中指出，"我们无从得知因果之间的关系，只能得知某些事物总是会关联在一起。"这种"相关非因果"的思想体现在他于1748年写的文章《论神迹》中，他关于目击者的证词永远无法证明神迹（基督复活）的论断，可能引起了当时作为牧师的托马斯·贝叶斯（Thomas Bayes）的注意："我们真的无法通过观察到的结果来推出引发它的真正原因吗？""如果我们预先形成了某种信念，需要观察到多少证据才能确定这一信念的正确性？"

贝叶斯在论文中想象自己背对着一张桌子，桌子上放有一个白球，随后让助手随机在桌面上放黑球，每放一个就问白球相对于黑球的方位。白球的位置就是引起黑球处在某个相对方位的原因，这个在已知黑球相对白球位置的情况下确定白球可能位置的过程，就是一个能够回应休谟之问的典型的逆概率推算过程。对贝叶斯而言，只要放置黑球的数目足够多，对于白球绝对位置的归纳性推测就能无限逼近准确，因此由果推因的归纳思维模式不但有用，且并不如休谟所说，并非非理性的。

主业是神学的贝叶斯不会想到，他自己都没有信心高调发表的概率理论（虽然按理说，他的结论与他的信仰并不违背，即神迹可以通过足够多的证据逆向证明），在他之后，数学界经历了争论与沉寂，最终在两个世纪之后，计算机甫一出现就获得重生，在人类越来越依赖并擅长处理大量数据的年代，由贝叶斯的名字命名的定理——贝叶斯定理被广泛地用于医学诊断、机器学习、认知神经科学等尖端领域当中。这个原本粗略的理论雏形经过众多科学家的修正和推广，如今被看作一种主义，一种知识哲学，乃至于一种能够概括人脑认知工作的抽象模型。

单元 3　决策树

学习目标

通过对本单元的学习，学生能够了解决策树的数学原理及树状结构，理解决策过程中剪枝的概念及规则，掌握决策树的实现方法、评估方法和可视化方法等理论知识。在操作层面，学生能够熟练加载数据集并进行数据预处理，能够熟练运用 sklearn 库搭建、训练决策树模型，并对测试集进行预测。在学习决策树的过程中，学生能够认清事件的全过程，确立问题所在，分析和拟定各种可能采取的行动方案，并能够坚持以联系的观点看问题，明白事物是普遍联系的，联系是客观的，整个世界是一个普遍联系的有机整体。

引例描述

小明是一个特别热爱打篮球的学生，为了保证安全，他会选择在某些天气下不去打篮球。那么他如何选择去不去打篮球呢？图 3-1 所示为决策树实例。小明其实就是应用了决策树的思想而做出是否打篮球的决定。小明根据天气、地面湿度等不同的信息做出最优选择的过程即为决策，每次决策都可能引出两个或多个决策事件，通过在每次决策时选择最优处理方案而得出最后的结果。以上过程用一棵搜索树表示就是决策树（Decision Tree）。

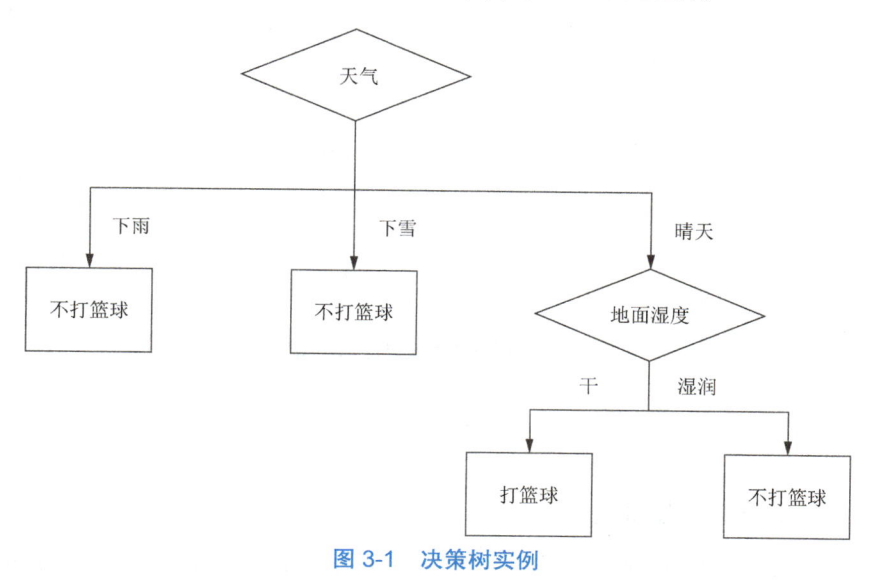

图 3-1　决策树实例

任务 3.1　天气数据集导入与数据预处理

任务情景

本任务的目标是导入一个包含天气数据的 csv 逗号分隔值文件，并进行数据清洗等数据预处理工作。这些数据来自位于加利福尼亚州圣地亚哥的气象站。该气象站配备了传感器，可捕获与天气相关的测量值，如气温、气压和相对湿度。数据的收集时间为 2011 年 9 月至 2014 年 9 月，为期三年，以确保捕获不同季节和天气条件的足够数据。

这个天气数据集可从华信教育资源网本书配套资源处下载，其包含不同的天气数据，包括早上九点的大气压、温度、相对湿度，一天中的平均风向、平均风速、最大风速风向、最大风速、每日雨量、下雨时长、相对湿度，以及下午三点的相对湿度等。

任务布置

使用 sklearn 库与 pandas 库实现数据集导入和数据预处理，去除含有缺失值的行。导入的去除缺失值后的数据集如图 3-2 所示。

number	air_pressure_9am	air_temp_9am	avg_wind_direction_9am	avg_wind_speed_9am	max_wind_direction_9am	max_wind_speed_9am	rain_accumulation_9am	rain_duration_9am	relative_humidity_9am	relative_humidity_3pm
0	918.06	74.822	271.1	2.0803542	295.4	2.8632832	0	0	42.42	36.16
1	917.3476881	71.40384263	101.9351794	2.443009216	140.4715485	3.533323602	0	0	24.32869729	19.4265968
2	923.04	60.638	51	17.0678522	63.7	22.1009672	0	20	8.9	14.46
3	920.5027512	70.13889487	198.8321327	4.337363056	211.2033412	5.19004536	0	0	12.18910187	12.74254735
4	921.16	44.294	277.8	1.8566602	136.5	2.8632832	8.9	14730	92.41	76.74
5	915.3	78.404	182.8	9.9320136	189	10.9833754	0.02	170	35.13	33.93
6	915.5988675	70.04330432	177.8754072	3.745586538	186.6066959	4.589632429	0	0	10.65742166	21.38565673
7	918.07	51.71	242.4	2.5277422	271.6	3.6462122	0	0	80.47	74.92
8	920.08	80.582	40.7	4.5186188	63	5.8831522	0	0	29.58	24.03
9	915.01	47.498	163.1	4.9436374	195.9	6.5766036	0	0	88.6	68.05
10	919.65	77.036	70.6	3.8251674	85.5	4.7646822	0	0	22.07	32.13
11	915.64	45.716	241.6	5.8607828	265.8	8.0306146	0.55	1770	90.56	79.09
12	917.39	49.784	204.1	1.2750558	211.8	2.013246	0	0	73.15	58.43
13	920.82	62.438	213.6	2.6172198	165.7	3.3106712	0	0	43.64	27.99
14	911	86.432	202.9	1.2079476	162.9	1.677705	0	0	15.19	24.37
15	922.3831312	70.86526349	36.17417478	1.847278084	58.42863249	2.529142074	0	0	12.11088934	14.80170596
16	917.89		169.2	2.1922012	196.8	2.9303914	0	0	48.99	51.19
17	916.9152554	77.01896058	234.539345	2.274725297	229.4741987	2.906513109	0	0	21.03146177	20.75568332
18	918.8	67.082	176.1	4.8765292	183.4	5.5699806	0	0	18.9	45.87
19	922.04	68.576	58.3	9.5517338	81.9	12.5716028	0	0	7.54	7.74
20	919.9922622	62.96438312	54.79909362	12.68043574	74.25422349	15.45230581	0	0	18.80951786	14.64990936
21	917.23	67.676	177.8	2.460634	93.2	3.2883018	0	0	40.64	41.34
22	921.125626	68.81877189	71.79909228	2.576537767	95.47233356	3.487443587	0	0	11.74220123	17.28116117
23	920.35	47.57	192.1	6.263432	205.7	7.605596	0	0	54.55	66
24	921.7882289	71.65957221	217.4055201	1.946446506	253.758003	2.719711659	0	0	11.19424977	16.33171563
25	918.03	50.666	128.9	2.5277422	117.4	4.0041226	0	0	76.88	47.03
26	914.49	49.892	163	4.8541598	189.6	6.7331894	0	0	92.1	90.99
27	914.9	78.62	203.3	1.8119214	240	2.7514362	0	220	47.89	43.9
28	915.84	40.118	171.9	10.5359874	188	12.9295132	0	0	86.43	84.39
29	916.31	45.428	183.1	8.3437862	194.6	10.0885994	0	0	86.15	90.58
30	919.35	91.112	96.4	2.5277422	96.3	3.3777794	0	0	25.62	35.69
31	916.28	55.544	174.6	2.5948504	191.7	3.3777794	0	0	79.92	61.84
32	918.7	76.226	184.6	4.0936002	194.9	4.7423128	0	0	19.17	31.97
33	918.37	63.914	53.7	14.4506324	72.1	17.0454828	0	0	19.68	14.54
34	923.6	59.882	192.8	4.2949248	203.5	5.1897008	0	0	22.47	14.26
35	917.3	85.082	149.7	2.013246	71	2.8632832	0	0	32.02	29.84
36	912.64	53.996	177.7	6.822667	190.7	8.6345884	0	0	89.77	55.57
37	914.67	64.166	137.8	2.125093	177	2.7290668	0	0	58.57	39.96
38	914.66	50.36	177.6	8.5227414	186.3	10.0214912	0	20	91.22	88.35
39	921.9699513	60.95534153	164.621486	1.664442299	195.7799675	2.367181133	0	0	12.1096289	15.84956394
40	919.3	64.22	182.2	10.7596814	186.5	11.7886738	0	0	34.63	61.32
41	921.09	68.666	50.7	14.204569	62.5	17.0454828	0	0	17.58	14.24

图 3-2　导入的去除缺失值后的数据集

知识准备

1. 导入必要的库与数据集

首先是导入必要的用于决策树分类器的第三方科学计算库，如 pandas 库、sklearn 库等。在

sklearn 库中，需要从 sklearn.model_selection 模块导入 train_test_split 函数，从 sklearn.tree 模块导入 DecisionTreeClassifier 函数，从 sklearn.metrics 模块导入 accuracy_score 函数。这 3 个函数的作用分别是分割训练集与测试集，训练决策树分类器，以及得出准确度分数。

1) sklearn.model_selection 模块与 train_test_split 函数

在机器学习中，需要通过数据来训练模型，然后用这个模型对新数据进行预测。在这个过程中，需要进行模型选择，以找到最适合我们的数据的模型。同时，需要对训练出来的模型进行评估，以确定它的性能和预测能力。sklearn.model_selection 模块提供了用于模型选择和评估的工具。因为选择合适的模型可以在进行预测时生成准确的结果，所以需要一个特定的数据集（训练集）来训练模型，并用另一个数据集（测试集）测试模型。如果只有一个数据集，就可以用 train_test_split 函数对其进行拆分。train_test_split 函数可以将数据集拆分为两个子集：用于训练数据的训练集和用于测试数据的测试集，这样就无须再手动划分数据集。在默认情况下，用 train_test_split 函数可以将数据集随机拆分为两个子集。

2) sklearn.tree 模块与 DecisionTreeClassifier 函数

sklearn.tree 模块包括基于决策树的分类和回归模型。DecisionTreeClassifier 函数是分类决策树模型，任务 3.2 会有关于这个函数的详细讲解。

3) sklearn.metrics 模块与 accuracy_score 函数

sklearn.metrics 模块是一个评估模型预测质量的模块，包括评分函数、性能指标、成对指标和距离计算。accuracy_score 函数是一个适用于分类问题的计算准确率的函数，可以计算所有分类正确的百分比。在多标签分类中，该函数会返回子集的准确率。如果对一个样本来说，必须严格匹配真实数据集中的标签，则整个集合的预测标签返回 1.0，否则返回 0.0。

2. 缺失值的识别与处理

在真实的世界中，数据缺失是经常出现的，并可能对分析的结果造成影响。在本任务用到的数据集中，就出现了数据缺失的情况，也就是缺失值。缺失值指的是由人为或机器等因素导致的数据记录的丢失或隐瞒。缺失值的存在在一定程度上会影响后续数据分析和挖掘的结果，所以对它的处理显得尤为重要。我们需要了解数据缺失的原因和数据缺失的类型，并从数据中识别出缺失值，探索数据缺失的模式，进而处理缺失的数据。

1) 数据缺失的原因

在处理数据缺失问题之前，首先应该知道数据为什么缺失。数据的缺失是无法避免的，可能的原因有很多，主要有以下 3 类。

（1）无意的：信息被遗漏，比如工作人员疏忽、忘记而造成数据的缺失；数据采集器故障等，比如在对系统实时性要求较高时，机器来不及判断和决策而造成数据的缺失。

（2）有意的：有些数据集在特征描述中会规定将缺失值也作为一种特征值，这时缺失值就可以看作是一种特殊的特征值。

（3）不存在：有些特征属性根本就是不存在的，例如一个未婚者的配偶名字就无法填写，再如一个孩子的收入状况也无法填写。

总而言之，对于缺失值是由什么造成的，需要明确：是由疏忽或遗漏无意造成的，还是故意造成的，或者说某些缺失值根本不存在。只有知道了缺失值的成因，才能对症下药，并进行相应的处理。

2）数据缺失的类型

在处理数据缺失问题之前，了解数据缺失的机制和形式是十分必要的。将数据集中不含缺失值的变量称为完全变量，将数据集中含有缺失值的变量称为不完全变量。而根据缺失的分布情况，可以将缺失分为随机缺失、完全随机缺失和非随机缺失。

（1）随机缺失（Missing At Random，MAR）。

随机缺失意味着数据缺失的概率与缺失的数据本身无关，而仅与部分已观测到的数据有关。也就是说，数据的缺失不是完全随机的，该类数据的缺失依赖于其他完全变量。

（2）完全随机缺失（Missing Completely At Random，MCAR）。

数据的缺失是完全随机的，不依赖于任何不完全变量或完全变量，不影响样本的无偏性。简单来说，就是数据缺失的概率与其假设值及其他变量值都完全无关。

（3）非随机缺失（Missing Not At Random，MNAR）。

数据的缺失与不完全变量自身的取值有关，分为两种情况：缺失值取决于其假设值（如高收入人群通常不希望在调查中透露他们的收入）；缺失值取决于其他变量值（假设女性通常不想透露她们的年龄，则这里年龄变量缺失值受性别变量影响）。

针对随机缺失和完全随机缺失这两种情况，可以根据具体情况删除包含缺失值的数据。随机缺失可以通过已知变量对缺失值进行估计。针对非随机缺失，删除包含缺失值的数据可能会导致模型出现偏差，同时，对数据进行填充需要格外谨慎。

正确判断缺失值的类型能给我们的工作带来很大的便利，但目前还没有一套规范的缺失值类型判定标准，大多依据经验或业务进行判断。对于随机缺失和非随机缺失，直接删除记录是不合适的，上面对二者的定义已经给出原因。对于随机缺失，可以通过已知变量对缺失值进行估计；对于非随机缺失的非随机性，还没有很好的解决办法；对于完全随机缺失，可以直接删除缺失数据行。

3）缺失值的识别

判断一个数据集是否存在缺失值，通常从两个角度判断，一个是变量的角度，即判断每个变量中是否包含缺失值；另一个是数据行的角度，即判断每行数据中是否包含缺失值。在 Python 环境中，可以使用 isnull 函数来判断缺失值，isnull 函数返回与原数据集的 shape 相同的矩阵，矩阵的元素是 bool 类型的值，可以称该矩阵为原始数据集的影子矩阵。如果影子矩阵的元素值是 1，则表示在原始数据集中对应该位置的值是缺失的；如果影子矩阵的元素值是 0，则表示在原始数据集中，对应该位置的值是有效的。这里以 data 变量存放含有缺失值的数据集为例。

（1）判断每列是否存在缺失值。

为了得到每列的判断结果，需要使用 any 函数（且将该函数内的 axis 参数设置为 0）。

```
data.isnull().any(axis = 0)  # 判断各变量中是否存在缺失值
```

（2）识别数据行的缺失值的分布情况。

统计各变量的缺失值个数可以在 isnull 函数的基础上使用 sum 函数（同样需要将 axis 参数设置为 0）。计算缺失比例就是用含有缺失值的行数除以总样本数（shape 函数返回数据集的行数和列数，[0]表示取出对应的数据行数）。代码如下：

```
# 统计含有缺失值的行数
data.isnull().any(axis = 1) .sum()
```

```
# 统计含有缺失值的行数所占的比例
data.isnull().any(axis = 1) .sum()/df.shape[0]
```

代码中使用了两次 any 函数，第一次用于判断每行对应的 True 值（行内有缺失值）或 False 值（行内没有缺失值）；第二次用于综合判断所有数据行中是否包含缺失值。采用 any 函数可以进一步判断含有缺失值的行数及其占比。不管是变量角度的缺失值判断，还是数据行角度的缺失值判断，一旦发现缺失值，都需要对其进行相应的处理。否则，在一定程度上，会影响数据分析或挖掘的准确性。

学生可能对代码中的"axis=0"感到困惑，它代表什么？为什么是 0？是否还可以写其他值？下面采用图表的形式来说明 axis 参数的用法。图 3-3 所示为列数的变化。

图 3-3 中为学生的考试成绩表，如果直接对考试成绩表中的分数进行加和操作，得到的是所有学生的分数总和。如果按学生分别计算总分，将是图 3-3 从左到右的转换。该转换的特征是列数发生了变化（可以是列数减少，也可以是列数增多），类似于在水平方向上受了外部的压力或拉力，这样的外力可理解为 x 轴为 1 的效果（为便于理解，可以想象飞机在有动力的情况下可以保持水平飞行状态）。

图 3-4 所示为行数的变化。

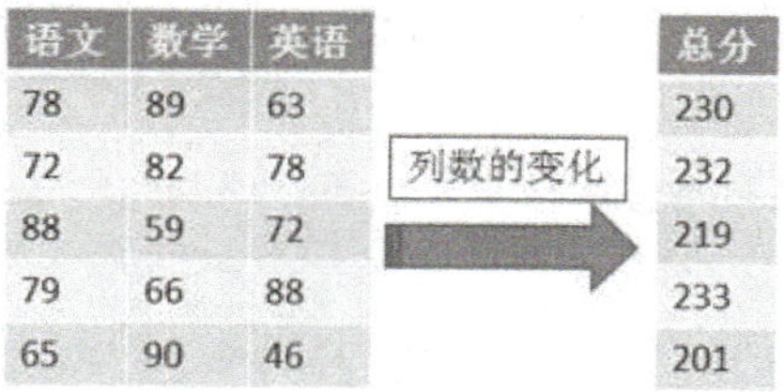

图 3-3　列数的变化

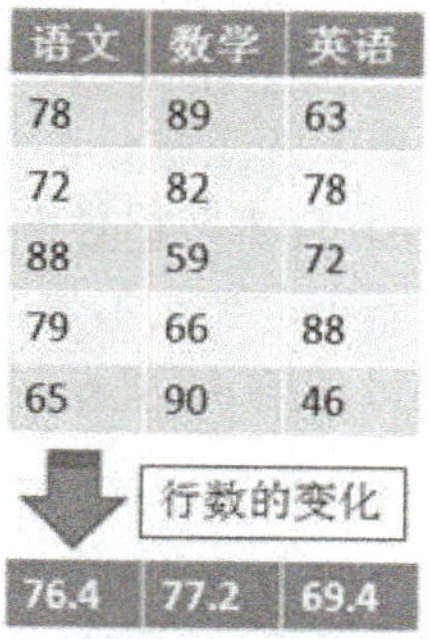

图 3-4　行数的变化

对于图 3-4 所示的学生的考试成绩表，如果直接对考试成绩表中的分数进行均值的计算，得到的是所有学生的平均分数。如果按学科分别计算平均分，将是图 3-4 中从上到下的转换。该转换的特征是行数发生了变化（可以是行数减少，也可以是行数增多），类似于在垂直方向上受了外部的挤压或拉伸，这样的外力可理解为 x 轴为 0 的效果（为便于理解，可以想象飞机在没有动力的情况下呈下降趋势）。

4）缺失值的处理

识别缺失值的数目、分布和模式有两个目的：分析生成缺失值的潜在机制，评价缺失值对回答实质性问题的影响。具体来讲，需要弄清楚以下几个问题：

① 缺失值所占的比例是多少？
② 缺失值是否集中在少数几个变量上，抑或广泛存在？
③ 缺失值是随机产生的吗？
④ 缺失值之间的相关性或与可观测数据之间的相关性是否可以表明生成缺失值的机制？

回答以上这些问题将有助于采用合适的方法来处理缺失值：

① 如果缺失值集中在几个相对不重要的变量上，那么可以删除这些变量。

② 如果有一小部分（如小于 10%）数据随机分布在整个数据集中（完全随机缺失），那么可以删除存在缺失值的行，而只分析数据完整的实例，这样仍然可以得到可靠且有效的结果。

③ 如果可以假定数据为完全随机缺失或随机缺失数据，那么可以应用多重插补法来获得有效的结论。

（1）推理恢复。

根据变量之间的关系来填补或恢复缺失值，通过推理，数据的恢复可能是准确无误的或近似准确的，例如如果一个数据对象的职业是幼儿园教师，那么这人的性别大概率是女。

（2）删除法。

删除法是指将缺失值所在的行删除（前提是变量缺失的比例非常低，如 5%以内），或者删除缺失值所对应的变量（前提是该变量包含的缺失值比例非常高，如 80%左右）。把包含一个或多个缺失值的行删除被称作行删除法或个案删除法，大部分统计软件包默认采用的是行删除法。

如果变量的缺失比例非常高或者行缺失的比例非常低，那么删除法是一个不错的选择。反之，删除法将会使模型丢失大量的数据信息而得不偿失。

删除法的缺点如下：

① 会牺牲大量的数据，通过减少历史数据换取完整的信息，这样可能会丢失很多隐藏的重要信息。

② 当缺失值所占的比例较高时，特别是缺失值非随机分布时，直接删除可能会导致数据发生偏离，例如原本的正态分布变为非正态分布。

③ 删除法在样本数据量十分大且缺失值不多的情况下非常有效，但如果样本数据量本身不大且缺失值也不少，那么不建议使用删除法。

删除法可以使用 drop 函数或 dropna 函数将变量删除，代码如下：

```
#删除一个名为 apple 的变量
data.drop(labels = 'apple', axis = 1, inplace = True)
#删除所有包含缺失值的行
data.dropna()
```

（3）均值替换法。

均值替换法也叫均值插补法，是指对于存在缺失值的变量，直接利用该变量的均值、中位数或众数替换该变量的缺失值，其优点是缺失值的处理速度快；缺点是容易产生有偏估计，导致替换缺失值的准确性下降。

将数据集的属性分为定性属性和定量属性，并分别对二者进行处理：

① 如果变量是数值型的，那么计算出该变量在其他所有数据行取值的均值或中位数，并以此替换缺失值。

② 如果变量是文本型的，那么根据统计学中的众数原理，计算出该属性在其他所有数据行的取值次数最多的值（出现频率最高的值），并以此替换缺失值。

这就意味着，对于定性数据，使用众数（Mode）填补，例如一个学校的男生和女生的数量，男生 500 人，女生 50 人，对于其余的缺失值，可以用人数较多的男生来填补。对于定量（定比）数据，使用平均数（Mean）或中位数（Median）填补，例如一个班级学生的身高特征，对于缺失的一些学生的身高值，可以用全班学生身高的均值或中位数来填补。

一般情况下，当特征分布为正态分布时，使用均值效果会比较好；而当特征分布由于异常值的存在而不是正态分布时，使用中位数效果会比较好。

替换法对于非完全随机缺失的数据会产生有偏向的结果，适用于缺失值数量较小的数据集。均值替换是在低缺失率下首选的插补方法，缺点是不能反映缺失值的变异性。

缺失值的填充使用的是 fillna 函数，其中，value 参数可以通过字典的形式对不同的变量指定不同的值。需要强调的是，如果计算某个变量的众数，一定要使用索引技术，如代码中的[0]表示取出众数序列中的第一个（众数是指出现频次最高的值，假设一个变量中有多个值共享最高频次，那么 Python 将会把这些值以序列的形式存储起来，故取出指定的众数值必须使用索引技术）。

采用均值替换法处理缺失值的示例代码如下：

```
# 使用性别的众数替换缺失性别
data.fillna(value = {'gender': data['gender'].mode()[0],
# 使用年龄的均值替换缺失年龄
'age':df['age'].mean()}, inplace = True )
```

（4）多重插补法。

多重插补的思想来源于贝叶斯估计，该思想认为待插补的值是随机的，并来自已观测到的值。在具体实践时，通常先估计出待插补的值；然后，加上不同的噪声，形成多组可选插补值；最后，根据某种选择依据，选取最合适的插补值。

以上提出的拟合和替换方法都是单一的插补方法，而多重插补弥补了单一插补的缺陷，多重插补并没有试图通过模拟值来估计每个缺失值，而是提出缺失值的一个随机样本（样本可以是不同的模型拟合结果的组合）。这种程序的实施恰当地反映了由缺失值引起的不确定性，使得统计推断有效。多重插补推断可以分为以下 3 个步骤：

① 为每个缺失值生成一套可能的插补值，这些值反映了无响应模型的不确定性。
② 对每个插补数据集都用针对完整数据集的统计方法进行统计分析。
③ 对于来自各个插补数据集的结果，根据评分函数进行选择，产生最终的插补值。

根据数据缺失机制、模式及变量类型，可分别采用回归、预测均数匹配（Predictive Mean Matching，PMM）、倾向评分（Propensity Score，PS）、逻辑回归、判别分析及马尔可夫链蒙特卡罗（Markov Chain Monte Carlo，MCMC）等方法对缺失值进行填补。

假设一组数据包括三个变量 Y_1、Y_2、Y_3，它们的联合分布为正态分布。将这组数据处理成三组，A 组保持原始数据，B 组仅缺失 Y_3，C 组缺失 Y_1 和 Y_2。在采用多重插补法时，不对 A 组进行任何处理，对 B 组产生 Y_3 的一组估计值（作 Y_3 关于 Y_1、Y_2 的回归），对 C 组产生 Y_1 和 Y_2 的一组成对估计值（作 Y_1、Y_2 关于 Y_3 的回归）。

当采用多重插补法时，不对 A 组进行处理；对 B、C 组，将完整的样本随机抽取形成 m 组，每组个案数只要能够有效估计参数就可以了。首先，对存在缺失值的属性的分布做出估计。然后，基于这 m 组观测值，对这 m 组样本分别产生关于参数的 m 组估计值，给出相应的预测，这时采用的估计方法为极大似然法，在计算机中，具体的实现算法为最大期望（EM）算法。对 B 组估计出一组 Y_3 的值，对 C 组将利用 Y_1、Y_2、Y_3 的联合分布为正态分布这一前提，估计出一组(Y_1, Y_2)。

上例中假定了 Y_1、Y_2、Y_3 的联合分布为正态分布。这个假定是人为的，但是已经通过验证（Graham 和 Schafer 于 1999 年验证的）。对于非正态联合分布的变量，在上述假定下，仍然可以估计到很接近真实值的结果。需要注意的是，使用多重插补法要求数据缺失值为随机性缺失，一般重复 20~50 次的精确率很高，但是计算也很复杂，需要大量计算。

（5）不处理缺失值。

补齐处理只是将未知值补以主观估计值，不一定完全符合客观事实，在对不完备信息进行补齐处理的同时，或多或少地改变了原始的信息系统。而且，对空值不正确的填充往往将新的噪声引入数据中，使任务产生错误的结果。因此，在许多情况下，我们还是希望在保持原始信息不发生变化的前提下对信息系统进行处理。

在实际应用中，一些模型无法应对具有缺失值的数据，因此要对缺失值进行处理。然而，还有一些模型，这些模型本身就可以应对具有缺失值的数据，此时无须对数据进行处理，如 XGBoost 等高级模型。

总而言之，大部分数据的预处理都会使用比较方便的方法来处理缺失值，例如以上几种方法，但是效果上不一定好，因此还是需要根据不同的需要选择合适的方法，并没有能够解决所有问题的万能方法。具体采用何种方法还需要考虑多个方面的原因，如数据缺失、数据缺失值类型、样本数、数据缺失值随机性等。

任务实施

（1）导入相关的库，这里主要导入的是 pandas 库和 sklearn 库中的三个函数，分别是 train_test_split、DecisionTreeClassifier 和 accuracy_score。代码如下：

```
import pandas as pd
from sklearn.metrics import accuracy_score
from sklearn.model_selection import train_test_split
from sklearn.tree import DecisionTreeClassifier
```

（2）使用 pandas 库中的 read_csv 函数从 csv 文件中读取天气数据。

```
data = pd.read_csv('dailyweather.csv')
```

（3）去除含有缺失值的行。

```
del data['number']
data = data.dropna()
```

（4）去除下午三点时相对湿度低于 24.99 的数据。

```
clean_data = data.copy()
clean_data['high_humidity_label']=(clean_data['relative_humidity_3pm'] > 24.99) *1
```

（5）x 为去除了湿度的早上的特征，y 为下午三点的湿度。

```
y = clean_data[['high_humidity_label']].copy()
morning_features = ['air_pressure_9am', 'air_temp_9am', 'avg_wind_
```

```
direction_9am','avg_wind_speed_9am','max_wind_direction_9am',    'max_wind_
speed_9am','rain_accumulation_9am', 'rain_duration_9am', 'relative_humidity_
9am']
    x=clean_data[morning_features].copy()
```

（6）将数据集分成训练集与测试集。

```
X_train,X_test,y_train,y_test=train_test_split(x,y,test_size=0.33,random
_state=324)
```

任务评价

任务评价表（一）如表 3-1 所示。

表 3-1　任务评价表（一）

任务：_____时间：_____

阶段任务	任务评价		
	合格	良好	优秀
任务布置			
知识准备			
任务实施			

任务 3.2　训练决策树模型

任务情景

决策树是一种机器学习的方法。决策树的生成算法有 ID3、C4.5 和 CART 等。决策树是一种树形结构，其中每个内部节点表示一个属性上的判断，每个分支代表一个判断结果的输出，每个叶节点代表一种分类结果。本任务介绍了决策树的三种算法的原理及决策树模型的搭建，并在任务实施中搭建了一个决策树分类器。

任务布置

学习并掌握决策树的概念与算法原理，了解决策树的三种算法的区别，明白剪枝的作用，使用 Jupyter Notebook 与 sklearn 库训练一个决策树分类器。

知识准备

1. 决策树概述

决策树是一种依托于策略抉择而建立起来的树。在机器学习中，决策树模型是一种预测模型，它代表的是对象属性与对象值之间的一种映射关系。树中的每个节点都表示一个对象，每个分叉路径则代表某个可能的属性值，从根节点到叶节点所经历的路径对应一个判定测试序列。决策树可以是二叉树或非二叉树，可以把它看作是 if-else 规则的集合，也可以认为它是特征空间上的条件概率分布。决策树在机器学习模型领域的特殊之处在于其信息表示的清晰度。决策树通过训练获得的"知识"直接形成层次结构。以这种结构保存和展示知识，即使不是专家，也可以很容易地理解。

决策树的优点如下：

（1）在决策树算法中，通过学习简单的决策规则来建立决策树模型的过程非常容易理解。

（2）决策树模型可以可视化，非常直观。

（3）决策树的应用范围广，可用于分类任务和回归任务，而且非常容易做多类别的分类。

（4）决策树能够用于处理数值型和连续的样本特征。

决策树的缺点如下：

（1）很容易在训练数据中生成复杂的树结构，造成过拟合（Overfitting）。剪枝可以缓解过拟合的副作用，常用方法是限制树的高度及叶节点中的最小样本数。

（2）学习一棵最优的决策树被认为是 NP 完全问题。实际应用中的决策树是在启发式的贪婪算法的基础上建立的，也就是在做每个决策时都采取最优解，这种算法不能保证建立全局最优的决策树。

采用决策树的目的是做出决策。一般来说，每个节点上都保存了一个特征分支，输入数据通过特征继续访问子节点，直到访问至叶节点，就找到了目标，或者说"做出了决策"。

与决策树相关的重要概念如下：

（1）根节点（Root Node）：表示整个样本集，并且该节点可以进一步拆分成两个或多个子集。

（2）拆分（Splitting）：表示将一个节点拆分成多个子集的过程。

（3）决策节点（Decision Node）：当一个子节点进一步被拆分成多个子节点时，这个子节点就叫作决策节点。

（4）叶节点（Leaf）：又名终节点（Terminal Node），无法再拆分的节点被称为叶节点。

（5）剪枝（Pruning）：移除决策树中子节点的过程就叫作剪枝，跟拆分过程相反。

（6）分支/子树（Branch/Subtree）：一棵决策树的一部分就叫作分支或子树。

（7）父节点和子节点（Parent and Child Node）：一个节点能被拆分成多个节点，这个节点就叫作父节点，拆分成的节点就叫作子节点。

2. 决策树分类算法

1）ID3 算法

ID3 算法是由 J.Ross Quinlan 开发的一种基于决策树的分类算法。该算法以信息论为基础，以信息熵和信息增益为衡量标准，用于实现对数据的归纳分类。根据信息增益，运用自顶向下的贪婪策略是 ID3 算法建立决策树的主要方法。ID3 算法的主要优点是建立的决策树的规模比较小，查询速度比较快。这个算法建立在"奥卡姆剃刀"的基础上，即越是小型的决策树就越优越。但是，该算法在某些情况下生成的并不是最小的树形结构。

（1）信息量。

信息量是对信息多少的度量，这里的信息就是我们通常所说的信息，如一条新闻、考试答案等。假设我们听到了以下两件事：

① 事件 A：一个学生投进了 1 个罚球。

② 事件 B：一个学生连续投进了 1000 个三分球。

仅凭直觉来说，事件 B 的信息量比事件 A 的信息量要大，这是因为事件 A 发生的概率很大，事件 B 发生的概率很小。所以，当越不可能发生的事件发生了，能够获取到的信息量就越大；当越可能发生的事件发生了，能够获取到的信息量就越小。那么：

① 信息量和事件发生的概率相关，事件发生的概率越低，传递的信息量就越大。

② 信息量应当是非负的，必然发生的事件的信息量为零（必然事件是必然发生的，所以没有信息量。几乎不可能事件一发生，就具有近乎无穷大的信息量）。

③ 两个事件的信息量可以相加，并且两个独立事件的联合信息量应该是它们各自信息量的和。

若已知事件 x_i 已发生，则表示 x_i 所含有或所提供的信息量为

$$H(x_i) = -\log_a P(x_i) \tag{3-1}$$

在式（3-1）中，如果以 2 为底数，单位是比特（bit）；如果以 e 为底数，单位是 nat；如果以 10 为底数，单位是 det。

例如，今天下雨的概率是 0.5，则包含的信息量为 $-\log_2 0.5=1$（bit）；下雨天飞机正常起飞的概率为 0.25，则包含的信息量为 $-\log_2 0.25=2$（bit）。

（2）信息熵。

信息熵是接收信息量的均值，用于确定信息的不确定程度，是随机变量的均值。信息熵越大，信息就越凌乱或传输的信息就越多，熵本身的概念源于物理学中所描述的一个热力学系统的无序程度。信息熵的处理是一个使信息的熵减少的过程。

假设 X 是一个离散的随机变量，且它的取值范围为 $x_1, x_2, \cdots, x_n$，每个值能取到的概率分别是 $p_1, p_2, \cdots, p_n$，那么 X 的熵的定义式为

$$H(X) = \sum_i P(x_i) I(x_i) = -\sum_i P(x_i) \log_2 P(x_i) \tag{3-2}$$

（3）条件熵。

在决策树的切分里，事件 x_i 可以被看作在样本中出现某个标签/决策。于是 $P(x_i)$ 可以用所有样本中某个标签出现的频率来代替。但求熵是为了决定采用哪一个维度进行切分，因此有一个新的概念——条件熵，其计算公式为

$$H(X|Y) = \sum_{y \in Y} P(y) H(X|Y=y) \tag{3-3}$$

这里我们认为 Y 就是用某个维度进行切分，那么 y 就是切成的某个子集，$H(X|Y=y)$ 就是这个子集的熵。因此，可以认为条件熵就是每个子集的熵的一个加权平均值/期望值。

（4）信息增益。

信息熵表示的是不确定度。在均匀分布时，不确定度最大，此时熵就最大。当选择某个特征对数据集进行分类时，分类后的数据集信息熵会比分类前的小，二者的差值用信息增益表示。信息增益用于度量属性 A 对降低样本集 X 的熵的贡献大小。信息增益可以衡量某个特征对分类结果的影响的大小。信息增益越大，就越适用于对 X 进行分析。

有了信息熵的定义式后，信息增益的概念便很好理解了。信息增益表示初始熵与分割后的

总体熵的差值。假设特征集中有一个离散特征 a，它有 V 个可能的取值 $a^1,a^2,\cdots,a^V$，如果用特征 a 对样本集 D 进行划分，那么会产生 V 个分支节点，将第 v 个分支节点包含的样本集记为 D^v。于是可计算出特征 a 对样本集 D 进行划分所获得的信息增益，即

$$\text{Gain}(D,a) = H(D) - H(D\mid a) = H(D) - \sum_{v=1}^{V}\frac{|D^v|}{|D|}H(D^v) \tag{3-4}$$

在式（3-4）中，其实特征 a 对样本集 D 进行划分所获得的信息增益即为样本集 D 的信息熵减去划分后各个分支的信息熵之和。由于每个分支节点所包含的样本数不同，所以在计算每个分支的信息熵时，需要乘以对应权重 $\frac{|D^v|}{|D|}$，即样本数越多的分支节点对应的影响越大。

根据信息论的知识，可以知道：信息熵越大，样本纯度就越低。ID3 算法的核心思想就是以信息增益来度量特征选择，选择信息增益最大的特征进行分裂。ID3 算法采用自顶向下的贪婪搜索遍历可能的决策树空间（C4.5 算法也是采用贪婪搜索），大致步骤如下：

① 初始化特征集和数据集。
② 计算数据集的信息熵和所有特征的条件熵，选择信息增益最大的特征作为当前决策节点。
③ 更新数据集和特征集（删除步骤②使用的特征，并按照特征值来划分不同分支的数据集）。
④ 重复②、③两步，若子集值包含单一特征，则决策树会产生一个分支叶节点。

ID3 算法以信息增益为准则来选择划分属性。信息熵（Information Entropy）是度量样本集纯度的常用指标，假定当前样本集 D 中的第 k 类样本所占比例为 p_k，则样本集 D 的信息熵的定义式为

$$\text{Ent}(D) = -\sum_{k=1}^{|y|} p_k \log_2 p_k \tag{3-5}$$

假定通过属性划分样本集 D，产生了 V 个分支节点，v 表示其中第 v 个分支节点，易知：分支节点包含的样本数越多，就表示该分支节点的影响力越大。故可以计算出划分后相比原始数据集 D 获得的信息增益（Information Gain）。

$$\text{Gain}(D,a) = \text{Ent}(D) - \sum_{v=1}^{V}\frac{|D^v|}{|D|}\text{Ent}(D^v) \tag{3-6}$$

信息增益越大表示使用该属性划分样本集 D 的效果越好，因此 ID3 算法在递归过程中，每次选择最大信息增益的属性作为当前的划分属性。

但 ID3 算法也有缺点，例如，ID3 算法没有剪枝策略，容易过拟合；信息增益准则对可取值数目较多的特征有所偏好，类似"编号"的特征，其信息增益接近 1；只能用于处理离散分布的特征；没有考虑缺失值。

2）C4.5 算法

C4.5 算法最大的特点是克服了 ID3 算法对特征数目的偏好这一缺点，引入信息增益率作为分类标准。

（1）思想。

C4.5 算法相对于 ID3 算法的缺点有以下几种改进方式：

① 引入悲观剪枝（PEP）策略进行后剪枝。

② 引入信息增益率作为划分标准。

③ 可以处理连续值：将连续特征离散化，假设 n 个样本的连续特征 A 有 m 个取值，用 C4.5 算法将其排序并取相邻两个样本值的平均数——共 $(m-1)$ 个划分点，分别计算以该划分点作为二元分类点时的信息增益，并选择信息增益最大的点作为该连续特征的二元离散分类点。

④ 可以处理缺失值：对缺失值的处理涉及两个子问题。

问题一：如何在特征值缺失的情况下进行划分特征的选择？（也就是如何计算特征的信息增益率）

问题二：选定该划分特征，模型对于缺失该特征值的样本该如何处理？（也就是到底把这个样本划分到哪个节点里）

针对问题一，C4.5 算法的做法如下：对于具有缺失值的特征，用没有缺失的样本子集所占的比例来折算信息增益率。

针对问题二，C4.5 算法的做法如下：将样本同时划分到所有子节点中，不过要调整样本的权重，其实也就是将样本以不同概率划分到不同节点中。

（2）划分标准。

利用信息增益率可以克服信息增益的缺点，信息增益率公式为

$$\text{Gain\_ration}(D,a) = \frac{\text{Gain}(D,a)}{\text{IV}(a)} \tag{3-7}$$

$$\text{IV}(a) = -\sum_{v=1}^{V} \frac{|D^v|}{|D|} \log_2 \frac{|D^v|}{|D|} \tag{3-8}$$

这里需要注意，信息增益率对可取值较少的特征有所偏好（分母越小，整体越大），因此 C4.5 算法并不是直接用信息增益率最大的特征进行划分，而是使用一种启发式方法：先从候选划分特征中找到信息增益大于均值的特征，再从中选择信息增益率最大的。

（3）剪枝策略（预剪枝+后剪枝）。

剪枝的原因是过拟合的树在泛化能力方面的表现非常差。

首先是预剪枝。预剪枝是在决策树生成的过程中，对每个节点在划分前先进行估计，若当前节点的划分不能带来决策树泛化能力的提升，则停止划分，并将当前节点标记为叶节点。在构建决策树模型的过程中，先评估，再考虑是否分支。

衡量决策树泛化能力是否提升的标准如下：节点内的样本数是否低于某一阈值，所有节点特征是否都已分裂，节点划分前的准确率是否比划分后的准确率高等。

预剪枝可以降低过拟合风险，显著减少决策树模型训练时间的开销，以及测试时间开销。但预剪枝基于贪婪策略，有可能会带来欠拟合风险。

其次是后剪枝。后剪枝就是在已经生成的决策树上进行剪枝，从而得到简化版的剪枝决策树。

C4.5 算法采用 PEP 算法，用递归的方式从低到高针对每个非叶节点，评估用一个最优叶节点代替这棵子树是否有益。如果剪枝后与剪枝前相比，剪枝后的错误率是保持或者下降的，则这棵子树可以被替换掉。C4.5 算法通过训练集上的错误分类数量来估算未知样本上的错误率。

后剪枝决策树的欠拟合风险很小，泛化能力往往高于预剪枝决策树，但后剪枝决策树的训练时间会长得多。

（4）缺点。

① 剪枝策略可以再优化。

② C4.5 算法用的是多叉树，用二叉树效率更高。

③ C4.5 算法只能用于分类任务。

④ C4.5 算法使用的熵模型拥有大量耗时的对数运算，连续值还有排序运算。

⑤ C4.5 算法在构建树的过程中，对数值属性值需要按照其大小进行排序，从中选择一个分割点，所以 C4.5 算法只适用于能够驻留于内存的数据集。当训练集大得无法在内存中驻留时，程序无法运行。

3）CART 算法

分类与回归树（Classification And Regression Tree，CART），从名字就可以看出其不仅可以用于分类任务，也可以用于回归任务。这里不对回归树进行过多的阐述。ID3 算法和 C4.5 算法虽然在对训练样本集的学习中可以尽可能多地挖掘信息，但是二者生成的决策树分支比较多，规模也比较大。CART 算法的二分法可以缩小决策树的规模，提高生成决策树的效率。CART 算法的两个主要步骤如下：对样本进行递归划分并实施建树，用验证数据剪枝。

（1）思想。

构建 CART 的基本过程有分裂、剪枝和树选择。

分裂：分裂过程是一个二叉递归划分过程，其输入和预测特征既可以是连续型的，也可以是离散型的，且 CART 没有停止准则，会一直生长下去。

剪枝：采用代价复杂度剪枝（CCP）算法，从最大树开始，每次选择训练数据熵对整体性能贡献最小的那个分裂节点作为下一个剪枝对象，直到只剩下根节点为止。CART 会产生一系列嵌套的剪枝树，需要从中选出一棵最优的决策树。

树选择：用单独的测试集评估每棵剪枝树的预测性能（也可以用 CV）。

CART 算法在 C4.5 算法的基础上有很多提升：

① C4.5 决策树为多叉树，运算速度慢；CART 为二叉树，运算速度快。

② C4.5 算法只能用于分类任务；CART 算法既可以用于分类任务，也可以用于回归任务。

③ CART 算法将基尼系数作为变量的不纯度量，减少了大量的对数运算。

④ CART 算法采用代理测试来估计缺失值，而 C4.5 算法以不同概率划分到不同节点中。

⑤ CART 算法采用 CCP 算法剪枝，而 C4.5 算法采用 PEP 算法剪枝。

（2）划分标准（基尼系数）。

CART 用基尼系数来选择划分属性，基尼系数反映的是从样本集 D 中随机抽取两个样本，其类别标记不一致的概率，因此 Gini(D) 越小越好。这和信息增益（率）正好相反，基尼系数的定义式为

$$\text{Gini}(D) = \sum_{k=1}^{|y|} \sum_{k' \neq k} p_k p_{k'} = 1 - \sum_{k=1}^{|y|} p_k^2 \qquad (3\text{-}9)$$

根据式（3-9），基尼系数越小，数据集的纯度就越高。基尼系数偏向于特征值较多的特征，类似信息增益。基尼系数可以用来度量任何不均匀分布，是介于 0 与 1 之间的数，0 是完全相等，1 是完全不相等，

（3）缺失值处理。

前面说到，模型对于缺失值的处理涉及两个子问题：

问题一：如何在特征值缺失的情况下进行划分特征的选择？

问题二：选定该划分特征，模型对于缺失该特征值的样本该如何处理？

对于问题一，CART 算法一开始严格要求在进行分裂特征评估时，只能使用在该特征上没有缺失值的那部分数据。在后续版本中，CART 算法使用了一种惩罚机制来抑制提升值，从而反映出缺失值的影响。

对于问题二，CART 算法的机制是为树的每个节点都找到代理分裂器，无论在训练数据上得到的树是否有缺失值，都会这样做。在代理分裂器中，特征的分值必须超过默认规则的性能才有资格作为代理（代理就是代替缺失值特征作为划分特征的特征），当 CART 中遇到缺失值时，这个实例划分到左边还是右边取决于其排名最高的代理。如果这个代理的值也缺失了，那么使用排名第二的代理，以此类推。如果所有代理的值都缺失了，那么默认规则就是把样本划分到较大的那个子节点中。代理分裂器可以确保从无缺失训练数据上得到的树可以用来处理包含缺失值的新数据。

（4）剪枝策略。

首先，采用一种 CCP 算法进行后剪枝，这种方法会生成一系列树，每棵树都是通过将前面的树的某棵或某些子树替换成一个叶节点而得到的。一系列树中的最后一棵树仅含一个用来预测类别的叶节点。然后，用一种成本复杂度的度量准则来判断哪棵子树应该被一个预测类别值的叶节点代替。这种方法需要用一个单独的测试集来评估所有的树，根据它们测试数据集熵时的分类性能选出最优的树。

（5）类别不平衡。

CART 算法的一大优势在于无论训练集多么失衡，它都可以将失衡点自动消除，不需要建模人员采取其他操作。

CART 算法使用了一种先验机制，其作用相当于对类别进行加权。这种先验机制嵌入了 CART 算法判断分裂优劣的运算，在 CART 算法默认的分类模式中，总是要计算每个节点关于根节点的类别频率的比值，这就相当于对数据自动重加权，对类别进行均衡处理。

例如二分类，根节点属于 1 类和 0 类的分别有 20 个和 80 个。子节点上有 30 个样本，其中，属于 1 类和 0 类的分别是 10 个和 20 个。因为 10/20>20/80，所以该节点属于 1 类。

采用这种计算方式就无须管理数据真实的类别分布。假设有 k 个目标类别，就可以确保根节点中每个类别的概率都是 $1/k$。这种默认的模式被称为先验相等。

先验和加权的不同之处在于先验不影响每个节点中各类别样本的数量或者份额，它影响的是每个节点的类别赋值和树生长过程中分裂的选择。

（6）总结。

最后对比一下 ID3、C4.5 和 CART 三种算法之间的差异，除了之前列出来的划分标准、剪枝策略和连续值及缺失值的处理方式等，还有一些其他的差异。

划分标准的差异：ID3 算法使用信息增益偏向于特征值多的特征；C4.5 算法使用信息增益率以克服信息增益的缺点，偏向于特征值小的特征；CART 算法使用基尼系数以克服 C4.5 算法需要求对数的巨大计算量，偏向于特征值较多的特征。

使用场景的差异如下：

① ID3 算法和 C4.5 算法都只能用于分类任务，而 CART 算法既可以用于分类任务，也可以用于回归任务。

② ID3 决策树和 C4.5 决策树是多叉树，计算速度较慢，而 CART 是二叉树，计算速度很快。

样本数据的差异如下：

① ID3 算法只能处理离散数据且缺失值敏感，而 C4.5 算法和 CART 算法可以处理连续性数据且有多种方式处理缺失值。

② 从样本数据量的角度考虑，小样本建议选择 C4.5 算法、大样本建议选择 CART 算法。

③ 在 C4.5 算法的处理过程中，需对数据集进行多次扫描排序，耗时较多；而 CART 算法本身是一种大样本的统计方法，对于小样本的处理，其泛化误差较大。

样本特征的差异：ID3 算法和 C4.5 算法的层级之间只使用一次特征，CART 算法可多次重复使用特征。

剪枝策略的差异：ID3 算法没有剪枝策略，C4.5 算法通过 PEP 策略来修正树的准确性，而 CART 算法通过 CCP 策略来修正树的准确性。

3. 剪枝

k-NN 模型的建立具有 3 个要素：①如何计算两个节点之间的距离，也就是距离度量的选择；②k 值的选择；③分类决策的规则。

决策树很容易发生过拟合，改善方法如下：

- 通过阈值控制终止条件，避免树形结构分支过细。
- 通过对已经形成的决策树进行剪枝来避免过拟合。
- 基于自助法（Bootstrap 法）的思想建立随机森林。

1）剪枝的分类

为了避开决策树过拟合（Overfitting）样本，要对决策树进行剪枝。为了使 CART 算法对未知数据有更好的预测，需从"完全生长"的决策树底部剪去一些子树，使决策树变小，模型变简单。预剪枝（Pre-Pruning）与后剪枝（Post-Pruning）是剪枝的两种情况。

（1）预剪枝。

预剪枝是指在决策树模型的构建过程中，对每个节点在划分前需要根据不同的指标进行估计，如果已经满足对应指标了，则不再进行划分，否则继续划分。

树的增长不能是无限的，因此需要设定一些条件，若树的增长触发了某个条件，则树的增长需要停止。这些条件被称作停止条件（Stopping Criteria），常用的停止条件如下：

① 直接指定树的深度。

② 直接指定叶节点数。

③ 直接指定叶节点的样本数。

④ 划分后的信息增益小于某个阈值。

⑤ 对验证集中的数据进行验证，看分割之后的精度是否有提高。

由于预剪枝是在构建决策树模型的同时进行剪枝处理，所以其训练时间开销较少，同时可以有效地降低过拟合的风险。但是，预剪枝有一个问题，即会给决策树带来欠拟合的风险。

（2）后剪枝。

后剪枝是先根据训练集生成一棵完整的决策树，然后根据相关方法进行剪枝。常用的一种方法是，自底向上，对非叶节点进行考察，同样对验证集中的数据根据精度进行考察，看该节点划分后的精度是否有提高，如果划分后的精度没有提高，则剪掉此子树，将其替换为叶节点。

相比预剪枝，后剪枝的欠拟合风险很小，同时，其泛化能力往往要优于预剪枝。但是，因为后剪枝要先生成整棵决策树，然后才自底向上依次考察每个非叶节点，所以其训练时间长。

2）后剪枝算法

（1）错误率降低剪枝（Reduced-Error Pruning，REP）算法。

REP 算法是十分简单的后剪枝算法。它需要用一个剪枝验证集对决策树进行剪枝，用训练集训练数据。通常取出可用样例的 1/3 作为验证集，将剩余的 2/3 作为训练集，这样做主要是为了防止决策树过拟合。

决定是否修剪某个节点的步骤如下：

① 删除以该节点为根节点的子树。
② 使该节点成为叶节点。
③ 赋予与该节点关联的训练数据最常见分类。
④ 当修剪后的树在验证集的性能方面，与原来的树相同或优于原来的树时，该节点才真正被删除。

利用训练集过拟合的性质，使训练集数据能够对其进行修正。反复进行上述步骤，采用自底向上的方法处理节点，将那些能够最大限度地提高验证集精度的节点删去，直到进一步的修剪是有害的为止（修剪会降低验证集的精度）。在数据较少的情况下，很少应用 REP 算法。该算法趋于过拟合，这是因为训练集中存在的特征在剪枝过程中都被忽略，当剪枝数据集比训练集小得多时，这个问题需要特别注意。

（2）悲观剪枝（Pessimistic Error Pruning，PEP）算法（用于 C4.5 决策树）。

PEP 算法是在 C4.5 算法中提出的，该算法以训练数据的误差评估为基础，因此相比 REP 算法，它不需要一个单独的测试集。但训练数据也带来错分误差偏向于训练集的问题，因此需要加入一个修正因子（惩罚因子）0.5，是自上而下的修剪。之所以称"悲观"，可能是因为每个叶节点都会自动加入一个惩罚因子，"悲观"地提高误判率。

PEP 算法是根据剪枝前后的误判率来判定子树是否需要修剪的。该算法引入了统计学中"连续修正"的概念，弥补 REP 算法的缺陷，在评估子树的训练错误时添加了一个常数，假定每个叶节点都自动对实例的某部分进行错误的分类。

把一棵子树（具有多个叶节点）的分类用一个叶节点来替代的话，在训练集上的误判率肯定是上升的，但是在新数据上不一定。因此，需要对子树的误判计算加上一个经验性的惩罚因子。如果一个叶节点覆盖了 N 个样本，其中有 E 个错误，那么该叶节点的误判率为 $(E+0.5)/N$，这个 0.5 就是惩罚因子。

一棵拥有 L 个叶节点的子树的误判率估计为

$$e = \sum_{i \in L} \frac{E^i + 0.5}{N_i} = \frac{\sum_{i \in L} E^i + 0.5}{\sum_{i \in L} N_i} = \frac{\sum E_{0.5} L}{\sum N} \qquad (3\text{-}10)$$

由此可以看出，一棵子树虽然具有多个子节点，但由于加上了惩罚因子，所以子树的误判率计算未必就低。剪枝后，内部节点变成了叶节点，其误判次数 J 也需要加上一个惩罚因子，变成 $J+0.5$。使用训练数据，子树总是比将其替换为叶节点后产生的误差小，但是经过修正，有的误差计算方法并非如此。在子树的误判次数超出对应叶节点的误判次数一个标准差之后，可以决定剪枝，这时满足被替换子树的误判次数 − 标准差 > 新叶子的误判次数。这个标准差如何计算呢？

假定一棵子树错误分类一个样本的值为1，正确分类一个样本的值为0，该子树错误分类的概率（误判率）为 e，则每分类一个样本，都可以近似看作是一次伯努利试验，覆盖 N 个样本就是做 N 次独立的伯努利试验，因此可以把子树的误判次数近似看作是服从 $B(N, e)$ 的二项分布（二项分布就是重复 N 次独立的伯努利试验）。这样就很容易估计出该子树的误判次数的均值和标准差：

$$误判次数的均值 = Ne$$
$$误判次数的标准差 = \sqrt{Ne(1-e)}$$
(3-11)

当然，并不一定非要大一个标准差，可以给定任意的置信区间，只要设定一定的显著性因子，就可以估算出误判次数的上下界。对于给定的置信区间，将下界估计作为规则性能的度量。这样做的结果是，对于大的数据集，该剪枝策略能够非常接近观察精度，随着数据集的减小，离观察精度也越来越远。该剪枝算法虽然不是统计有效的，但是在实践中有效。

PEP 算法采用自顶向下的方式，将满足"被替换子树的误判数−标准差>新叶子的误判数"这个不等式的非叶节点裁剪掉。该算法是目前决策树后剪枝算法中精度比较高的算法之一，它还存在一些缺陷。首先，PEP 算法是唯一使用自顶向上剪枝策略的后剪枝算法，但这样的算法有时会导致某些不该被剪掉的某节点的子节点被剪掉。

（3）最小误差剪枝（Minimum Error Pruning，MEP）算法。

一个观测样本到达节点 t 且属于类别 i 的概率为

$$p_i(t) = \frac{n_i(t) + P_{x,i}m}{N(t) + m}$$
(3-12)

式中，$n_i(t)$ 表示在 t 节点下的训练样本中，被判断为 i 类的样本数；$P_{x,i}$ 表示在 i 类别的先验概率；$N(t)$ 表示 t 节点下训练样本的数量；m 为评估方法的一个参数。

某一个节点的期望错误率 E_s 的计算公式为

$$E_s = 1 - \frac{n_c + P_{x,c}m}{N + m} = \frac{N - n_c + (1 - P_{x,c})m}{N + m}$$
(3-13)

式中，E_s 为期望错误率，用于评价剪枝是否标准；N 为该节点所在支的样本数；n_c 为该节点下 c 类别最多的样本数；$P_{x,c}$ 为 c 这个最多类别的先验概率。

（4）代价复杂度剪枝（Cost-Complexity Pruning，CCP）算法（用于 CART）。

一棵树的好坏用式（3-14）衡量：

$$W_\alpha(T) = W(T) + \alpha C(T)$$
(3-14)

式中，$W(T)$ 表示对该树误差（代价）的衡量；$C(T)$ 表示对树的大小的衡量（可以用树的终端节点个数代表）；α 表示前面两者的平衡系数，其值越大，树就越小，反之树就越大。

在利用该准则剪枝前，有如下 2 个步骤：

① 找到完整树的一些子树 T_i（$i = 1, 2, 3, \cdots, m$）。

② 分别计算出每棵树的 $W_\alpha(T_i)$，选择树中具有最小的 $W_\alpha(T_i)$ 的树。

当将 CCP 算法应用在 CART 上时，其输入是 CART 算法生成的决策树 T_0，输出则是最优决策树 T_a。

在最优决策树的生成过程中，剪枝过程占有重要地位。研究表明：剪枝过程要比树生成过程更重要，由不同的划分标准生成的最大树（Maximum Tree），在剪枝之后都能够保留最重要的属性划分。

4 种剪枝算法的区别如表 3-2 所示。

表 3-2　4 种剪枝算法的区别

剪枝方法	REP	PEP	MEP	CCP
独立剪枝集	需要	不需要	不需要	CV 方式不需要
剪枝方式	自底向上	自顶向下	自底向上	自顶向下
误差估计	利用剪枝集	使用连续性校正	基于 m2 概率估算	使用 CV 法或标准误差
计算复杂度	$O(n)$	$O(n)$	$O(n)$	$O(n^2)$

4. 随机森林

1）随机森林相关术语

随机森林算法在本质上属于机器学习的一大分支——集成学习（Ensemble Learning），是将许多棵决策树整合成森林并用来预测最终结果的方法。

20 世纪 80 年代，Breiman 等人发明了分类树的算法，通过反复二分数据进行分类或回归，计算量大大降低。2001 年，Breiman 把分类树组合成随机森林，即在变量（列）和数据（行）的使用上随机生成很多分类树，再汇总分类树的结果。随机森林算法在运算量没有显著提高的前提下提高了预测精度。随机森林算法对多元共线性不敏感，对缺失数据和非平衡的数据比较稳健，可以很好地预测多达几千个解释变量的作用，在当前的算法中位于前列。

随机森林，顾名思义，是用随机的方式建立一个森林。森林由很多决策树组成，随机森林中的每棵决策树之间是没有关联的。在得到森林之后，当有一个新的输入样本进入时，就让森林中的每棵决策树分别判断一下这个样本应该属于哪一类（对于分类算法），哪一类被选择得最多，就预测这个样本为哪一类。随机森林算法既可以处理属性为离散值的量，也可以处理属性为连续值的量。随机森林还可以用来进行无监督学习聚类和异常点检测。

决策树是一个树结构（可以是二叉树或非二叉树）。其每个非叶节点表示一个特征属性上的测试，每个分支代表这个特征属性在某个值域上的输出，而每个叶节点存放一个类别。用决策树进行决策的过程就是从根节点开始，测试待分类项中相应的特征属性，并按照其值选择输出分支，直到到达叶节点，将叶节点存放的类别作为决策结果。

另外，再介绍 2 个术语：

（1）Bootstrap。这个名字来源于文学作品 *The Adventures of Baron Munchausen*（《吹牛大王历险记》），这个作品中的一个角色用提着自己鞋带的方法把自己从湖底提了上来。因此，采用意译的方式，将 Bootstrap 方法称为自助法。自助法，顾名思义，是从样本自身中产生很多可用的同等规模的新样本，不借助其他样本数据。

这种方法在样本较小时很有用，例如虽然样本很小，但是我们希望留出一部分做验证，如果用传统方法进行 train-validation 的分割，样本就更小了，偏差会更大，这不是我们所希望的。而自助法既不会降低训练样本的规模，又能留出验证集（因为训练集有重复的，而这种重复又是随机的），因此有一定的优势。

至于自助法能留出多少样本做验证，或者说，m 个样本的每个新样本比原来的样本少了多少？可以这样计算：一共抽样 N 次，每抽一次，任何一个样本没被抽中的概率为 $(1-1/N)$，所以任何一个样本没进入新样本的概率为$(1-1/N)^N$。那么从统计意义上来说，就意味着大概有$(1-1/N)^N$比例的样本作为验证集，当$N\to infinite$时，这个比例大概是$1/e$，约为36.8%。以该比例的样本为验证集的方式叫作包外估计（Out Of Bag Estimate）。

（2）Bagging。它的名称来源于Bootstrap aggregating，意思是自助投票。这种方法先将某训练集分成m个新的训练集，然后在每个新训练集上搭建一个模型，各模型互不相干，最后在预测时将这m个模型的结果整合到一起，得到最终结果。

2）随机森林与决策树的区别

决策树用树结构来搭建分类模型，每个节点代表一个属性，根据这个属性的划分，从进入这个节点的子节点开始，直至叶节点，每个叶节点都表征一定的类别，从而达到分类的目的。决策树的生成算法有ID3、C4.5、CART等。在生成树的过程中，需要选择用哪个特征进行剖分，一般来说，选择特征的原则是，分开后能尽可能地提升纯度，可以用信息增益、信息增益率及基尼系数等指标来衡量。如果是一棵树，为了避免过拟合，还要进行剪枝，取消那些可能会导致验证集误差上升的节点。

随机森林算法实际上是一种特殊的Bagging算法，它将决策树用作Bagging算法模型。首先，用自助法生成m个训练集。然后，针对每个训练集，生成一棵决策树，在节点寻找特征进行分裂时，并非找到能使指标（如信息增益）最大的所有特征，而是在特征中随机抽取一部分特征，在抽到的特征中找到最优解，并将其应用于节点，进行分裂。随机森林算法由于有了Bagging算法的加持，也就是有了集成的思想，实际上相当于对样本和特征都进行了抽样，所以可以避免过拟合。预测阶段的方法就是Bagging算法，即采用分类投票和回归均值。

随机森林算法和将决策树作为基本分类器的Bagging算法有些类似。以决策树为基本模型的Bagging算法在每次由自助法放回抽样之后，生成一棵决策树，抽多少样本就生成多少棵树，在生成这些树时，没有进行更多的干预。而随机森林算法也是进行自助法抽样，但它与Bagging算法的区别是，在生成每棵树时，每个节点变量都仅仅在随机选出的少数变量中产生。因此，不但样本是随机的，每个节点变量的产生也都是随机的。

许多研究表明：组合分类器比单一分类器的分类效果好，随机森林算法是一种利用多个分类树对数据进行判别与分类的方法，它在对数据进行分类的同时，可以给出各个变量（基因）的重要性评分，评估各个变量在分类中所起的作用。

随机森林算法得到的每棵树都是很弱的，但是将这些树组合起来就很厉害。可以这样比喻随机森林算法：每棵决策树都是一个精通某一个窄领域的专家（因为可以从M个特征中选择出m个，并让每棵决策树去学习），这样在随机森林方面就有了很多个精通不同领域的专家，对一个新的问题（新的输入数据），可以从不同的角度看待它，最终由各个专家投票得到结果。而这体现的正是群体智慧，也就是经济学上说的"看不见的手"。随机森林算法的效果取决于多个分类树要相互独立，要想经济持续发展，不出现过拟合（过拟合是指由政府主导的经济增长在遇到新情况后产生经济泡沫），就需要企业独立发展，由企业独立选取自己的特征。

3）随机森林算法的特点

前边提到过，随机森林算法是一种很灵活、实用的算法，它有如下几个特点：

（1）在当前所有算法中，随机森林算法具有极好的准确率。

（2）随机森林算法能够有效地运行在大数据集上。

（3）随机森林算法能够处理具有高维特征的输入样本，而且不需要降维。
（4）随机森林算法能够评估各个特征在分类问题上的重要性。
（5）随机森林算法在生成树的过程中，能够获取内部生成误差的一种无偏估计。
（6）对于默认值问题，随机森林算法也能够获得很好的结果。

实际上，随机森林算法的特点不只有这 6 个，它相当于机器学习领域的多面手，我们把几乎任何东西"扔"进去，它基本上都是可供使用的。随机森林算法在估计推断映射方面特别好用，以致都不需要像 SVM 算法那样做很多参数的调试。

4）随机森林的生成

前面提到过，随机森林中有许多的分类树。要对一个新样本进行分类，需要将其输入每棵树中。打个形象的比喻：在森林中召开会议，讨论某个动物到底是老鼠还是松鼠，每棵树都要独立地发表自己对这个问题的看法，也就是每棵树都要投票。该动物到底是老鼠还是松鼠要依据投票情况来确定，获得票数最多的类别就是森林的分类结果。森林中的每棵树都是独立的，99.9%不相关的树做出的预测结果涵盖所有的情况，这些预测结果将会彼此抵消。少数优秀的树的预测结果将会超脱于芸芸"噪声"，得到一个全面优秀的预测。对若干弱分类器的分类结果进行投票选择，从而组成一个强分类器，这就是随机森林算法中的 Bagging 思想（关于 Bagging 算法的一个有必要提及的问题：Bagging 算法的代价是不用单棵决策树来做预测，具体哪个变量起到重要作用变得未知，所以 Bagging 算法提升了预测准确率，但损失了解释性）。

有了树，就可以进行分类了，但是森林中的每棵树是怎么生成的呢？

每棵树按照如下规则生成：

（1）如果训练集的大小为 N，那么对每棵树而言，随机且有放回地从训练集中抽取 N 个训练样本（这种抽样方法被称为有放回抽样）作为该树的训练集。

每棵树的训练集都是不同的，而且里面包含重复的训练样本（理解这点很重要）。为什么要对训练集进行随机抽样？因为如果不进行随机抽样，每棵树的训练集都一样，那么最终训练出的树的分类结果也是完全一样的，这样的话，完全没有采用 Bagging 算法的必要。

为什么要有放回地抽样？如果不是有放回地抽样，那么可能每棵树的训练样本都是不同的，且都是没有交集的，这样每棵树都是"有偏的"，都是绝对"片面的"，也就是说，每棵树被训练出来都是有很大差异的。而随机森林算法的最终分类结果取决于多棵树（弱分类器）的投票表决，这种表决应该是"求同"的，因此用完全不同的训练集来训练每棵树对最终分类结果是没有帮助的，这样无异于"盲人摸象"。

（2）如果每个样本的特征维度为 M，指定一个常数 m（$m<<M$），随机地从 M 个特征中选择 m 个特征，在每次树分裂的过程中，从这 m 个特征中选择最优的一个。

（3）每棵树都尽可能地生长，并且没有剪枝过程。

"随机森林"中的"随机"就是指的规则（1）、（2）中提到的两个"随机"。两个随机性的引入对随机森林算法的分类性能至关重要。由于两个随机性的引入，随机森林不容易发生过拟合，并且具有很好的抗噪能力（如对默认值不敏感）。

随机森林算法的分类效果（错误率）与以下 2 个因素有关：

①森林中任意两棵树的相关性：相关性越强，错误率就越高。

②森林中每棵树的分类能力：每棵树的分类能力越强，整个森林的错误率就越低。

减小特征选择个数 m，树的相关性和分类能力也会相应地降低；增大特征选择个数 m，树的相关性和分类能力也会随之增大。所以，关键问题是如何选择最优的 m（或者是范围），m 也是随机森林算法中唯一的一个参数。

上面刚刚提到，构建随机森林的关键问题就是如何选择最优的 m，要解决这个问题，主要需要计算包外错误率（Out Of Bag Error），也称 OOB 错误率。

随机森林算法有一个重要的优点，就是没有必要对它进行交叉验证（CV）或者用一个独立的测试集来获得误差的无偏估计。随机森林算法可以在内部进行评估，也就是说，在生成树的过程中，它就可以对误差建立一个无偏估计。

在构建每棵树时，对训练集使用了不同的有放回抽样方法，所以对每棵树而言（假设针对第 k 棵树），大约有 1/3 的训练实例没有参与第 k 棵树的生成，它们被称为第 k 棵树的 OOB 样本。这样的抽样特点允许进行 OOB 估计，OOB 估计步骤如下（以样本为单位）：

（1）对于每个样本，计算将它作为 OOB 样本的树对它的分类情况（约 1/3 的树）。

（2）由简单的多数投票制得出该样本的分类结果。

（3）将误分个数占样本总数的比例作为随机森林算法的 OOB 错误率。

OOB 错误率是随机森林算法泛化误差的一个无偏估计，它的结果近似于需要大量计算的 k 折 CV。

任务实施

Step 1：创建一个决策树分类器。

```
humidity_classifier=DecisionTreeClassifier(max_leaf_nodes=10,random_state=0)
```

DecisionTreeClassifier 的默认参数设置如下：

```
class sklearn.tree.DecisionTreeClassifier(criterion='gini', splitter='best', max_depth=None,min_samples_split=2,min_samples_leaf=1,min_weight_fraction_leaf=0.0,max_features=None,random_state=None,max_leaf_nodes=None,min_impurity_decrease=0.0,min_impurity_split=None, class_weight=None, presort=False)
```

（1）criterion：'gini'或'entropy'，前者是基尼系数，后者是信息熵。默认为'gini'，也就是 CART 算法。

（2）splitter：'best'或'random'，前者是在所有特征中寻找最好的切分点，后者是在部分特征中，默认的'best'适合样本数据量不大的情况，如果样本数据量非常大，则此时决策树的构建推荐使用'random'。

（3）max_features：'None'（所有）、'log2'、'sqrt'或'N'。特征小于 50 的时候一般使用'None'。

（4）max_depth：'int'或'None'，optional (default=None)。用于设置决策随机森林中决策树的最大深度，深度越大，越容易过拟合，推荐树的深度为 5~20。

（5）min_samples_split：设置节点的最小样本数，当样本数可能小于此值时，节点将不会再被划分。

（6）min_samples_leaf：这个值限制了叶节点最少的样本数，如果某叶节点的样本数小于此值，则该节点会和兄弟节点一起被剪枝。

（7）min_weight_fraction_leaf：这个值限制了叶节点的所有样本权重和的最小值，如果某叶节点的所有样本权重和小于这个值，则该节点会和兄弟节点一起被剪枝，且该值默认是 0，就是不考虑权重问题。

（8）max_leaf_nodes：这个值用于限制最大叶节点数，可以防止过拟合，但其默认值是'None'，即不限制最大叶节点数。

（9）min_impurity_split：这个值限制了决策树的生长，如果某节点的不纯度（基尼系数、信息增益、标准差、绝对偏差）小于这个阈值，则该节点不再生成子节点，即该节点为叶节点。

（10）class_weight：用于指定样本各类别的权重，主要是为了防止训练集中某些类别的样本过多而导致训练的决策树模型过于偏向这些类别。这里可以自己指定各个样本的权重，如果使用'balanced'，则算法会自己计算权重，样本数据量小的类别所对应的样本权重会高。

（11）presort：表示在进行拟合之前，是否预分数据来加快树的构建，默认值是'False'。

Step 2：根据训练数据训练模型。

```
#使用fit函数训练数据
humidity_classifier.fit(X_train,y_train)
```

任务评价

任务评价表（二）如表3-3所示。

表3-3　任务评价表（二）

任务：_____　时间：_____

阶段任务	任务评价		
	合格	良好	优秀
任务布置			
知识准备			
任务实施			

任务3.3　模型评估

任务情景

本单元中主要介绍的是分类决策树，因此评估决策树模型最简单的方法是利用准确率。此外，可以通过可视化方法查看训练好的决策树模型。

知识准备

1. 测试集预测

准确率是指分类正确的样本数占总样本数的比例，其计算公式为

$$\text{Accuracy} = \frac{n_{\text{correct}}}{n_{\text{total}}} \quad (3\text{-}15)$$

式中，n_{correct} 为被正确分类的样本数；n_{total} 为总样本数。

2. 决策树可视化

在任务 3.2 中，我们了解了决策树模型的构建过程。如果能够可视化决策树，把决策树打印出来，对于理解决策树模型的构建会有很大的帮助。下面来看一下如何可视化输出一棵决策树。

需要安装可视化必备的插件，也就是 Graphviz。Graphviz（Graph Visualization Software）是一个由 AT&T 实验室启动的开源工具包，用于绘制 DOT 语言脚本描述的图形。在 Graphviz 的官网（网址为 http://www.graphviz.org/download_windows.php）中，选择 Windows 系统对应的文件来下载。下载之后，进行安装。找到安装路径，如 C:\Program Files\Graphviz2.50，将其中 bin 文件夹对应的路径添加到 Path 环境变量中，也就是将 C:\Program Files\Graphviz2.50\bin 添加到 Path 环境变量中。最后，在 Python 中安装 Graphviz。如果是在 Anaconda 中安装，可以用 pip install graphviz 命令。

任务实施

Step 1：采用训练集训练好的模型预测测试集，得到预测标签后，使用 score 函数得到预测标签与原标签对比的准确率。

```
accuracy_score(y_test,y_predicted)*100
```

得出用决策树预测测试集的准确率约为 96.06%。

Step 2：生成决策树图形。

```
from sklearn import tree
import graphviz

dot_data = tree.export_graphviz(humidity_classifier, out_file=None,
feature_names = clean_data.columns[1:-1], class_names = ['No', 'Yes'],
filled=True, rounded=True,special_characters=True)
graph = graphviz.Source(dot_data)
graph
```

决策树可视化如图 3-5 所示。

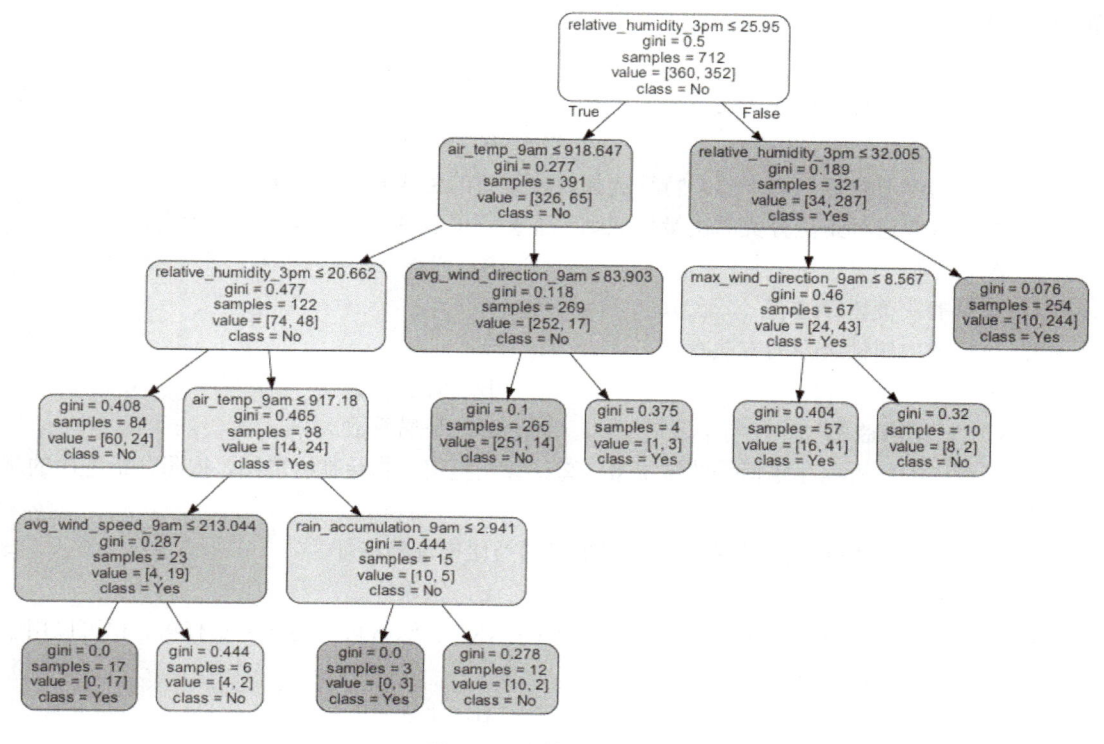

图 3-5　决策树可视化

任务拓展

互联网电影数据库（Internet Movie Database，IMDb）质量预测任务和 IMDb 数据集请从华信教育资源网本书配套资源处下载。

学生可以自己尝试使用 IMDb 数据集训练一棵决策树，将观影者的评论分为正面评价与负面评价两类。

任务评价

任务评价表（三）如表 3-4 所示。

表 3-4　任务评价表（三）

任务：_____　时间：_____

阶段任务	任务评价		
	合格	良好	优秀
知识准备			
任务实施			

测试习题

1. 决策树是一种分类和回归方法。（ ）
   A．正确　　　　　　　　　　　　　B．错误
2. 决策树学习包括三个步骤：特征选择、决策树的生成和（　　）。
3. 对训练集进行正确分类的决策树规则可能会有很多种，也可能一种都没有。（ ）
   A．正确　　　　　　　　　　　　　B．错误
4. 常见的决策树算法有（　　）、（　　）和（　　）。
5. 决策树中属性选择的方法有（　　）。
   A．信息值　　　　　　　　　　　　B．信息增益
   C．信息增益率　　　　　　　　　　D．基尼系数
6. 决策树的分析程序包括①剪枝决策、②计算期望值、③绘制树形图，按照分析程序的顺序，排列正确的是（　　）。
7. C4.5 算法的核心是在生成过程中用信息增益比来选择特征。（ ）
   A．正确　　　　　　　　　　　　　B．错误
8. ID3 算法和 C4.5 算法只能用于分类任务；CART 算法既可以用于分类任务，也可以用于回归任务。（ ）
   A．正确　　　　　　　　　　　　　B．错误
9. 防止决策树过拟合的方法有（　　）和（　　）。
10. CART 算法根据信息增益来选择最优特征，同时决定该特征的最优二值切分点。（ ）
    A．正确　　　　　　　　　　　　　B．错误

技能训练

实训项目编程讲解视频请扫码观看。

实训目的

通过本次实训，学生能够掌握决策树模型的训练与评估，并学会展示可视化决策树。

实训内容

搭建决策树分类器，实现电影的正面评价与负面评价分类，其数据集包含在任务拓展环节

的数据集中。

单元小结

本单元主要讲解决策树的数学原理、三种生成算法和剪枝。本单元要求学生通过 pandas 库与 sklearn 库并基于早上的温度气压等特征预测下午的湿度，得出准确度得分与可视化决策树。

拓展学习

[1] Kamiński B，Jakubczyk M，Szufel P A framework for sensitivity analysis of decision trees. Central European Journal of Operations Research：CEJOR，2018，26（1）：135-159.

[2] Quinlan J R. Simplifying decision trees. International Journal of Man-Machine Studies，1987，27（3）：221-234.

思政故事

"熊猫烧香"

"熊猫烧香"是由李俊制作并肆虐网络的一款计算机病毒。"熊猫烧香"跟"灰鸽子"不同，它是一款拥有自动传播、自动感染硬盘能力和强大的破坏能力的病毒，不但能感染系统中的 exe、com、pif、src、html、asp 等文件，还能终止大量的反病毒软件进程，并且会删除扩展名为 gho 的文件（该类文件是系统备份工具 GHOST 的备份文件，被删除后会使用户的系统备份文件丢失）。

在感染该病毒的用户系统中，所有 exe 可执行文件全部被改成熊猫举着三根香的模样。该病毒于 2006 年 10 月 16 日由 25 岁的湖北武汉新洲区人李俊编写，2007 年 1 月初肆虐网络，它主要通过下载的文件传染。2007 年 2 月 12 日，湖北省公安厅宣布，李俊及其同伙共 8 人已经落网，这是中国警方破获的首例计算机病毒大案。2014 年，张顺和李俊被法院以开设赌场罪分别判处有期徒刑五年和有期徒刑三年，并分别处罚金 20 万元和 8 万元。

诚然，李俊的计算机技术非常高，但人要学法、知法、守法，不能利用自己的技能去做违法之事。

单元 4　k-NN 算法

学习目标

通过本单元的学习，学生能够掌握 k-NN 模型的原理和结构，理解 k-NN 模型的概念及分类规则，掌握 k-NN 模型的实现方法与评估方法，以及掌握关于不同数据预处理的方法、知识。

通过本单元的学习，学生能够熟练运用 sklearn 库搭建 k-NN 模型，熟练运用 k-NN 模型对数据集进行预测；能够对数据进行预处理，结合分类结果评估模型并对模型进行基础的调优；能够具备"事物之间是普遍联系的且相互作用的"的世界观和严谨、细致的工作态度。

引例描述

"民以食为天"，假设有三种已经区分好类别的小麦种子放在你的面前，再让你去判断一粒新的种子是哪种类别，你会怎么判断呢？图 4-1 所示为情景描述。经验丰富的人可能一眼就能认出来，那么大数据是使用什么方法对新种子进行分类的呢？机器学习中有很多算法可以实现分类，本单元将通过一种基本的分类与回归算法——k 近邻（k-Nearest Neighbor，k-NN）算法来介绍一种直观的"物以类聚"的过程。

（a）　　　　　　　　　　　　　　　　（b）

（a：该怎么判断这粒种子是哪种小麦种子呢？b：很简单，看这粒种子和以上三种子中的哪种比较像，就分成哪种吧！）

图 4-1　情景描述

任务 4.1　Seeds 数据集导入与数据预处理

任务情景

k-NN 算法是一种直观的、应用广泛的分类方式，在图像识别、推荐算法、分类算法中有着广泛的应用。

本任务旨在使用 k-NN 算法进行小麦种子分类前,对其进行简单的数据集导入和数据预处理,分离出需要使用的训练集与测试集、标签值与特征值。这里采用的数据集来自加利福尼亚大学(UCI)提供的 Seeds 数据集,该数据集可从华信教育资源网本书配套资源处下载。

在 Seeds 数据集中,存放了不同品种小麦种子的区域、周长、压实度、籽粒长度、籽粒宽度、不对称系数、籽粒腹沟长度及类别数据。在该数据集中,总共有 210 条记录、7 个特征、1 个标签,标签分为 3 类。数据集图示如图 4-2 所示。

在处理 Seeds 数据集时,首先应该分离出训练集和测试集,训练集包括小麦种子的特征值、标签值,不同条的特征值对应不同的标签 Kama、Rosa、Canadian。若用 $A(a_1, a_2, a_3, \cdots)$ 表示测试集中 A 种子的特征值,用 $B(b_1, b_2, b_3, \cdots)$ 表示测试集中 B 种子的特征值,以此类推。在本单元中,要判断新的种子数据以 $X(x_1, x_2, x_3, \cdots)$ 为例为哪种类别的种子,就要先计算出新数据与训练数据的欧氏距离 $D_{XA}, D_{XB}, \cdots$,再从中选取 k 条距离最近的训练数据,通过多数投票制选择 k 条训练数据中出现次数最多的标签,该标签则为最终的预测类别,小麦种子预测流程图如图 4-3 所示。

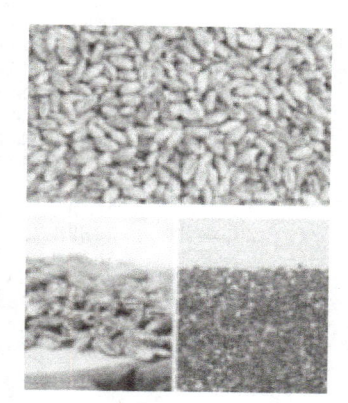

图 4-2 数据集图示

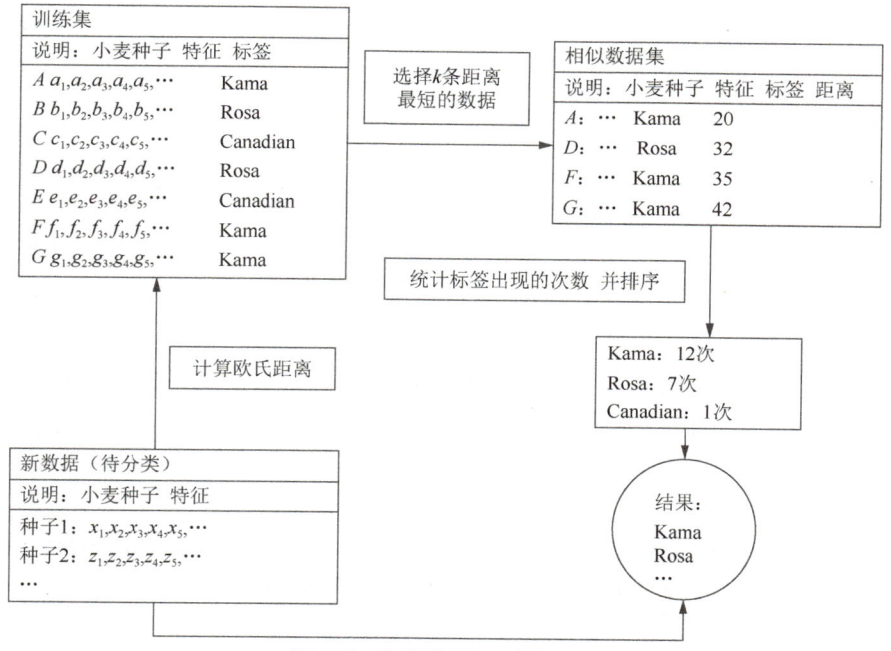

图 4-3 小麦种子预测流程图

任务布置

在 Python 中,实现数据集导入和数据预处理,提取特征值和标签值,随机选取测试集与训练集。导入的 Seeds 数据集的部分数值如图 4-4 所示。

15.26	14.84	0.871	5.763	3.312	2.221	5.22	1
14.88	14.57	0.8811	5.554	3.333	1.018	4.956	1
14.29	14.09	0.905	5.291	3.337	2.699	4.825	1
13.84	13.94	0.8955	5.324	3.379	2.259	4.805	1
16.14	14.99	0.9034	5.658	3.562	1.355	5.175	1
14.38	14.21	0.8951	5.386	3.312	2.462	4.956	1
14.69	14.49	0.8799	5.563	3.259	3.586	5.219	1
14.11	14.1	0.8911	5.42	3.302	2.7	5	1
16.63	15.46	0.8747	6.053	3.465	2.04	5.877	1
16.44	15.25	0.888	5.884	3.505	1.969	5.533	1
15.26	14.85	0.8696	5.714	3.242	4.543	5.314	1
14.03	14.16	0.8796	5.438	3.201	1.717	5.001	1
13.89	14.02	0.888	5.439	3.199	3.986	4.738	1
13.78	14.06	0.8759	5.479	3.156	3.136	4.872	1
13.74	14.05	0.8744	5.482	3.114	2.932	4.825	1
14.59	14.28	0.8993	5.351	3.333	4.185	4.781	1
13.99	13.83	0.9183	5.119	3.383	5.234	4.781	1
15.69	14.75	0.9058	5.527	3.514	1.599	5.046	1
14.7	14.21	0.9153	5.205	3.466	1.767	4.649	1
12.72	13.57	0.8686	5.226	3.049	4.102	4.914	1
14.16	14.4	0.8584	5.658	3.129	3.072	5.176	1
14.11	14.26	0.8722	5.52	3.168	2.688	5.219	1

小麦类类标签

图 4-4　导入的 Seeds 数据集的部分数值

导入的 Seeds 数据集的部分数据信息如图 4-5 所示。

```
[[15.26  14.84   0.871  ...  3.312  2.221  5.22 ]
 [14.88  14.57   0.8811 ...  3.333  1.018  4.956]
 [14.29  14.09   0.905  ...  3.337  2.699  4.825]
 ...
 [13.2   13.66   0.8883 ...  3.232  8.315  5.056]
 [11.84  13.21   0.8521 ...  2.836  3.598  5.044]
 [12.3   13.34   0.8684 ...  2.974  5.637  5.063]]
```

0	Kama
1	Kama
2	Kama
3	Kama
4	Kama
5	Kama
6	Kama
7	Kama
8	Kama
9	Kama
10	Kama
11	Kama
12	Kama
13	Kama
14	Kama
15	Kama
16	Kama
17	Kama
18	Kama
19	Kama
20	Kama
21	Kama
22	Kama

小麦类别

（a）导入的 Seeds 数据集的部分特征值　　　（b）Seeds 数据集的部分标签值

图 4-5　导入的 Seeds 数据集的部分数据信息

知识准备

1. 用 read_csv 函数读取文件

csv 是目前十分常用的数据保存格式，pandas 库为数据处理过程中数据的读取提供了强有力的支持。pandas 读取 csv 文件是通过 read_csv 函数进行的。

课堂随练 4-1　读取本地文件夹内的 students.csv 文件。

```
import pandas as pd
stu = pd.read_csv("./student.csv")
```

该函数不仅可以读取本地文件，也可以读取统一资源定位器（URL）指向的文件。

课堂随练 4-2　读取 URL 上的文件。

```
import pandas as pd
stu = pd.read_csv("http://localhost/student.csv")
```

2. 数据切分

sklearn 库包含将数据集划分成训练集与测试集的函数 train_test_split，其中，test_size 参数为分数时表示测试集样本数的占比，test_size 参数为整数时表示测试样本选取的数量。

课堂随练 4-3　选取数据集的 1/10 作为测试集。

```
X_train,X_test,y_train,y_test = train_test_split(data,target,test_size=0.1)
```

任务实施

Step 1：引入相关模块，NumPy 模块是 Python 中用于提供大量高级的数值编程工具的模块，pandas 库可以对各种类型的文件进行处理。代码如下：

```
import numpy as np
import pandas as pd
```

Step 2：用 read_csv 函数导入数据集，并使用 loc 函数取数据集前 7 列作为特征值，取数据集第 8 列作为标签值。

```
#导入数据集
seeds = pd.read_csv('./seeds.csv',delimiter='\t',header=None)
#data 表示数据集的特征值
data = seeds.loc[:,:6]
#target 表示数据集的标签值
target = seeds.loc[:,7]
```

Step 3：进行数据切分，分出训练集与测试集。将测试集的数量设置为数据集的 10%。

```
#使用 train_test_split 函数划分训练特征与测试特征，以及训练标签与测试标签
X_train,X_test,y_train,y_test = train_test_split(data,target,test_size=0.1)
print(X_test)
print(y_test)
```

划分出的测试集数据如图 4-6 所示。

```
[[11.4   13.08  0.8375  5.136  2.763  5.588  5.089 ]         132  Rosa
 [11.18  12.72  0.868   5.009  2.81   4.051  4.828 ]         111  Rosa
 [10.82  12.83  0.8256  5.18   2.63   4.853  5.089 ]         158  Canadian
 [12.11  13.27  0.8639  5.236  2.975  4.132  5.012 ]         153  Canadian
 [17.63  15.98  0.8673  6.191  3.561  4.076  6.06  ]         178  Canadian
 [20.16  17.03  0.8735  6.513  3.773  1.91   6.185 ]         169  Canadian
 [11.36  13.05  0.8382  5.175  2.755  4.048  5.263 ]         58   Kama
 [17.36  15.76  0.8785  6.145  3.574  3.526  5.971 ]         177  Canadian
 [17.55  15.66  0.8991  5.791  3.69   5.366  5.661 ]         26   Kama
 [13.32  13.94  0.8613  5.541  3.073  7.035  5.44  ]         134  Rosa
 [10.8   12.57  0.859   4.981  2.821  4.773  5.063 ]         179  Canadian
 [14.29  14.09  0.905   5.291  3.337  2.699  4.825 ]         128  Rosa
 [11.18  13.04  0.8266  5.22   2.693  3.332  5.001 ]         110  Rosa
 [13.5   13.85  0.8852  5.351  3.158  2.249  5.176 ]         197  Canadian
 [19.14  16.61  0.8722  6.259  3.737  6.682  6.053 ]         124  Rosa
 [19.13  16.31  0.9035  6.183  3.902  2.109  5.924 ]         55   Kama
 [18.88  16.26  0.8969  6.084  3.764  1.649  6.109 ]         69   Kama
 [18.3   15.89  0.9108  5.979  3.755  2.837  5.962 ]         42   Kama
 [18.59  16.05  0.9066  6.037  3.86   6.001  5.877 ]         114  Rosa
 [12.08  13.23  0.8664  5.099  2.936  1.415  4.961 ]         84   Rosa
 [11.42  12.86  0.8683  5.008  2.85   2.7    4.607 ]]        19   Kama
```

（a）测试集特征值　　　　　　　　　　　　（b）测试集标签值

图 4-6　划分出的测试集数据

任务评价

任务评价表（一）如表 4-1 所示。

表 4-1　任务评价表（一）

任务：_____　时间：_____

阶段任务	任务评价		
	合格	良好	优秀
任务布置			
知识准备			
任务实施			

任务 4.2　训练 k-NN 模型

任务情景

k-NN 是一种直观的、应用广泛的分类方式，其在图像识别、推荐算法、分类算法中有着广泛的应用。

本任务旨在使学生了解 k-NN 算法的基本原理和 k-NN 模型的搭建过程，并使学生学会使用 Python 语言搭建 k-NN 模型，训练 Seeds 数据集，调整参数以得到较好的效果。

Seeds 数据集图示如图 4-7 所示。

图 4-7　Seeds 数据集图示

任务布置

要求通过训练出的 k-NN 模型预测测试集,并理解距离度量的变化、k 值的变化对结果造成的影响。不同距离度量及 k 值的结果展示如图 4-8 所示。

测试集的准确率为 0.9047619047619048

(a)距离度量为欧氏距离、$k=3$ 时测试集的准确率

测试集的准确率为 0.9523809523809523

(b)距离度量为欧氏距离、$k=5$ 时测试集的准确率

图 4-8　不同距离度量及 k 值的结果展示

在本案例中,距离度量选择曼哈顿距离与欧氏距离的结果相同,学生可以选择其他案例进行测试。

知识准备

1. k-NN 算法概述

k-NN 算法最初由 Cover 和 Hart 于 1968 年提出,是一种直观的分类与回归算法。给定一个拥有标签值和特征值的训练集,如新闻信息训练集。对于一条新输入的新闻实例,用 k-NN 算法计算与该新闻实例最邻近(相似)的 k 个训练新闻实例,假如,这 k 个新闻实例多数属于时政新闻,就把新的实例分类为时政新闻;假如 k 个新闻实例多数属于娱乐新闻,就把新的实例分类为娱乐新闻。

假设训练集为

$$S = \{(x_1, y_1), (x_2, y_2), \cdots, (x_n, y_n)\}$$

式中,n 为训练集中的样本数;x_i 为数据集中实例 i 的特征向量;y_i 为数据集中实例 i 的标签值;$y_i \in \{c_1, c_2, \cdots, c_q\}$ 表示类别的总数为 q。若输入一个新的实例 x,根据给定的距离度量,在训练集 S 中找出由距离 x 最近的 k 个点组成的集合 $S_k(x)$。根据 k-NN 算法分类规则,实例 x 所属的分类 y 可以由集合 $S_k(x)$ 的出现概率最大的标签获得。

k-NN 模型图示如图 4-9 所示,方形和三角形表示两个类别的训练数据,圆形表示待预测的新实例。当 $k=3$ 时,可以发现,在距离圆形较近的三个点中,三角形有两个,方形有一个,三角形居多,因此会将新实例分类为三角形这一类别;当 $k=4$ 时,可以发现,在距离圆形较近的五个点中,三角形有两个,方形有三个,方形居多,因此会将实例分类为方形这一类别。

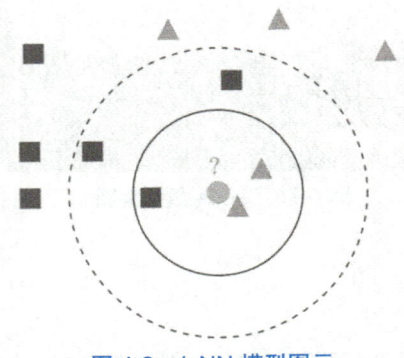

图 4-9　*k*-NN 模型图示

k-NN 算法中的一个特殊情况为 $k=1$ 的情况，表示选择距离新实例最近的一个实例的标签作为新实例的标签。此时，这种算法被称为最近邻算法。

2．*k*-NN 模型

前面说过，*k*-NN 模型的建立具有 3 个要素：①如何计算两个节点之间的距离，也就是距离度量的选择；②*k* 值的选择；③分类决策的规则。

1）距离度量的选择

k-NN 模型的建立需要考虑距离度量的选择，在选择距离实例较近的 *k* 个点时，在特征空间中，可以采用多种距离度量，一般采用的是 $p=2$ 时的闵可夫斯基距离，也就是欧氏距离。实例特征向量 x_i 和 x_j 的欧氏距离的定义式为

$$L(x_i, x_j) = \left(\sum_{l=1}^{k} |x_i^{(l)} - x_j^{(l)}|^2\right)^{\frac{1}{2}}$$

式中，$x_i = \left(x_i^{(1)}, x_i^{(2)}, \cdots, x_i^{(n)}\right)$，表示 x_i 是 n 维向量。

距离度量不仅可以选择欧氏距离，也可以选择曼哈顿距离、马氏距离、流形距离等。其中最常用的是欧氏距离与曼哈顿距离。欧氏距离就是空间中两个节点之间的最短距离，曼哈顿距离是两个节点之间每个维度的距离之和。距离度量图示如图 4-10 所示，两个节点之间的绿色线条表示的是直线距离，也就是欧氏距离，而红色、蓝色、黄色线条表示的是曼哈顿距离。

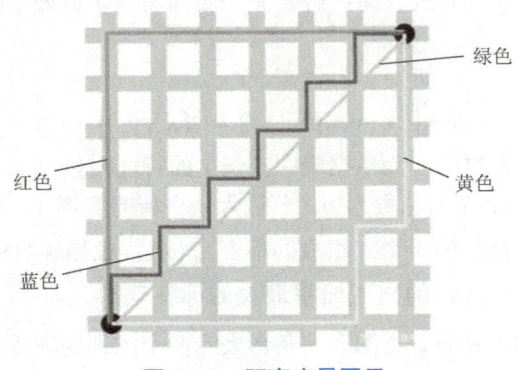

图 4-10　距离度量图示

不同的距离度量所选择的最近邻点也是不同的。在本单元中，默认选择欧氏距离度量。

课堂随练 4-4 选择曼哈顿距离度量来训练 k-NN 模型。

```
knn = KNeighborsClassifier(n_neighbors,
            weights, algorithm, ,
            p=1, metric='minkowski')
```

metrix = 'minkowski' 表示选择闵可夫斯基距离度量，p=1 表示选择曼哈顿距离度量，p=2 表示选择欧氏距离度量。

2）k 值的选择

k-NN 模型的建立需要考虑 k 值的选择，会对 k-NN 算法的结果产生较大的影响。k 值越小，选择的近邻集合元素就越少，如果近邻集合中刚好出现了噪声点，预测结果就很容易出错，因此容易出现过拟合现象。

图 4-11 所示为 $k=1$ 时模型的选择，如果 k 值过小（为 1），尽管新实例四周方形居多，但最近的一个节点为圆形，因此很容易被噪声节点影响而被分给错误的类别。

k 值越大，选择的近邻集合元素就越多，这时对新实例影响较小的训练实例也会被考虑在内，如图 4-12 所示。很明显，新实例应分给方形的类别，但当 k 值选择得特别大时，新实例的分类会被大量的不相关属性支配，最后新实例就会被错误地分类为圆形的类别。

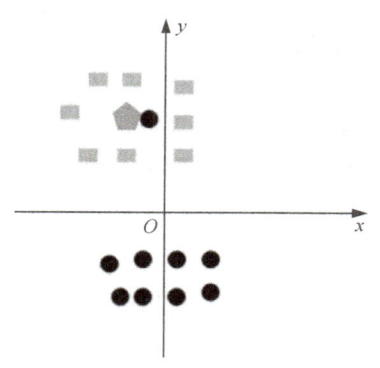

图 4-11 $k=1$ 时模型的选择　　图 4-12 k 值选取过大时模型的分类情况

因此，k 值的选择过程也是准确率和过拟合程度均衡的过程。在实际案例中，k 值一般选择较小的数值。如果想要取得最优 k 值，一般采用 CV 法，从 $k=1$ 开始，观察分类准确率，重复这个过程，每次 k 值增加 1，允许增加一个近邻，将准确率最高的 k 值作为最优 k 值，k 值的选择如图 4-13 所示，当 $k=1$ 时，新实例被分类为方形的类别；当 $k=2$ 时，新实例被分类为三角形的类别；当 $k=3$ 时，新实例被分类为方形的类别，依次增加计算。在一般数据集中，k 的取值不超过 20，但若数据集增大，则 k 的取值也应该增大。

3）分类决策的规则

在 k-NN 算法中，分类决策一般采用多数投票制，即在与新实例相近的 k 个实例中，哪个类别的实例较多，就

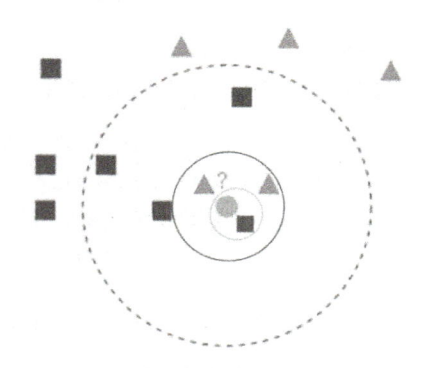

图 4-13 k 值的选择

把新实例分类为哪类。

随着 k-NN 算法的发展，衍生出针对传统 k-NN 算法的许多改进算法，如距离加权最近邻算法，对 k 个近邻的贡献加权，根据它们相对新实例的距离，将较大的权重赋给较近的近邻。本单元基于传统的 k-NN 算法来建模。

k-NN 模型是一种消极（惰性）模型，那么什么是消极模型呢？利用算法，并通过建立模型，将测试数据应用于模型的方法就是积极的学习方式。积极的模型在训练模型的过程中已经考虑到了所有训练样本的数据，在决策时基本不需要时间。而消极的模型推迟对训练数据的建模，虽然训练时间短，但是在最后预测分类时，仍需要考虑训练样本的情况，例如 k-NN 模型需要在分类时依次计算测试样本与训练样本的距离，这种延迟的建模技术叫作消极的学习方法。之所以称 k-NN 模型为消极模型，并不是因为 k-NN 模型简单，而是因为其只对训练数据进行保存和"记忆"，没有从训练样本中学到真正的模型，除非测试样本"来了"，才会开始学习。

3. k-NN 算法的优缺点分析

1）k-NN 算法的优点

（1）k-NN 算法简单直观，易于理解，对数学基础要求较低。

（2）预测精度高，对异常值不敏感。

（3）k 值的选择流程表明：k-NN 算法适用于多样本分类。

（4）k-NN 模型为惰性模型，因此模型训练阶段用时较短。

2）k-NN 算法的缺点

（1）内存占用较多，需要在内存中存储所有训练数据。

（2）因为需要在预测阶段依次计算测试样本与训练样本的距离，所以预测阶段用时较长。

（3）k 值的选择对结果影响较大，且 k 值不好选择。

任务实施

Step 1：引入相关模块。

```
#sklearn 库包含 k-NN 模型函数
from sklearn.model_selection import train_test_split
from sklearn.neighbors import KNeighborsClassifier
```

Step 2：使用 sklearn 库自带的 KNeighborsClassifier 函数创建 k-NN 模型，参数选择模型默认参数（也可传入空参数），即 k 值选择 5，选择的距离度量为欧氏距离。

```
#n_neighbors 表示 n 个近邻，即 k 值选择 5
#p=2, metric='minkowski'表示选择的距离度量为欧氏距离
knn = KNeighborsClassifier(n_neighbors=5,
            weights='uniform', algorithm='auto', leaf_size=30,
            p=2, metric='minkowski', metric_params=None, n_jobs=None,)
#也可传入空参数，写为 knn=KNeighborsClassifier()
```

Step 3：根据训练数据训练模型。

```
#使用fit函数训练数据
knn.fit(X_train,y_train)
```

任务评价

任务评价表（二）如表 4-2 所示。

表 4-2 任务评价表（二）

任务：_____ 时间：_____

阶段任务	任务评价		
	合格	良好	优秀
任务布置			
知识准备			
任务实施			

任务 4.3　模型评估

任务布置

模型评估是模型训练中必不可少的一部分，要评估 k-NN 模型的优劣，不仅需要对已知数据进行预测，还需要对未知数据进行预测。在本任务中，利用 Python 中的工具对模型进行评估，并寻找合适的方法对评估结果进行可视化，以便更好地观察模型表现。

测试集的准确率如图 4-14 所示。

测试集的准确率为 0.7142857142857143

图 4-14　测试集的准确率

通过一个交叉表（见图 4-15）观察 k-NN 模型对小麦种子的预测情况。

预测出的测试样本的热图展示如图 4-16 所示。

True Predicted	Canadian	Kama	Rosa	All
Canadian	6	3	0	9
Kama	1	3	2	6
Rosa	0	0	6	6
All	7	6	8	21

图 4-15　预测出的测试样本的交叉表

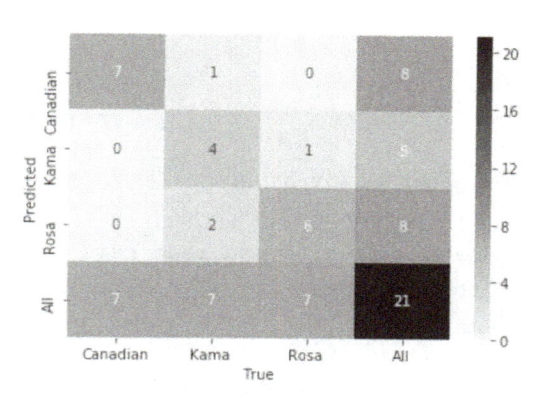

图 4-16　预测出的测试样本的热图展示

知识准备

1. 测试集预测

利用 sklearn 库中的 predict 函数对测试集进行预测。

课堂随练 4-5 假设测试集的特征值为 $X=\{x_1,x_2,\cdots,x_n\}$，模型为 k-NN（已训练）。

```
Y = knn.predict(X)
#predeic 函数中的参数是待预测特征值，Y 表示预测标签值
```

由 knn.score 函数可以直接得到 k-NN 模型的预测准确率。它的两个参数为待预测特征值与已知待预测值的标签值。

课堂随练 4-6 假设测试集的特征值为 $X=\{x_1,x_2,\cdots,x_n\}$，测试集的标签值为 $Y=\{y_1,y_2,\cdots,y_n\}$，模型为 k-NN（已训练）。求模型对测试集预测的准确率。

```
acc = knn.score(X,Y)
print("测试集的准确率为",acc)
```

2. 交叉表展示

pandas 库中的 crosstab 函数具有强大的展示功能，crosstab 函数中的参数 index 和 columns 分别表示取其交叉表的两个变量，rownames 参数与 colnames 参数可以分别设置为行与列的名称。通过交叉表可以看到同时属于两种变量的样本的个数。

课堂随练 4-7 针对图 4-17 所示的学生信息文件 students.csv（该文件可从华信教育资源网本书配套资源处下载），画出成绩与专业交叉表。

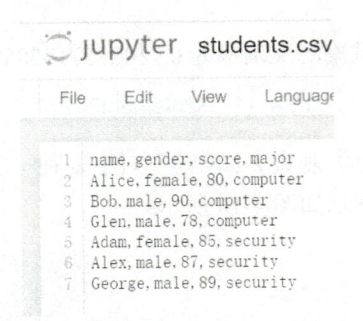

```
jupyter  students.csv
File  Edit  View  Language

1  name, gender, score, major
2  Alice, female, 80, computer
3  Bob, male, 90, computer
4  Glen, male, 78, computer
5  Adam, female, 85, security
6  Alex, male, 87, security
7  George, male, 89, security
```

图 4-17 学生信息文件 students.csv

```
import numpy as np
import pandas as pd
data = np.array(pd.read_csv('./students.csv'))
score = data[:,2]
major = data[:,3]
#画交叉表
pd.crosstab(index=score,columns=major, rownames=['Predicted'], colnames=['True'], margins=True)
```

交叉表案例如图 4-18 所示。

True Predicted	computer	security	All
78	1	0	1
80	1	0	1
85	0	1	1
87	0	1	1
89	0	1	1
90	1	0	1
All	3	3	6

图 4-18　交叉表案例

crosstab 函数还可以与 heatmap 函数搭配使用，画出更美观的热图。

课堂随练 4-8　画出图 4-18 中交叉表的热图。

```
import matplotlib.pyplot as plt
import seaborn as sns
a=pd.crosstab(index=score,columns=major,rownames=['Predicted'],colnames=['True'], margins=True)
sns.heatmap(a, cmap='rocket_r', annot=True, fmt='g');
```

热图案例如图 4-19 所示。

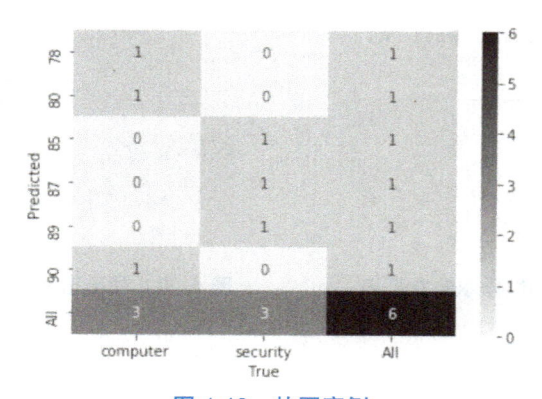

图 4-19　热图案例

任务实施

Step 1：采用训练集训练好的模型预测测试集，得到预测标签后，使用 score 函数得到预测标签与标签对比的准确率。

```
#predict 函数用来预测结果
#score 函数用来得到分类准确率
y_ = knn.predict(X_test)
acc = knn.score(X_test,y_test)
```

```
print("测试集的准确率为",acc)
```

测试集的准确率如图 4-20 所示。

测试集的准确率为 0.7142857142857143

图 4-20　测试集的准确率

Step 2：画出 21 个测试集的预测标签与标签的交叉表。采用 crosstab 函数，使得参数为标签与预测标签，设置表格的表头内容为"Ture"与"Predicted"，得到交叉表。

```
a=pd.crosstab(index=y_,columns=y_test.values.reshape(1,-1)[0], rownames=['Predicted'], colnames=['True'], margins=True)
print (a)
```

预测出的测试样本的交叉表如图 4-21 所示。

Step 3：画出热图。

```
sns.heatmap(a, cmap='rocket_r', annot=True, fmt='g');
```

预测出的测试样本的热图展示如图 4-22 所示。

True Predicted	Canadian	Kama	Rosa	All
Canadian	6	3	0	9
Kama	1	3	2	6
Rosa	0	0	6	6
All	7	6	8	21

图 4-21　预测出的测试样本的交叉表　　　图 4-22　预测出的测试样本的热图展示

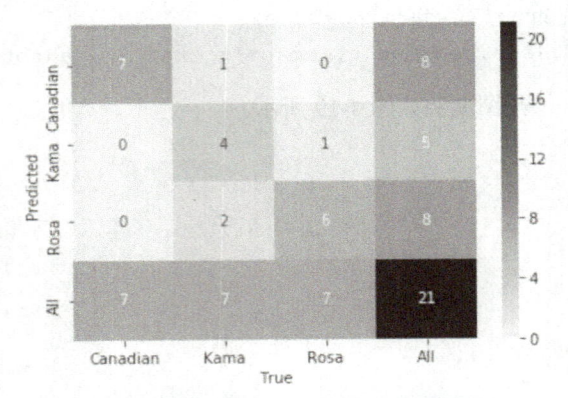

任务拓展

红葡萄酒质量预测任务和葡萄酒数据集请从华信教育资源网本书配套资源处下载。

通过本任务的实施，学生可以搭建 k-NN 模型，从而实现对红葡萄酒质量的预测。

程序编写

完成红葡萄酒数据集分类任务，根据 Jupyter Notebook 中的 sklearn 函数搭建合适的 k-NN 模型，对从数据集中划分出的测试集进行预测，输出准确率。

```
import matplotlib.pyplot as plt
import pandas as pd
```

```python
import numpy as np
import matplotlib.pyplot as plt
import seaborn as sns
from sklearn.model_selection import train_test_split
from sklearn import model_selection as cv
from sklearn.neighbors import KNeighborsClassifier
#添加画图显示中文模块
plt.rcParams['font.sans-serif']=['SimHei']
plt.rcParams['axes.unicode_minus']=False
#读取数据集
df = pd.read_csv("./winequality-red.csv")
df.head()
#特征值
X = np.array(df[df.columns[:11]])
print(X)
#分类标签
y = np.array(df.GoodWine)
print(y)
#将数据集划分为训练集与测试集,测试集占比为10%
X_train, X_test, y_train, y_test = train_test_split(X,y,test_size = 0.1)
#使用sklearn库自带的KNeighborsClassifier函数创建k-NN模型,参数选择模型的默认参数
knn = KNeighborsClassifier()
knn.fit(X_train,y_train)
y_ = knn.predict(X_test)
acc = knn.score(X_test,y_test)
print("测试集的准确率为",acc)
#画出交叉表与热图
pd.crosstab(index=y_,columns=y_test, rownames=['Predicted'], colnames=['True'], margins=True)
a= pd.crosstab(index=y_,columns=y_test, rownames=['Predicted'], colnames=['True'], margins=True)
sns.heatmap(a, cmap='rocket_r', annot=True, fmt='g')
```

任务评价

任务评价表(三)如表 4-3 所示。

表 4-3　任务评价表(三)

任务:_____　时间:_____

阶段任务	任务评价		
	合格	良好	优秀
任务布置			
知识准备			
任务实施			

测试习题

1. k-NN 算法是通过（　　）来分类的。
   A. 新实例与训练实例的距离
   B. 与新实例距离最近的 k 个训练实例的类别
   C. 训练实例空间中的超平面
   D. 与新实例距离最近的训练实例的类别
2. 在 Python 中，训练 k-NN 模型使用什么函数？（　　）
   A. KNeighborsClassifier 函数　　　B. KNeighbors 函数
   C. SVM 函数　　　D. KNNClassifier 函数
3. 在 Python 中，可以使用（　　）函数画交叉表。（多选）
   A. crosstab　　　B. groupby
   C. confusion_matrix　　　D. cross_tab

技能训练

实训项目编程讲解视频请扫码观看。

实训目的

通过本次实训，学生能够彻底掌握 k-NN 模型案例，扩展研究 k 值的选择过程。

实训内容

搭建 k-NN 模型用于实现白葡萄酒的识别，其数据集包含在任务拓展环节的数据集中。要求根据交叉验证（CV）找到最优 k 值，且最终测试准确率不小于默认 k 值下的准确率。

单元小结

本单元主要讲解 k-NN 模型的基础知识、实现原理和机制，学生可以通过使用 k-NN 算法进行 Seeds 数据集分类和葡萄酒数据集分类，掌握 k-NN 模型的基础搭建方法的技巧。在最终的实训部分，希望学生能独立完成对白葡萄酒质量的分类，并尝试找到最优 k 值。

拓展学习

[1] Zhang S C,Li X L,Zong M,etal. Efficient kNN Classification With Different Numbers of Nearest Neighbors[J]. IEEE Transactions on Neural Networks and Learning Systems,2018,29(5):1774-1785.

[2] 周志华. 机器学习[J]. 中国民商,2016,3(21):93.

[3] Aha D W. Lazy Learning[M]. Dordrecht:Kluwer Academic Publishers,1997.

思政故事

欧氏距离与欧几里得

欧几里得度规(Euclidean Metric)也称欧氏距离,是常用的距离定义,指在 m 维空间中两个点之间的真实距离,或者向量的自然长度(该点与原点的距离)。二维和三维空间中的欧氏距离就是两个点之间的实际距离。欧氏距离的提出者是欧几里得。

欧几里得(Euclid)是古希腊著名数学家、欧氏几何学开创者。欧几里得出生于雅典,雅典是古希腊文明的中心。浓厚的文化氛围深深地感染了欧几里得,当他还是个十几岁的少年时,就迫不及待地想进入柏拉图学园学习。

一天,一群年轻人来到位于雅典城郊外林荫中的柏拉图学园。只见学园的大门紧闭着,门口挂着一块木牌,上面写着:"不懂几何者,不得入内!"这是当年柏拉图亲自立下的规矩,为的是让学生们知道他对数学的重视,然而却让前来求教的年轻人给糊涂了。有人在想,"正是因为我不懂数学,才要来这儿求教的呀,如果懂了,还来这儿做什么?"正在人们面面相觑,不知是进是退的时候,欧几里得从人群中走了出来,只见他整了整衣冠,看了看那块牌子,然后果断地推开了学园大门,头也没回地走了进去。

最早的几何学兴起于公元前 7 世纪的古埃及,后经古希腊人传到古希腊的都城,又借毕达哥拉斯学派系统奠基。在欧几里得以前,人们已经积累了许多几何学知识,然而这些知识存在一个很大的缺点,就是缺乏系统性。这些知识中的大多数是片断的、零碎的知识,公理与公理之间、证明与证明之间并没有什么很强的联系性,更不要说对公式和定理进行严格的逻辑论证和说明。

因此,随着社会经济的繁荣和发展,特别是随着农林畜牧业的发展、土地开发和利用的增多,使这些几何学知识条理化和系统化,成为一整套可以自圆其说、前后贯通的知识体系已经刻不容缓,也是科学进步的趋势。欧几里得通过早期对柏拉图数学思想,尤其是对几何学理论系统而周详的研究,已敏锐地察觉到了几何学理论的发展趋势。

他下定决心,要在有生之年完成这一工作,成为几何第一人。欧几里得不辞辛苦,长途跋涉,从爱琴海边的雅典古城来到尼罗河流域的埃及新埠——亚历山大城,为的就是在这座新兴的、文化蕴藏丰富的异域城市实现自己的初衷。在此地的无数个日日夜夜里,他一边收集以往的数学专著和手稿，向有关学者请教，一边试着著书立说，阐明自己对几何学的理解，哪怕是尚肤浅的理解。欧几里得忘我地工作，终于在公元前 300 年左右收获丰硕的果实，这就是几经易稿而最终定型的《几何原本》。这是一部传世之作，几何学正是因为有了它，不仅第一次实现了系统化、条理化，而且孕育出一个全新的研究领域——欧几里得几何学，简称欧氏几何。直到今天，欧几里得创作的《几何原本》仍然在发挥着作用，从小学到初中再到大学都有应用欧几里得提出的定律、理论和公式。

单元 5　聚类

学习目标

通过对本单元的学习，学生能够了解聚类的基本概念和 k-Means 算法的工作原理；能够熟悉 k-Means 算法和 k-Means++算法的聚类流程；能够掌握 k 值的选择，初始中心点的选择，以及 k-Means 模型的实现方法与评估方法；能够熟练运用 sklearn 库自动生成的分类数据，搭建 k-Means 模型；能够结合聚类结果评估 k-Means 模型并进行模型调优。

通过对本单元的学习，学生能够利用 k-Means 算法对现实应用数据进行分析处理；能够搭建模型、训练模型及评估模型；能够具备严谨的科学思维及精益求精的工作态度。

引例描述

假设花海公园进了一批鸢尾花并需要移植，不同种类的鸢尾花混在一起，由于活动需求，需要将不同种类的鸢尾花分开种植，工人往往凭经验和学识判断鸢尾花是什么品种。如果使用计算机来完成鸢尾花的品种分类，该如何实现呢？可以先对花瓣的长度、花瓣的宽度、花萼的长度和花萼的宽度进行测量，然后根据机器学习的算法对采集到的测量数据进行聚类分析，即可对这些花进行归类。本单元将通过一种常用的聚类算法——k-Means 算法来介绍大量鸢尾花的分类过程。

任务 5.1　鸢尾花数据集导入与数据预处理

任务情景

k-Means 算法是一种无监督的聚类算法，由于其实用、简单和高效的特征而广受青睐。它被广泛应用于植物分类、文档归类、图像分割、客户分类等场景。

在本任务中，要想通过 k-Means 算法对鸢尾花进行种类划分，需要先对其进行简单的数据集导入和数据预处理。为了使聚类结果直观地显示效果，将数据集分成了训练集和测试集。这里采用的鸢尾花数据集是机器学习中经常用于各种算法的训练和验证的数据集，它来自 UCI 提供的鸢尾花数据集。该数据集可从华信教育资源网本书配套资源处下载。

鸢尾花数据集包含鸢尾花的 3 个亚属，分别是山鸢尾（Iris Setosa）、变色鸢尾（Iris Versicolor）

和维吉尼亚鸢尾（Iris Virginica），存放了这 3 个品种鸢尾花的花萼长度、花萼宽度、花瓣长度、花瓣宽度及类别数据。该数据集总共 150 条记录，每条记录由 4 个特征和 1 个标签构成，其中，标签按照 3 个品种分为 3 类。鸢尾花的 3 个亚属如图 5-1 所示。

山鸢尾(Iris Setosa)　　变色鸢尾(Iris Versicolor)　　维吉尼亚鸢尾(Iris Virginica)

图 5-1　鸢尾花的 3 个亚属

由于聚类是一种无监督的学习方法，因此搭建模型所需的训练集无须带有类标签。但是模型的构建依赖于训练数据两两之间的距离，即数据之间的距离。在构建距离之前，需要了解训练数据的分布情况。

任务布置

在 Python 中，实现数据集导入和数据预处理，提取特征值和标签值，并对数据进行可视化操作。导入的鸢尾花数据集的部分数值如图 5-2 所示。

```
5.1,3.5,1.4,0.2 Iris-setosa
4.9,3.0,1.4,0.2 Iris-setosa
4.7,3.2,1.3,0.2 Iris-setosa
4.6,3.1,1.5,0.2 Iris-setosa
5.0,3.6,1.4,0.2 Iris-setosa
5.4,3.9,1.7,0.4 Iris-setosa
4.6,3.4,1.4,0.3 Iris-setosa
5.0,3.4,1.5,0.2 Iris-setosa
4.4,2.9,1.4,0.2 Iris-setosa
4.9,3.1,1.5,0.1 Iris-setosa
5.4,3.7,1.5,0.2 Iris-setosa
4.8,3.4,1.6,0.2 Iris-setosa
4.8,3.0,1.4,0.1 Iris-setosa
4.3,3.0,1.1,0.1 Iris-setosa
5.8,4.0,1.2,0.2 Iris-setosa
5.7,4.4,1.5,0.4 Iris-setosa
```
鸢尾花数据类标签

图 5-2　导入的鸢尾花数据集的部分数值

导入的鸢尾花数据集的部分数据信息如图 5-3 所示。

```
[4.6, 3.1, 1.5, 0.2],
[5. , 3.6, 1.4, 0.2],
[5.4, 3.9, 1.7, 0.4],
[4.6, 3.4, 1.4, 0.3],
[5. , 3.4, 1.5, 0.2],
[4.4, 2.9, 1.4, 0.2],
[4.9, 3.1, 1.5, 0.1],
[5.4, 3.7, 1.5, 0.2],
[4.8, 3.4, 1.6, 0.2],
[4.8, 3. , 1.4, 0.1],
```

```
0, 0, 0, 0, 0, 0, 0, 0, 0, 0, 0, 0, 0, 0, 0, 0, 0, 0, 0, 0,
0, 0, 0, 0, 0, 1, 1, 1, 1, 1, 1, 1, 1, 1, 1, 1, 1, 1, 1, 1,
1, 1, 1, 1, 1, 1, 1, 1, 1, 1, 1, 1, 1, 1, 1, 1, 1, 1, 1, 1,
1, 1, 1, 1, 1, 1, 1, 2, 2, 2, 2, 2, 2, 2, 2, 2, 2, 2, 2, 2,
2, 2, 2, 2, 2, 2, 2, 2, 2, 2, 2, 2, 2, 2, 2, 2, 2, 2, 2, 2,
```

（a）导入的鸢尾花数据集的部分特征值　　　　（b）导入的鸢尾花数据集的部分标签值

图 5-3　导入的鸢尾花数据集的部分数据信息

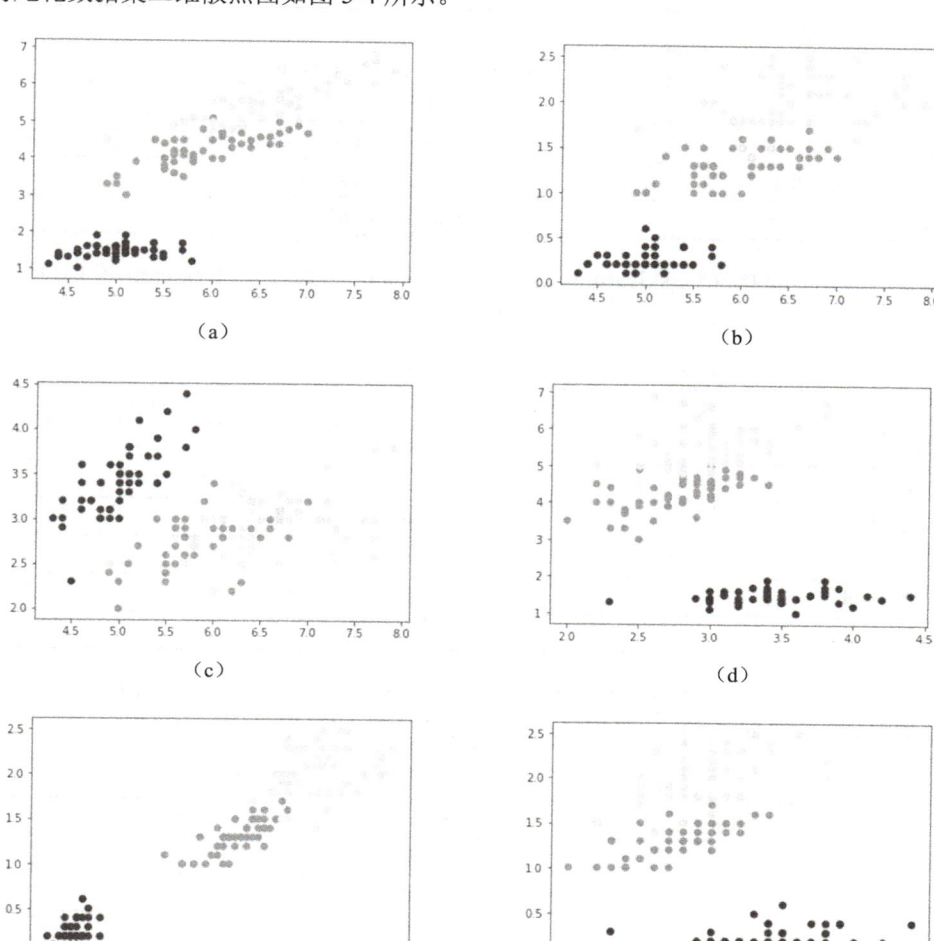

鸢尾花数据集二维散点图如图 5-4 所示。

图 5-4　鸢尾花数据集二维散点图

知识准备

1. 数据读取

在 Python 中，读取数据的方式有很多种。单元 4 中是通过 pandas 库中的 read_csv 函数对下载好的.csv 格式的数据进行读取的。利用 sklearn 库提供的函数可以实现数据的自动生成和自带数据集的导入，本单元的案例主要通过 sklearn 库提供的函数实现自带数据集的导入。

sklearn 库中的 datasets 模块提供了用于加载和读取流行的参考数据集的方法，还提供了人工数据生成器，该生成器用于得到计算机生成的数据集。datasets 模块提供了几种数据集读取方式，如表 5-1 所示。

表5-1 datasets 模块提供的数据集读取方式

数据集类型	数据集读取方式
自带的小数据集	sklearn.datasets.load_<name>函数
在线下载的数据集	sklearn.datasets.fetch_<name>函数
计算机生成的数据集	sklearn.datasets.make_<name>函数
svmlight/libsvm 格式的数据集	sklearn.datasets.load_svmlight_file(...)
mldata.org 在线下载数据集	sklearn.datasets.fetch_mldata(...)

本单元的案例将直接通过 sklearn.datasets.load_<name>函数来读取 sklearn 库自带的部分数据集，如表 5-2 所示。

表5-2 sklearn 库自带的部分数据集的读取方式

数据集类型	数据集读取方式
鸢尾花数据集	load_iris 函数
乳腺癌数据集	load_breast_cancer 函数
手写数字数据集	load_digits 函数
糖尿病数据集	load_diabetes 函数
波士顿房价数据集	load_boston 函数
体能训练集	load_linnerud 函数

通过 sklearn.datasets.load_<name>函数读取的数据集是一个字典的数据结构，下面以 load_iris 函数的返回结果为例，它的属性及其描述如表 5-3 所示。

表5-3 load_iris 函数返回结果的属性及其描述

属性	描述
data	特征数据
target	类标签
target_names	类标签名称
feature_names	特征名称
DESCR	数据集的总体描述
filename	数据集所在的物理路径

课堂随练 5-1 使用 sklearn 库的 make_classification 函数实现分类数据的自动生成，即可生成特征数据和类标签。

```
from sklearn.datasets import make_classification
data,label = make_classification(n_samples=1000,n_features=4,n_redundant=0,
  n_clusters_per_class=1, n_classes=4)
```

使用 sklearn 库中的 load_digits 函数直接导入手写数字数据集。

课堂随练 5-2 直接导入 sklearn 库自带的数据。

```
from sklearn import datasets
breast_cancer = datasets. load_digits()
```

2. 数据可视化

matplotlib.pyplot 是一个命令风格函数的集合，使 matplotlib 库的机制更像 MATLAB。它提供了 plot、xlabel、ylabel、scatter 及 show 等函数，可以实现数据的图表展示。

课堂随练 5-3 为随机生成的 5 个数据生成折线图。

```
import matplotlib.pyplot as plt
import numpy as np
data = np.random.randint(5,10,size=5)
plt.plot(range(1,6),data,marker='o')
plt.xlabel('x轴')
plt.ylabel('y轴')
plt.show()
```

课堂随练 5-4 随机生成 100 个二维数据和 100 个类别，并通过图表展示。

```
import matplotlib.pyplot as plt
import numpy as np
x = np.random.rand(100)
y = np.random.rand(100)
label = np.random.randint(1,10,size=100)
plt.scatter(x, y, c=label)
plt.show()
```

鸢尾花数据二维展示如图 5-5 所示。

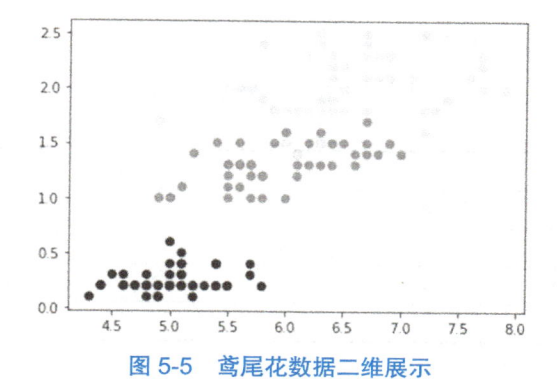

图 5-5　鸢尾花数据二维展示

任务实施

Step 1：引入相关模块，sklearn 库中的 datasets 模块提供了用于加载和读取流行的参考数据集的方法，matplotlib 库提供了构建图表的函数，itertools 库提供了读取排列组合数据的函数。

```
from sklearn import datasets
import matplotlib.pyplot as plt
import numpy as np
```

```
import itertools
```

Step 2：使用 datasets.load_iris 函数导入数据集。

```
#导入鸢尾花数据集
iris = datasets.load_iris()
print(iris.head(16))
#data 表示数据集的特征值
data = iris.data
print(data.head(10))
# label 表示数据集的标签值
label =iris.target
print(label)
```

Step 3：将鸢尾花数据集显示在二维散点图上。

```
#对 0、1、2、3 这 4 个数字进行排列组合，并清除重复项
for p in itertools.combinations_with_replacement((0,1,2,3),2):
    x_index,y_index = p
if x_index!=y_index:
        #根据排列组合得到两个特征，并将其显示在散点图上
        plt.scatter(data[:,x_index],data[:,y_index], c=label)
        plt.show()
```

任务评价

任务评价表（一）如表 5-4 所示。

表 5-4　任务评价表（一）

任务：_____　时间：_____

阶段任务	任务评价		
	合格	良好	优秀
任务布置			
知识准备			
任务实施			

任务 5.2　训练 k-Means 模型

任务情景

本任务旨在使学生了解 k-Means 算法的基本原理和 k-Means 模型的搭建过程，并使学生学会使用 Python 语言搭建 k-Means 模型，训练鸢尾花数据集，调整参数以得到较好的效果。

任务布置

要求训练出对鸢尾花聚类效果最佳的 k-Means 模型，k 值在 2~11 范围内变化，找出聚类评估最佳的 k-Means 模型。需要分析 k 值的变化图，找到最优 k 值，图 5-6 所示为不同 k 值下的 SSE 值展示。

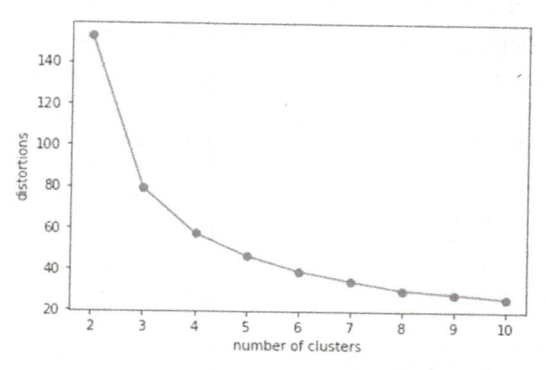

图 5-6　不同 k 值下的 SSE 值展示

在本任务中，当 k 值为 3 时，得到最优化聚类模型，学生可以选择其他案例进行测试。

知识准备

1. 聚类分析

聚类分析是机器学习中的一种方法，属于无监督学习，其在很多领域都有相当成功的应用。在当前大数据时代，面对海量的数据，聚类分析的数据挖掘和数据分析、处理功能更会发挥重要的作用。聚类依据某种特定的规则，将一个数据集划分成若干不同的子数据集，使得每个子数据集内数据点之间的相似度尽可能大一些，同时，不同子数据集的数据点的差异度也尽可能大一些。聚类分析既可以作为一个独立的工具来获得数据的分布情况，从而观察每个类的特点，也可以作为其他算法的数据预处理的方法，从而完成数据的预处理。

1）聚类的定义

聚类问题可以抽象成数学中的集合划分问题，给定一个样本集 $X = \{x_1, x_2, \cdots, x_n\}$，将其分成 m 个子集 $C_1, C_2, \cdots, C_m$，这些子集又被称为簇。聚类的严格数学定义需满足下面 3 个条件：

（1）$C_i \neq \varnothing$，$i = 1, 2, \cdots, m$。

（2）$C_1 \cup C_2 \cup \cdots \cup C_m = X$。

（3）$C_i \cap C_j = \varnothing$，$i \neq j$，$j = 1, 2, \cdots, m$。

由以上 3 个条件可知，样本集的对象必定属于某一个类，且每个样本最多属于一个类。对一个数据集聚类的整个过程可以由以下 4 个阶段构成：

（1）数据初始准备：对数据进行特征的标准化和降维。

（2）数据的特征选择和提取：在初始特征中挑选最有效的特征，并将这些特征转换成新的突出特征。

（3）数据聚类：选择合适特征类型的相似性度量准则，对数据对象间的相似度进行度量，执行聚类或分组。

（4）聚类结果评估：对聚类结果进行有效性评估，涉及的准则包括内部准则、外部准则、相关准则。

2）聚类算法的分类

聚类算法大体上可以分为几种：基于划分的方法、基于层次的方法、基于密度的方法、基于网格的方法和基于模型的方法。要获得优质的聚类效果，则需要根据数据类型、聚类目的和应用场景，在众多的聚类算法中选择合适的聚类算法进行分析。图5-7所示为聚类算法的分类。

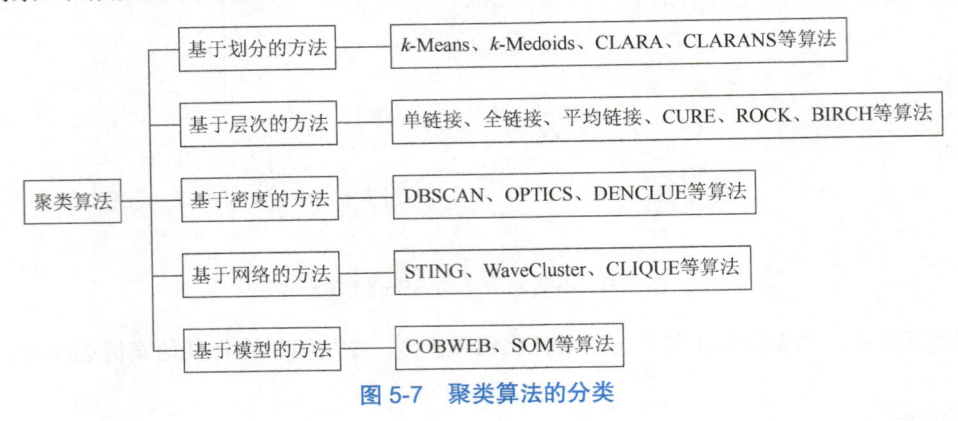

```
                ┌── 基于划分的方法 ── k-Means、k-Medoids、CLARA、CLARANS等算法
                │
                ├── 基于层次的方法 ── 单链接、全链接、平均链接、CURE、ROCK、BIRCH等算法
                │
聚类算法 ───────┼── 基于密度的方法 ── DBSCAN、OPTICS、DENCLUE等算法
                │
                ├── 基于网络的方法 ── STING、WaveCluster、CLIQUE等算法
                │
                └── 基于模型的方法 ── COBWEB、SOM等算法
```

图5-7　聚类算法的分类

（1）基于划分的方法。

首先，给定一个包含 n 个数据对象的数据集 X 及需要划分的分区数 k，基于划分的方法将数据集 X 划分成 k 个分区，其中，每个分区表示一个簇。基于划分的方法采用目标最小化的规则，将数据对象组织为 k（$k \leq n$）个集合，这样组织形成的每个集合都代表一个类。这些类必须满足以下要求：

① 每个数据对象必须属于且只能属于某一个类。

② 每个类不能为空（至少包含一个对象）。

然后，采用一种迭代的重定位技术，尝试通过对象在集合间的移动来改进划分结果。基于划分的方法有 k-Means（k 均值聚类）、k-Medoids（k 中心点）、CLARA（大型数据集聚类）、CLARANS（随机搜索聚类）等算法。

（2）基于层次的方法。

层次聚类算法又叫作树聚类算法。该算法是将数据集按照树的层次架构来分裂或者聚合。根据层次分解的方式是自底向上还是自顶向下，可以将层次聚类算法分成凝聚法和分裂法。层次聚类的凝聚法和分裂法在 1 个包含 5 个对象的数据集{a,b,c,d,e}中的处理过程如图5-8所示。

凝聚法（AGNES）也称自底向上的方法，它首先将每个对象都设定为一个单独的类，再合并相近（相似度最高）的对象或类，然后合并这些类为更大的类，逐层地向上聚合，最后当所有的对象都在同一个类中或者满足某个终止条件时，算法结束。

分裂法（DIANA）也称自顶向下的方法，它将所有对象所在的集合当作一个类，每次迭代，将大的类分裂为更小的类，逐层地向下分裂，直到每个对象在一个簇中或者满足某个终止条件时，算法结束。

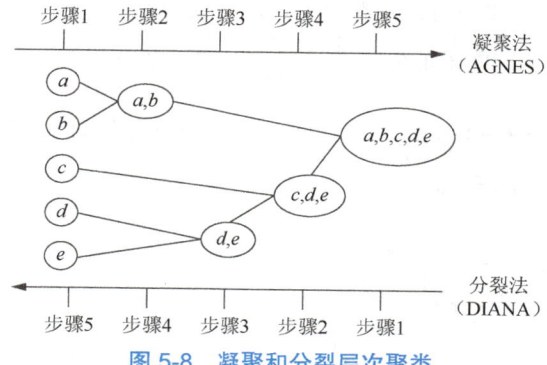

图 5-8 凝聚和分裂层次聚类

在层次聚类算法中，绝大多数的方法都属于凝聚法。对凝聚法的具体描述如下：首先，将每个对象当作一个类；其次，合并所有类中距离最近（相似度最高）的两个类；再次，重新计算新产生的类与其他类之间的距离，重复合并距离最近的两个类；直到所有对象都在同一个类中或者满足终止条件时，算法结束。根据类与类之间的距离度量方式的不同，可以将层次聚类算法分为三种典型的算法：单链接（Single Link）、全链接（Complete Link）和平均链接（Average Link）。具有代表性的层次聚类算法还有 CURE、ROCK、BIRCH、Chameleon 等。

单链接：两个簇之间的距离为两个簇中所有对象之间的最短距离。图 5-9 描述了单链接的簇 A 与簇 B 之间的距离度量方式，距离的计算公式为

$$\text{Dist}(A,B) = \min\left(\text{dist}(x_{A_i}, x_{B_j})\right),\ i \in (1,2,\cdots,n),\quad j \in (1,2,\cdots,m) \tag{5-1}$$

式中，$A = \left(x_{A_1}, x_{A_2}, \cdots, x_{A_n}\right)$；$B = \left(x_{B_1}, x_{B_2}, \cdots, x_{B_m}\right)$；$n$ 为 A 的对象数目；m 为 B 的对象数目；$\text{dist}(a,b)$ 表示样本 a 与样本 b 之间的相似度。

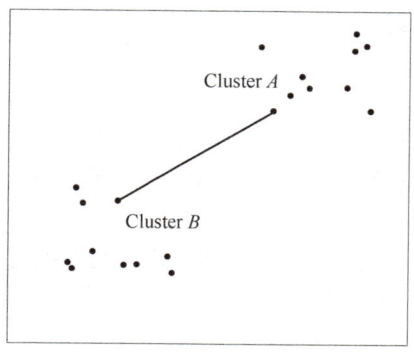

图 5-9 单链接算法

全链接：两个簇之间的距离为两个簇中所有对象之间的最长距离。图 5-10 描述了全链接的簇 A 与簇 B 之间的距离度量方式，距离的计算公式为

$$\text{Dist}(A,B) = \max\left(\text{dist}(x_{A_i}, x_{B_j})\right),\ i \in (1,2,\cdots,n),\quad j \in (1,2,\cdots,m) \tag{5-2}$$

式中，$A = \left(x_{A_1}, x_{A_2}, \cdots, x_{A_n}\right)$，$B = \left(x_{B_1}, x_{B_2}, \cdots, x_{B_m}\right)$，$n$ 为 A 的对象数目；m 为 B 的对象数目；$\text{dist}(a,b)$ 表示样本 a 与样本 b 之间的相似度。

平均链接：两个簇之间的距离为两个簇中所有对象之间距离的均值。图 5-11 描述了平均链接的簇 A 与簇 B 之间的距离度量方式，距离的计算公式为

$$\text{Dist}(A,B) = \frac{1}{nm}\sum_{i=1}^{n}\sum_{j=1}^{m}\text{dist}(X_{A_i}, X_{B_j}) \tag{5-3}$$

式中，$A=\left(x_{A_1}, x_{A_2}, \cdots, x_{A_n}\right)$；$B=\left(x_{B_1}, x_{B_2}, \cdots, x_{B_m}\right)$；$n$ 为 A 的对象数目；m 为 B 的对象数目；$\text{dist}(a,b)$ 表示样本 a 与样本 b 之间的相似度。

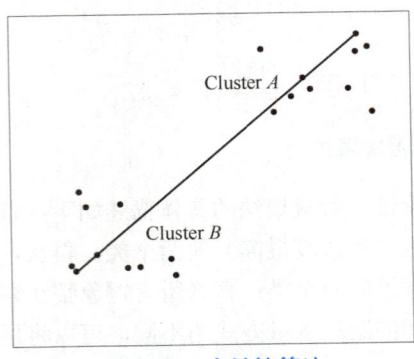

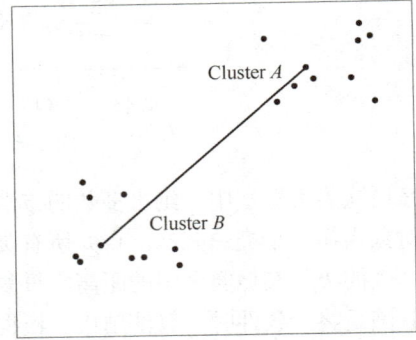

图 5-10　全链接算法　　　　图 5-11　平均链接算法

（3）基于密度的方法。

绝大部分的聚类算法都是基于对象之间的距离来聚类的。这样的算法只能发现球状的类，对于其他形状的类就无能为力。基于这一缺陷，提出了基于密度的方法。它的基本思想如下：只要距离相近的区域的密度（数据对象的个数）超过某个阈值，就继续聚类。此方法假设聚类结构能通过样本分布的紧密程度来确定。通常情形下，基于密度的方法从样本密度的角度来考察样本之间的可连接性，并基于可连接样本不断扩展聚类簇，以获得最终的聚类结果。

基于密度的方法的主要优点是可以过滤噪声孤立点数据，发现任意形状的簇；缺点是结果受用户定义的参数的影响较大。基于密度的方法的典型代表有 DBSCAN、OPTICS 和 DENCLUE 算法。

（4）基于网格的方法。

基于网格的方法首先将数据空间划分成有限个单元的网格结构，然后用抽象的网格单元代表某个区域的数据点，在聚类处理过程中，都以网格单元为处理对象（所有的聚类都是在这个网格结构上进行的）。

该方法的主要优点是处理速度很快，并且处理时间与数据对象的数目无关，而与每维空间划分的单元数目有关；缺点是牺牲了聚类结果的精确率。基于网格的方法的典型代表有 STING、WaveCluster、CLIQUE 等算法。

（5）基于模型的方法。

基于模型的方法假设数据符合潜在的概率分布，为每个类假定一个模型，寻找能够满足该模型的数据集来聚类。基于模型的方法主要分成两类：统计学方法和神经网络方法。在基于统计学的聚类方法中，最著名的是 COBWEB 算法；在基于神经网络的聚类方法中，最著名的是自组织特征映射神经网络算法。

3）簇内距离和簇间距离

聚类是根据样本之间的相似度进行划分的，这里的相似度一般是以样本点间的距离来衡量

的。把整个数据集的样本数据看成是分布在特征空间中的点,样本数据之间的距离是空间中点之间的距离。度量样本数据之间的距离有闵可夫斯基距离(包含欧氏距离、曼哈顿距离和切比雪夫距离)、马氏距离(协方差距离)、汉明距离等。

评估聚类算法的聚类结果的好与差,往往通过计算簇内距离和簇间距离,簇内距离越小越好,簇间距离越大越好。

(1)簇内距离。给定一个样本数为 n 的簇 $X = (x_1, x_2, \cdots, x_n)$,簇 X 的簇内距离的计算公式为

$$\text{Dist}(X) = \min\left(\text{dist}(x_i, x_j)\right) \quad (5\text{-}4)$$

式中,$i, j \in (1, 2, \cdots, n)$,dist($a,b$)表示样本 a 与样本 b 之间的距离度量。

(2)簇间距离。簇间距离的定义方式有多种,采用不同的簇间距离定义方式可以得到不同的聚类效果。簇间距离的定义方式有最短距离法[见式(5-1)]、最长距离法[见式(5-2)]、组间平均距离法[见式(5-3)]等。

2. k-Means 算法概述

1967 年,由 MacQueen 提出的 k-Means 算法是最经典的基于划分的方法,已发展成为一种经典的聚类算法。该算法的思想如下:在数据集中,首先根据一定的策略选择 k 个点作为每个类的初始中心点,然后根据样本数据与类中心点的距离,将样本数据划分到距离最近的类中,在将所有样本数据都划分到 k 个类中后,即完成了一轮划分。但是,形成新的类并不是最好的划分方法。因此,对于一轮划分后生成的新类,需要重新计算每个类的中心点,然后重新对数据进行划分。以此类推,直到每次划分的结果保持不变,结束划分,得到最终的划分结果。但是,在实际的数据处理过程中,往往经过多轮迭代都得不到不变的划分结果,这就需要对迭代轮次设定一个阈值,在迭代轮次达到阈值时,终止计算,获得最终的划分结果,k-Means 算法流程图如图 5-12 所示。

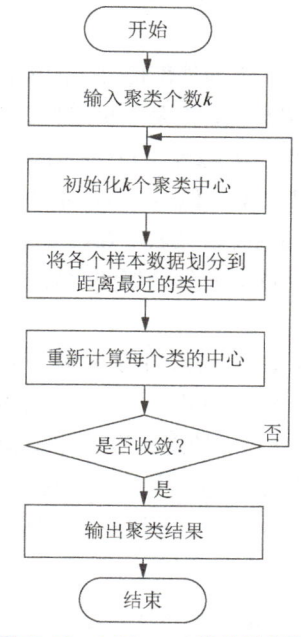

图 5-12 k-Means 算法流程图

下面通过图 5-13 中的 6 张子图对 k-Means 算法的数据划分过程进行描述。图 5-13（a）所示为初始二维数据集的分布情况。假设 k=2，那么 k-Means 算法会先在数据的数值空间内随机选择两个类对应的中心点，如图 5-13（b）中的两个三角形所示，然后分别计算所有样本与这两个中心点的距离，并将每个样本的类别划分为和该样本距离最近的中心点的类别，此时已经完成了第一轮次的迭代，如图 5-13（c）所示。对于图 5-13（c）的划分结果，计算出当前两个类别中的中心点，如图 5-13（d）中的两个三角形所示，此时两个类别的中心点的位置发生了变化。按照新的中心点，对数据重新进行划分，得到图 5-13（e）的划分结果。多次按照图 5-13（c）～图 5-13（e）进行操作，最终得到图 5-13（f）的结果。

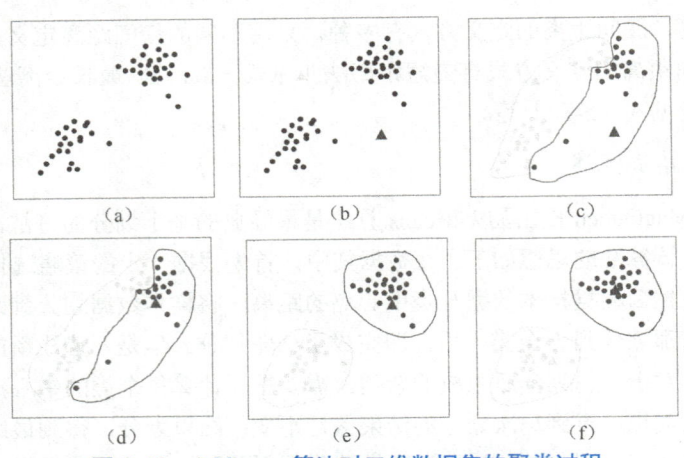

图 5-13　k-Means 算法对二维数据集的聚类过程

3．k-Means 模型

根据前面对 k-Means 算法的了解，可知 k-Means 模型的建立具有 3 个核心要素：①k 值的选择；②距离度量的选择；③初始中心点的选择。

聚类是无监督学习方法，由于它不借助外部信息（如类标），因此选择不同的 k 值，得到的结果也必然不同。k-Means 算法的初始中心点是随机选择的，可能会造成聚类结果不稳定、迭代次数过多、资源消耗大、陷入局部最优解等问题。k-Means 算法默认使用欧氏距离，欧氏距离的计算基于样本的每个特征的尺度一致。但是，若样本的某些特征的尺度远高于其他特征时，则会导致计算的距离结果向尺度较高的特征倾斜。在用 k-Means 算法进行数据聚类时，选择合适的 k 值、初始中心点及距离度量能够有效保障聚类效果。

1）k 值的选择

k-Means 模型的建立需要考虑 k 值的选择，由于 k-Means 模型的建立不借助类标签，不同的 k 值会对模型建立结果产生较大的影响。k 值的选择有几种常用的方法：经验法、肘部法则（Elbow Method）、间隔统计量（Gap Statistic）法、轮廓系数（Silhouette Coefficient）法和 Canopy 算法。

k-Means 算法以最小化样本与质点平方误差作为目标，将每个聚类的质点与类内样本点的平方距离误差和称为畸变程度，这也是肘部法则的核心指标——误差平方和（Sum of the Squared Errors，SSE），其计算公式为

$$\text{SSE} = \sum_{i=1}^{k} \sum_{x \in S_i} |x - C_i|^2 \tag{5-5}$$

式中，S_i 为第 i 个类的子数据集；x 为 S_i 中的样本数据；C_i 为 S_i 中所有样本数据的均值；SSE 为所有样本的聚类误差。

肘部法则的核心思想如下：对于一个聚类，它的 SSE 值越低，代表类内结构越紧密；SSE 值越高，代表类内结构越松散。SSE 值会随着类别的增加而降低，但对于有一定区分度的数据，在 SSE 值达到某个临界点时，畸变程度会得到极大改善，之后缓慢下降，这个临界点可以考虑为聚类性能较好的点。在图 5-14 中，当 $k < 3$ 时，由于 k 的增大会大幅提高每个簇的聚合程度，故 SSE 值的下降幅度会很大；而当 $k = 3$ 时，再增大 k 所得到的每个簇的聚合程度会迅速降低，所以 SSE 值的下降幅度会骤减。随着 k 值的继续增大，SSE 值的曲线趋于平缓，此时最优 k 值为 3。

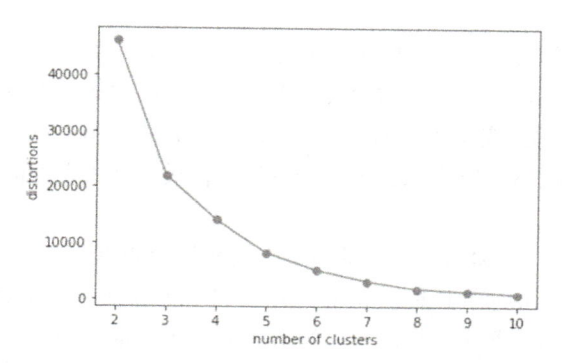

图 5-14　SSE 值随着 k 值的变化趋势图

课堂随练 5-5　下面使用 matplotlib 库中的 pyplot 函数完成数据图表的展示训练。

```
import matplotlib.pyplot as plt
data = [98, 65, 20, 19, 18, 18, 17, 16, 14]
plt.plot(range(2,11),data,marker='o')
plt.xlabel('number of clusters')
plt.ylabel('distortions')
plt.show()
```

2）距离度量的选择

k-Means 模型的建立需要考虑距离度量的选择，在计算样本与质心之间的相似度时，需要计算两者之间的距离，距离越小表示两者之间的相似度越高，距离越大表示两者的差异度越高。k-Means 算法采用的距离度量与单元 4 中介绍的距离度量一致。在特征空间中，可以采用多种距离度量方法，一般采用的是 $p=2$ 时的闵可夫斯基距离（也就是欧氏距离），实例特征向量 x_i 和 x_j 的欧氏距离的定义式为

$$L(x_i, x_j) = \left(\sum_{l=1}^{k} | x_i^{(l)} - x_j^{(l)} |^2 \right)^{\frac{1}{2}} \tag{5-6}$$

式中，$x_i = \left(x_i^{(n)}, x_i^{(n)}, \cdots, x_i^{(n)} \right)$，表示 x_i 是 n 维向量。

样本之间的距离需要根据样本的数据特点进行选择，一般情况下，在欧几里得空间中，选择欧氏距离；在处理文档时，选择余弦相似度函数距离或曼哈顿距离；在处理时间序列样本数

据时，选择 DTW 距离或欧氏距离。

选择不同的距离度量来计算样本之间的相似度，会得到不同的效果。在本单元中，默认采用欧氏距离。

课堂随练 5-6 sklearn 库中的 KMeans 函数默认采用欧氏距离，下面使用欧氏距离完成 k-Means 模型的训练。

```
Kmeans = KMeans(n_clusters, init, max_iter)
```

其中，n_clusters 表示聚类个数，默认值为 0；init 表示初始中心点的选择方法，默认采用 k-Means++ 算法；max_iter 表示 k-Means 算法的最大迭代次数，默认值为 300。

3）初始中心点的选择

k-Means 算法在最开始随机选取数据集中的 k 个点作为聚类中心，由于数据具有随机性，容易造成初始中心点聚集，导致最终的聚类结果容易陷入局部最优解及出现迭代次数过多的现象。2017 年，D.Arthur 等人提出了 k-Means++ 算法，该算法的基本思想是选择的 k 个初始中心点之间的距离尽可能远。这也符合聚类算法的目的，使类内样本之间的差异度更小，使类之间的差异度更大。

k-Means++ 算法在原有 k-Means 算法的基础上对初始中心点的选择进行改进，首先随机选择第一个中心点，然后在剩余的样本中选择距离第一个中心点最远的样本点作为第二个中心点，以此类推，每次选择的中心点都是与已选择的所有中心点距离最远的样本点，直到选出 k 个中心点为止。对于第一个中心点的选择，可以随机挑选样本，还可以选择距离样本数据均值最远的样本点，但是后者容易受到噪声点的影响。k-Means++ 算法的聚类中心选择流程图如图 5-15 所示。

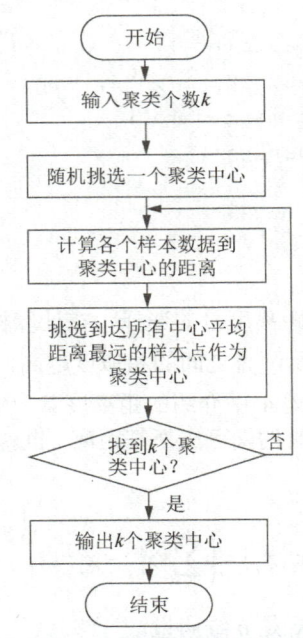

图 5-15 k-Means++算法的聚类中心选择流程图

假设一组数据如图 5-16(a)所示，用 k-Means++ 算法对其聚类，聚类个数为 3，那么 k-Means++ 算法首先在该数据集中随机选择第一个中心点，如图 5-16（b）中编号为 8 的圆形。然后，选择距离第一个中心点最远的样本点,如图 5-16(c)中编号为 5 的圆形。接下来,在选择第三个中心点时,计算剩下的样本点与编号为 5、编号为 8 的样本点之间的距离均值,取距离均值最大的样本点为第三个中心点,如图 5-16(d)所示。

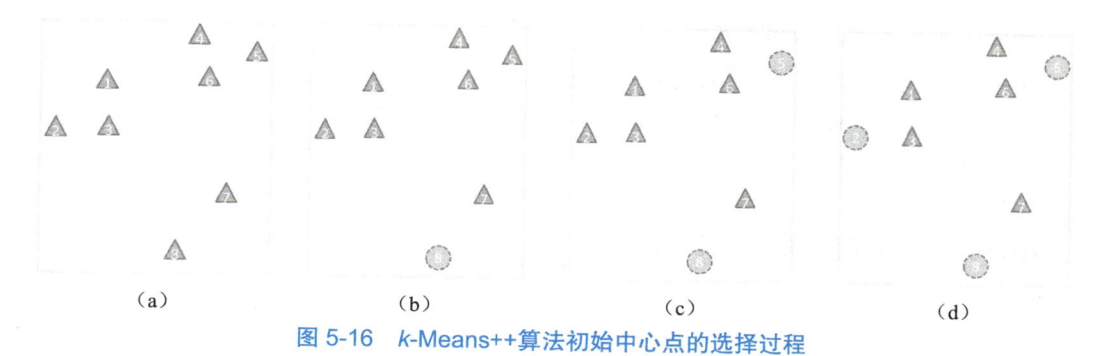

(a)　　　　　(b)　　　　　(c)　　　　　(d)

图 5-16　*k*-Means++算法初始中心点的选择过程

4. *k*-Means 算法的优缺点分析

1)*k*-Means 算法的优点

(1)原理简单,易于理解,收敛速度快,聚类效果较好。

(2)当类中数据近似为正态分布时,聚类效果较好。

(3)在处理大数据集时,*k*-Means 算法可以保证较好的伸缩性和高效率。

2)*k*-Means 算法的缺点

(1)*k* 值要事先确定,不合适的 *k* 值会导致聚类效果较差。

(2)对初始中心点的选择敏感。

(3)不适合发现非凸形状的类或者大小差别较大的类。

(4)噪声和异常点对模型的建立影响较大。

任务实施

Step 1:引入相关模块。

```
#sklearn 库包含 KMeans 函数
from sklearn.cluster import KMeans
import matplotlib.pyplot as plt
```

Step 2:使用 sklearn 库自带的 KMeans 函数创建 *k*-Means 模型,参数选择模型默认参数(也可传入空参数),默认的距离度量为欧氏距离,同时 *k*-Means 模型的初始中心点的选择使用 *k*-Means++算法。

```
#存放 SSE 值的数组
sse=[]
#k 的取值范围是 2~11,通过 k-Means 算法得到不同 k 值对应的簇内 SSE 值
for k in range(2,11):
    kmeans=KMeans(n_clusters=k)
    #使用 fit 函数训练数据
```

```
    kmeans.fit(X_train)
    #簇内SSE
    sse.append(kmeans.inertia_)
```

Step 3：完成 SSE 值的图表展示。

```
plt.plot(range(2,11),sse,marker='o')
plt.xlabel('number of clusters')
plt.ylabel('distortions')
plt.show()
```

SSE 值变化趋势图如图 5-17 所示。

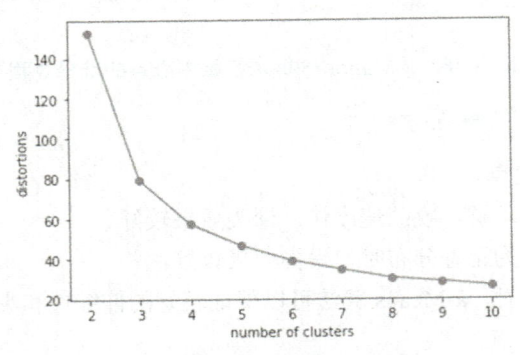

图 5-17　SSE 值变化趋势图

任务评价

任务评价表（二）如表 5-5 所示。

表 5-5　任务评价表（二）

任务：_____　时间：_____

阶段任务	任务评价		
	合格	良好	优秀
任务布置			
知识准备			
任务实施			

任务 5.3　模型评估

任务情景

由于聚类不借助外部信息（如类标）来完成数据的归类，聚类模型中参数的设定不同会得到不同的聚类结果。在没有先验知识的情况下，需要使用聚类指标对聚类结果的有效性进行评估，常用的一些聚类有效性评估指标有兰德指数（Rand Index）指标、调整兰德指数（Adjusted Rand Index）指标、误差平方和（SSE）指标、轮廓系数（Silhouette Coefficient）指标和卡林斯基-哈拉巴斯指数（Calinski-Harabasz Index，简称 CH 指数）指标等。

在本任务中，对于生成的分类数据集，先用 k-Means 算法对特征数据进行分类，然后用数据标签和调整兰德指数指标对模型的聚类效果进行评估，最后用 Python 中的 matplotlib 工具对评估结果可视化，以便更好地观察模型表现。

由于生成的数据具有随机性，最终聚类评估指标值如图 5-18 所示。

聚类评估指标值为 0.6788689322891485

图 5-18　聚类评估指标值

聚类结果的三维展示如图 5-19 所示。

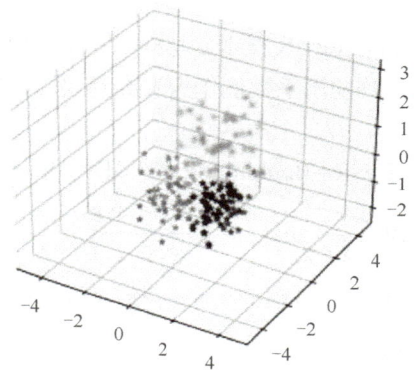

图 5-19　聚类结果的三维展示

知识准备

1. 聚类有效性指标

聚类分析是一种无监督学习行为，由于它不借助外部信息，因此即使采用相同的聚类算法、设置的参数不同，也会得到不同的聚类效果。为了评估聚类算法的有效性及参数设置的合理性，需要通过聚类有效性指标对聚类结果进行评估。

聚类有效性指标大致可以分为两类：内部聚类有效性指标和外部聚类有效性指标。内部聚类有效性指标和外部聚类有效性指标的主要区别在于数据所属的类别是否已知。内部聚类有效性指标适用于缺乏外部信息时对聚类划分结果的评估。常见的内部聚类有效性指标有轮廓系数指标、戴维斯-博尔丁指数（DBI）指标、同质性与差异性指标等。外部有效性指标是真实标签与划分结果之间的相似性（或非相似性）度量，适用于数据类别已知的情况。常见的外部聚类有效性指标有福尔克斯和马洛斯指数（FMI）指标、兰德指数指标、雅卡尔系数（JC）指标等。

1）内部聚类有效性指标

内部聚类有效性指标用来描述数据集的内部结构与数据之间的紧密关系，通过具体的目标函数对聚类结果进行计算以评估算法的有效性。下面介绍几种常见的聚类有效性指标。

(1)轮廓系数指标。

轮廓系数指标利用样本点的类分离度与样本点的类紧密度构造轮廓系数，通过整体取平均获取最终指标值。

设一个包含 n 个对象的数据集被聚类算法分成 k 个子集 C_i $(i=1,2,\cdots,k)$，数据集中某一个样本 t 的轮廓系数的计算公式为

$$S(t) = \frac{b(t) - a(t)}{\max\{a(t), b(t)\}} \tag{5-7}$$

式中，$a(t)$、$b(t)$ 的计算公式分别为

$$a(t) = \frac{1}{n_i - 1} \sum_{t, q \in C_i, t \neq q} d(t, q) \tag{5-8}$$

$$b(t) = \min_{i, j \neq i} \left[\frac{1}{n_j} \sum_{t \in C_i, q \in C_j} d(t, q) \right] \tag{5-9}$$

式（5-8）与式（5-9）中的 $d(x, y)$ 代表样本 x 与样本 y 的平均不相似度或距离，$j=1,2,\cdots,k$。通常，以数据集中所有样本的平均轮廓系数值作为聚类有效性指标值，轮廓系数值越大表示聚类结果的质量越好。

(2)戴维斯-博尔丁指数（Davies-Bouldin Index，DBI）指标。

$$\text{DBI} = \frac{1}{k} \sum_{i=1}^{k} \max \left(\frac{\text{avg}(C_i) + \text{avg}(C_j)}{d(v_i, v_j)} \right) \tag{5-10}$$

式中，k 为类簇个数；$\text{avg}(C_i)$ 为第 i 个簇内的样本数据点之间的平均距离；C_i 为聚类结果中的第 i 个类簇；v_i 为第 i 个类簇的聚类中心。

(3)同质性与差异性指标。

同质性与差异性指标分为同质性指标与差异性指标。同质性指标体现类内的样本聚合程度，也就是类内样本之间的平均相似度。而差异性指标体现类与类的分离程度，也就是不同类的样本之间的平均相似度。这二者的定义式分别为

$$\text{Hom}(k) = \frac{2}{\sum_{i=1}^{k} n_i (n_i - 1)} \sum_{i=1}^{k} \sum_{s, t \in C_i, s < t} d(s, t) \tag{5-11}$$

$$\text{Sep}(k) = \frac{1}{\sum_{i, j=1, i<j}^{k} n_i n_j} \sum_{i, j=1, i<j}^{k} \sum_{s \in C_i, t \in C_j} d(s, t) \tag{5-12}$$

式中，k 为数据集划分的聚类数目；n_i 为第 i 个聚类 C_i 的样本数；$d(s,t)$ 为样本 s 与样本 t 之间的相似度。

2)外部聚类有效性指标

外部聚类有效性指标用来对比聚类结果与通过数据集数据对象真实分布信息搭建的参考模型，从而评估聚类结果的质量与聚类算法的性能。

给定一个数据集 $X = (x_1, x_2, \cdots, x_n)$，$n$ 表示数据集的样本数。数据集的真实类别中有 m 个簇，它们是 $C^r = \{C_1^r, C_2^r, \cdots, C_m^r\}$，通过聚类算法获得的聚类结果为 k 个簇 $C = \{C_1, C_2, \cdots, C_k\}$，那么经过聚类的每个样本数据均存在于以下 4 种情况中：

① 数据对象在 C 和 C' 中均同属一个类簇，本情形下的数据量为 a。
② 数据对象在 C 中同属一个类簇，而在 C' 中不同属一个类簇，本情形下的数据量为 b。
③ 数据对象在 C 中不同属一个类簇，而在 C' 中同属一个类簇，本情形下的数据量为 c。
④ 数据对象在 C 和 C' 中均不同属一个类簇，本情形下的数据量为 d。

（1）福尔克斯和马洛斯指数（Fowlkes and Mallows Index，FMI）指标。

FMI 的定义为精确率和召回率的几何平均值，其取值范围是[0,1]。FMI 的计算公式为

$$\text{FMI} = \sqrt{\frac{a}{a+b} \cdot \frac{a}{a+c}} \tag{5-13}$$

（2）兰德指数（Rand Index，RI）指标。

$$\text{RI} = \frac{2(a+b)}{n(n-1)} \tag{5-14}$$

（3）调整兰德指数指标。

调整兰德指数（Adjusted Rand Index，ARI）指标是一种常见的外部聚类有效性指标，它可以用来判断聚类结果和真实标签之间的相似度。

兰德指数的问题在于对于两个随机的数据划分结果，其兰德指数不是一个接近 0 的常数。Hubert 和 Arabie 在 1985 年提出了调整兰德指数，其计算公式为

$$\text{ARI} = \frac{2(ad-bc)}{(a+b)(b+d)+(a+c)(c+d)} \tag{5-15}$$

（4）雅卡尔系数（Jaccard Coefficient，JC）指标。

JC 的计算公式为

$$\text{JC} = \frac{a}{a+b+c} \tag{5-16}$$

2. 生成数据集

前面已经用过 sklearn 库中的 datasets 模块自带的数据集，但在多数情况下，需要自定义生成一些特殊形状的用于算法的测试和数据集的验证。sklearn 库提供了多种随机样本数据生成器，可以用于建立复杂的人工数据集。下面介绍几种简单的人工数据集生成函数。

1）make_blobs 函数

make_blobs 函数用于产生多类单标签数据集，它为每个类分配服从一个或多个正态分布的点集，有助于更好地控制聚类中心和各簇的标准偏差，可用于实现聚类。

课堂随练 5-7 利用 make_blobs 函数生成一个样本总数为 1500、簇个数为 3 的二维数据集，并利用二维图表显示该数据集。

```
from sklearn.datasets import make_blobs
import matplotlib.pyplot as plt
(X,y) = make_blobs(n_samples=1500,n_features=2,centers=3,cluster_std=1.1,random_state=2)
plt.figure()
plt.scatter(X[:,0],X[:,1],marker="*",c=np.squeeze(y),s=30)
```

make_blobs 函数中的 n_samples 为生成的样本总数；n_features 为所有样本的维度；centers 为产生的中心点的数量（产生的簇的数量）；cluster_std 为聚簇的标准差；random_state 为随机种子，用于决定数据集创建过程中随机数的生成。用 make_blobs 函数生成的数据集如图 5-20 所示。

2）make_classification 函数

make_classification 函数用于产生多类单标签数据集，它为每个类分配服从一个或多个(每个维度)正态分布的点集，提供为数据添加噪声的方式，包括利用维度相关性、无效特征（随机噪声）及冗余特征等。

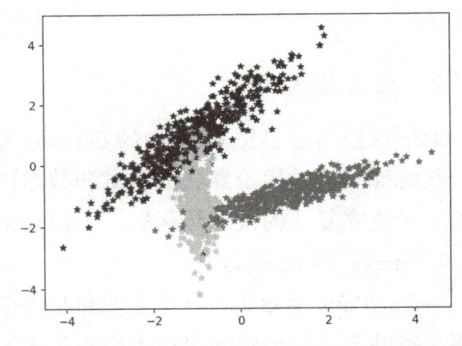

课堂随练 5-8 利用 make_classification 函数生成一个样本总数为 1500、簇个数为 3 的二维数据集，并利用二维图表显示该数据集。

```
from sklearn.datasets import make_classification
import matplotlib.pyplot as plt
(X,y)=make_classification(n_samples=1500,n_features=2,n_classes=3,n_redundant=0,
  n_clusters_per_class=1,flip_y=0.01)
plt.figure()
plt.scatter(X[:,0],X[:,1],marker="*",c=np.squeeze(y),s=30)
```

make_classification 函数中的 n_samples 为生成的样本总数，n_features 为所有样本的维度，n_classes 为分类问题的类（或标签）数，n_redundant 为冗余特征的数量，n_clusters_per_class 为每个类的簇数量，flip_y 为随机分配类别的样本的比例。用 make_classification 函数生成的数据集如图 5-21 所示。

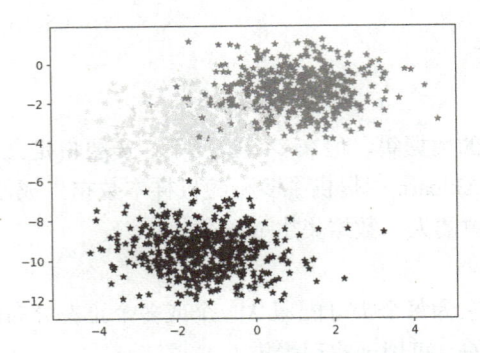

图 5-20 用 make_blobs 函数生成的数据集　　图 5-21 用 make_classification 函数生成的数据集

3）make_circles 函数

make_circles 函数用于产生一个环状二分类单标签数据集。它可以生成带有球面决策边界的数据，可以选择性加入高斯噪声，用于可视化聚类和分类算法。

课堂随练 5-9 利用 make_circles 函数生成一个样本总数为 1000、双环形的二维数据集，并利用二维图表显示该数据集。

```
from sklearn.datasets import make_circles
import matplotlib.pyplot as plt
(X,y)=make_circles(n_samples=1000,factor=0.5,noise=0.08)
```

```
plt.scatter(X[:,0],X[:,1],marker='o',c=y)
```

make_circles 函数中的 n_samples 为生成的样本总数，factor 为内、外圆之间的比例因子，noise 为加入的高斯噪声的标准差。用 make_circles 函数生成的双环形数据集如图 5-22 所示。

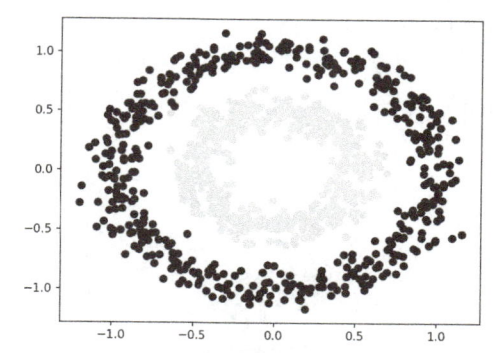

图 5-22 用 make_circles 函数生成的双环形数据集

3. 测试聚类模型

使用 sklearn.cluster.KMeans 中的 predict 函数对聚类结果进行预测，可以通过训练数据进行测试。

课堂随练 5-10　假设训练集为 $X=\{x_1,x_2,\cdots,x_n\}$，训练集标签为 $Y=\{y_1,y_2,\cdots,y_n\}$，模型为 k-Means（已训练）。

```
Y_pre =kmeans.predict(X)
# predict 函数中的参数是待预测特征值，Y_pre 表示预测标签值
```

兰德指数可以用来比较聚类结果和真实标签之间的相似度。兰德指数的计算方法是先将样本两两配对，然后计算配对中真实标签和聚类结果相同的比例。调整兰德指数通过对兰德指数的调整，得到独立于样本数据量和类别的接近 0 的值，其取值范围为[-1,1]，负数代表结果不好，越接近 1，结果越好，也意味着聚类结果与真实情况吻合。sklearn 库提供了 metrics.cluster.adjusted_rand_score 函数，用于对聚类结果进行评估。

课堂随练 5-11　假设训练集为 $X=\{x_1,x_2,\cdots,x_n\}$，训练集标签为 $Y=\{y_1,y_2,\cdots,y_n\}$，模型为 k-Means（已训练），通过调整兰德指数对聚类模型进行评估。

```
# Y_pre 为用 k-Means 算法聚类后的类标签
ari = adjusted_rand_score(Y, Y_pre)
print("聚类的评估结果为", ari)
```

4. 三维图表展示

为了能够从更多维度观察数据的聚类效果，使用 mpl_toolkits.mplot3d 工具包生成三维图，使用 Axes3D.scatter 函数实现数据点在三维空间中的展示。

课堂随练 5-12　使用 Axes3D.scatter 函数生成三维图。

```
from sklearn.datasets import make_classification
data,label=make_classification(n_samples=500,n_features=4,n_redundant=0,
```

```
n_clusters_per_class=1, n_classes=4)
    fig = plt.figure()
    ax = Axes3D(fig)
    ax.scatter(data[:, 1], data[:, 2], data[:, 3], c=label, marker='*')
    plt.axis([-5, 5, -5,5])
    plt.show()
```

生成数据的三维展示如图 5-23 所示。

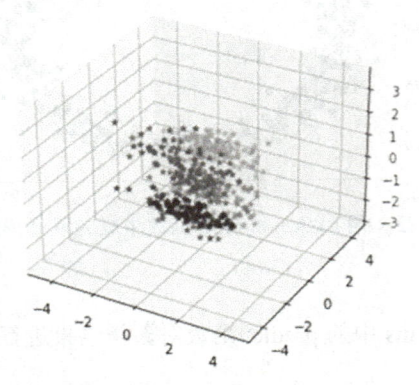

图 5-23　生成数据的三维展示

任务实施

Step 1：采用训练集的原标签，使用调整兰德指数指标对聚类结果进行评估。

```
#使用最优 k 值搭建聚类模型
kmeans = KMeans(n_clusters=3)
kmeans.fit(x)
y_pre = kmeans.predict(x)
#使用调整兰德指数指标对聚类结果进行评估
ari = adjusted_rand_score(y,y_pre)
print('聚类评估指标值为',ari)
```

聚类评估指标值如图 5-24 所示。

聚类评估指标值为 0.7302382722834697

图 5-24　聚类评估指标值

Step 2：选择鸢尾花数据的 2、3、4 维度上的特征，对 k-Means 算法的聚类结果进行三维展示。

```
fig = plt.figure()
ax = Axes3D(fig)
ax.scatter(x[:, 1], x[:, 2], x[:, 3], c=y, marker='*')
plt.axis([0, 8, 0, 8])
```

```
plt.show()
```

鸢尾花数据聚类结果的三维展示如图 5-25 所示。

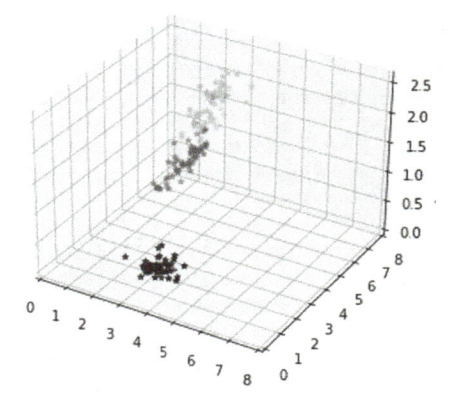

图 5-25　鸢尾花数据聚类结果的三维展示

任务拓展

糖尿病数据集预测任务和糖尿病数据集请从华信教育资源网本书配套资源处下载。通过本任务的实施，学生可以搭建 k-Means 模型，实现对人员是否患病的归类。

程序编写

对于自动生成的分类数据，使用 k-Means 算法对其聚类，根据 Jupyter Notebook 中的 sklearn 函数，搭建合适的 k-Means 模型，对聚类结果使用聚类评估指标进行评估，最终输出评估结果。

```
from sklearn.datasets import make_classification
from sklearn.cluster import KMeans
import matplotlib.pyplot as plt
from sklearn.metrics.cluster import adjusted_rand_score
from mpl_toolkits.mplot3d import Axes3D
data,label = make_classification(n_samples=200,n_features=4, n_redundant=0,
              n_clusters_per_class=1, n_classes=3)
sse=[]
#k 的取值范围为 2～11，通过 k-Means 算法得到不同 k 值对应的簇内 SSE 值
for k in range(1,11):
    kmeans=KMeans(n_clusters=k)
    #使用 fit 函数训练数据
    kmeans.fit(data)
    #簇内 SSE
    sse.append(kmeans.inertia_)
plt.plot(range(1,11),sse,marker='o')
plt.xlabel('number of clusters')
```

```
plt.ylabel('sse')
plt.show()
kmeans = KMeans(n_clusters=3)
kmeans.fit(data)
y_pre = kmeans.predict(data)
ari = adjusted_rand_score(label,y_pre)
print('聚类评估指标值为',ari)
fig = plt.figure()
ax = Axes3D(fig)
ax.scatter(data[:, 1], data[:, 2], data[:, 3], c=y_pre, marker='*')
plt.axis([-5, 5, -5,5])
plt.show()
```

测试习题

1. 在 sklearn 库中，训练 k-Means 模型使用什么函数？（　　）
   A. KMeans 函数　　　　　　　　B. KNeighbors 函数
   C. SVM 函数　　　　　　　　　　D. KMeansClassifier 函数

2. 下列哪个不是聚类的评估指标？（　　）
   A. 兰德指数　　　　　　　　　　B. 轮廓系数
   C. 调整兰德指数　　　　　　　　D. adjusted_rand_score

3. 在 Python 中，可以使用（　　）函数生成三维图表。（多选）
   A. pyplot　　　　　　　　　　　B. Axes3D
   C. confusion_matrix　　　　　　D. predict

4. k-Means 算法无法聚以下哪种形状的样本？（　　）
   A. 圆形分布　　　　　　　　　　B. 环形分布
   C. 带状分布　　　　　　　　　　D. 凸多边形分布

5. 鸢尾花数据集包含以下哪几个类别？（　　）（多选）
   A. Setosa　　　　　　　　　　　B. Versicolor
   C. Virginica　　　　　　　　　　D. Yellow Denver Iris

6. 关于 k-Means 算法，下列说法中正确的是（　　）。
   A. 原理简单，易于理解，收敛速度快，聚类效果较好
   B. 对初始中心点的选择不敏感
   C. 在处理大数据集时，k-Means 算法无法保证较好的伸缩性和高效率
   D. k-Means 算法适合发现非凸形状的类或者大小差别较大的类

7. 在下列选项中，对 k-Means++算法的描述正确的是（　　）。
   A. 初始聚类中心之间的距离要尽可能远一些
   B. 初始聚类中心可以随机选择
   C. 与 k-Means 算法的初始聚类中心的选择方法一样
   D. 依据距离样本最近的一个或几个样本的类别来决定待分样本所属的类别

8. 下列哪个选项不是 sklearn.datasets 模块导入数据的方法？（　　）
   A. sklearn.datasets.load_<name>函数
   B. sklearn.datasets.fetch_<name>函数
   C. sklearn.datasets.imports_<name>函数
   D. sklearn.datasets.make_<name>函数
9. 鸢尾花数据集中存放了哪几类特征？（　　）（多选）
   A. 花萼长度　　　　　　　　　B. 花萼宽度
   C. 花瓣长度　　　　　　　　　D. 花瓣宽度
10. 在下列选项中，对聚类的描述正确的是（　　）。
    A. 聚类是一种有监督的机器学习方法
    B. 存在基于划分的聚类算法
    C. 在训练聚类模型时，训练集必须包含类标签
    D. 聚类时，聚类内部数据之间的相似度应尽可能小一些

技能训练

实训项目编程讲解视频请扫码观看。

实训目的

通过本次实训，学生能够彻底掌握 k-Means 模型案例，研究评估指标的使用方法。

实训内容

通过糖尿病数据集训练 k-Means 模型，要求能够通过 SSE 找到最优 k 值，该数据集包含在任务拓展环节的数据集中。要求能够使用不同的评估指标评估聚类模型，并能够绘制多个指标的对比图。

单元小结

本单元主要讲解 k-Means 算法的基础知识、实现原理和机制，学生可以通过使用 k-Means 算法，对鸢尾花数据集聚类和糖尿病数据集聚类，掌握 k-Means 模型的基础搭建方法的技巧及寻找最优 k 值。在最终的实训部分，希望学生能独立完成对糖尿病数据集的分类，并尝试使用

图表展示多种聚类评估指标的对比结果。

拓展学习

[1] MacQueen J. Some Methods for Classification and Analysis of Multivariate Observations[C]. The 5th Berkeley Symposium on Mathematical Statistics and Probability. Berkeley：University of California Press，1967：281-297.

[2] 周志华. 机器学习[M]. 北京：清华大学出版社，2016.

思政故事

物以类聚，人以群分

本单元学习的聚类算法基于"物以类聚，人以群分"的思想，这一思想出自《战国策·齐策三》，用于比喻同类的东西常聚在一起，志同道合的人相聚成群，反之就分开。原文讲述的是，战国时期，齐国有个叫淳于髡的人，他博学多才，很受齐宣王喜爱。齐宣王喜欢招贤纳士，淳于髡一天之内接连向齐宣王推荐了七位贤士。齐宣王惊讶地问道："您过来一下，寡人听说，如果千里之内能够找到一位贤士，那贤士就多得像肩并肩地站着一样；如果百代之中能够出现一个圣人，那圣人就像接踵而至一样。现在您一天之内就推荐了七位贤士，那贤士是不是太多了？"淳于髡回答："大王不能这样说，翅膀相同的鸟儿总聚在一起生活，足爪相同的野兽总聚在一起行动。如果人们到低湿的地方寻找柴胡、桔梗这类药材，那么世世代代也得不到一两；如果到睪黍山、梁父山的背面找，就可以敞开车装载。世上万物各有其类，如今我淳于髡大概也算个贤士，君王向我寻求贤士，就如同在黄河里取水、在燧石中取火一样容易。我还要给您推荐一些贤士，何止这七位呢？"

这个故事也告诉我们，优秀的人会和优秀的人聚集在一起，因为优秀的人有一些共同的优秀特征，拥有这些特征的人自然而然地聚集一起。为了让自己更加优秀，应该强化自己的某些特征，让这些特征变得优秀，从而让自己也能够成为一个优秀的人。

单元 6 线性回归

学习目标

通过对本单元的学习，学生能够掌握线性回归模型的原理和结构，理解线性回归模型的概念及分类规则，掌握线性回归模型的实现方法与评估方法，以及掌握不同数据预处理的方法、知识。

通过对本单元的学习，学生能够熟练运用 sklearn 库搭建线性回归模型，熟练运用 k-NN 模型对数据集进行预测；能够对数据进行预处理，结合分类结果评估模型对模型进行基础的调优；能够具备"事物是普遍联系的且相互作用的"的世界观和严谨、细致的工作态度。

引例描述

房价可以说是当下民生问题中最引人关注的话题，现在也有众多专家通过多种手段预测房价。对学习机器学习的人们来说，有没有一种方法可以让计算机去预测房价呢？在利用街区住户的收入、房型、街区人口、入住率等因素来预测某个街区的房价时，不能使用传统的分类算法，因为我们想要得到的是连续的结果。本单元将通过一种经典的回归模型——线性回归模型来介绍回归问题的解决方法。图 6-1 所示为情景描述。

（a：想买房子，不知道明年的房价怎么样呢？b：我用回归模型帮你预测一下吧！）

图 6-1 情景描述

任务 6.1 房价数据集导入与数据预处理

任务情景

加利福尼亚房价数据集是 sklearn 库自带的一个经典的房价数据集，本任务旨在成功读取、导入数据集,查看数据集中数据的特征、大小,以及熟练划分数据集。

加利福尼亚房价数据集可从华信教育资源网本书配套资源处下载。

加利福尼亚房价数据集源于 1990 年加州人口普查的数据,一共包含 20 640 条房屋数据,包括以下 8 个特征:

(1) MedInc:街区住户收入的中位数。

(2) HouseAge:房屋使用年数的中位数。

(3) AveRooms:街区平均房屋的数量。

(4) AveBedrms:街区平均的卧室数目。

(5) Population:街区人口。

(6) AveOccup:平均入住率。

(7) Latitude:街区的纬度。

(8) Longitude:街区的经度。

任务布置

在 Jupyter Notebook 中实现加利福尼亚房价数据集的读取与解析,要求能够读取数据的条数与矩阵大小,并能够查看数据集的一部分数据。数据集的大小如图 6-2 所示。数据的前 5 行如图 6-3 所示。

(20640,8)

图 6-2 数据集的大小

```
        0      1       2         3       4        5       6       7
0   8.3252  41.0  6.984127  1.023810   322.0  2.555556  37.88  -122.23
1   8.3014  21.0  6.238137  0.971880  2401.0  2.109842  37.86  -122.22
2   7.2574  52.0  8.288136  1.073446   496.0  2.802260  37.85  -122.24
3   5.6431  52.0  5.817352  1.073059   558.0  2.547945  37.85  -122.25
4   3.8462  52.0  6.281853  1.081081   565.0  2.181467  37.85  -122.25
```

图 6-3 数据的前 5 行

数据集包含的特征及前 5 行数据如图 6-4 所示。

```
    MedInc  HouseAge  AveRooms  AveBedrms  Population  AveOccup  Latitude  \
0   8.3252      41.0  6.984127   1.023810       322.0  2.555556     37.88
1   8.3014      21.0  6.238137   0.971880      2401.0  2.109842     37.86
2   7.2574      52.0  8.288136   1.073446       496.0  2.802260     37.85
3   5.6431      52.0  5.817352   1.073059       558.0  2.547945     37.85
4   3.8462      52.0  6.281853   1.081081       565.0  2.181467     37.85
```

图 6-4 数据集包含的特征及前 5 行数据

划分好的测试集数据如图 6-5 所示。

```
测试集数据：
      MedInc  HouseAge  AveRooms  AveBedrms  Population  AveOccup  Latitude  \
0     1.7656      42.0  4.144703   1.031008      1581.0  4.085271     33.96
1     1.5281      29.0  5.095890   1.095890      1137.0  3.115068     39.29
2     4.1750      14.0  5.604699   1.045965      2823.0  2.883555     37.14
3     3.0278      52.0  5.172932   1.085714      1663.0  2.500752     37.78
4     4.5000      36.0  4.940447   0.982630      1306.0  3.240695     33.95
...      ...       ...       ...        ...         ...       ...       ...
6187  4.7250      44.0  5.969945   0.975410       943.0  2.576503     37.94
6188  2.8500      38.0  5.089347   1.089347      1080.0  3.711340     32.68
6189  3.7857      39.0  5.663507   1.052133      1246.0  2.952607     34.06
6190  3.7500      38.0  5.275229   0.981651       259.0  2.376147     38.72
6191  1.9355      10.0  5.136555   1.105042      1262.0  2.651261     36.22
```

图 6-5 划分好的测试集数据

知识准备

1. 加利福尼亚房价数据集导入

加利福尼亚房价数据集可以从 sklearn 库直接导入，sklearn 库会自带一些数据集的读取方式。
（1）在读取 sklearn 库自带的小数据集时，使用 sklearn.dataset.load_xxx 的方式。

课堂随练 6-1 读取 sklearn 库自带的鸢尾花数据集。

```
from sklearn.datasets import load_iris
Iris = load_iris()
或者
from sklearn import datasets
Iris = datasets.load_iris()
```

下载下来的数据集的存储路径为 \Anaconda\Lib\site-packages\sklearn\datasets\data，如图 6-6 所示。

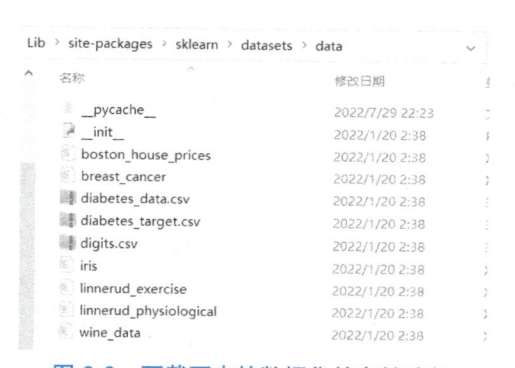

图 6-6 下载下来的数据集的存储路径

（2）当下载的数据集较大时，一般不将其直接保存在 sklearn 库中，而是采用在线下载的方式，需要 Jupyter Notebook 联网才可以下载，采用 datasets.fetch_xxx，使用以下代码获取下载路径：

课堂随练 6-2 下载加利福尼亚房价数据集并查看。

```
from sklearn import datasets
datasets.get_data_home()
from sklearn.datasets import fetch_california_housing as housing #加利福尼
```

亚房价数据集

```
housing = housing()
data = pd.DataFrame(housing.data) #放入 DataFrame 中，便于查看
label = housing.target
print("数据集的大小为",data.shape)
print("标签个数：",label.shape)
print("前 5 行数据为",data.head())
print("数据集的特征名称为",housing.feature_names)
```

（3）sklearn 库可以使用 make_xxx 函数来生成数据集，该类函数适用于多种类型任务，举例如下：

① make_blobs 函数：多类单标签数据集，为每个类分配一个或多个正态分布的点集。

② make_classification 函数：用于产生多类单标签数据集，为每个类分配一个或多个正态分布的点集，提供为数据添加噪声的方式，包括利用维度相关性、无效特征及冗余特征等。

③ make_gaussian-quantiles 函数：将一个单正态分布的点集划分为两个数量均等的点集，并将其作为两个类。

④ make_hastie-10-2 函数：产生一个与原数据集相似的二元分类数据集，有 10 个维度。

⑤ make_circle 函数和 make_moom 函数：产生二维二元分类数据集，以此测试某些算法的性能，可以为数据集添加噪声，可以为二元分类器产生一些球形判决界面的数据。

接下来是为这些函数准备的数据生成案例。

课堂随练 6-3 使用 make_xxx 函数生成数据集的训练。

```
import matplotlib.pyplot as plt
from sklearn.datasets import make_classification
from sklearn.datasets import make_blobs
from sklearn.datasets import make_gaussian_quantiles
from sklearn.datasets import make_hastie_10_2
plt.figure(figsize=(10, 10))
plt.subplots_adjust(bottom=.05, top=.9, left=.05, right=.95)
plt.subplot(421)
plt.title("One informative feature, one cluster per class", fontsize='small')
X1, Y1 = make_classification(n_samples=1000, n_features=2, n_redundant=0, n_informative=1,n_clusters_per_class=1)
plt.scatter(X1[:, 0], X1[:, 1], marker='o', c=Y1)
plt.subplot(422)
plt.title("Two informative features, one cluster per class", fontsize='small')
X1, Y1 = make_classification(n_samples=1000, n_features=2, n_redundant=0, n_informative=2,n_clusters_per_class=1)
plt.scatter(X1[:, 0], X1[:, 1], marker='o', c=Y1)
plt.subplot(423)
plt.title("Two informative features, two clusters per class", fontsize='small')
```

```
    X2, Y2 = make_classification(n_samples=1000, n_features=2, n_redundant=0,
n_informative=2)
    plt.scatter(X2[:, 0], X2[:, 1], marker='o', c=Y2)
    plt.subplot(424)
    plt.title("Multi-class, two informative features, one cluster",fontsize=
'small')
    X1, Y1 = make_classification(n_samples=1000, n_features=2, n_redundant=0,
n_informative=2,n_clusters_per_class=1, n_classes=3)
    plt.scatter(X1[:, 0], X1[:, 1], marker='o', c=Y1)
    plt.subplot(425)
    plt.title("Three blobs", fontsize='small')
    # 1000个样本，2个属性，3种类别，方差分别为1.0,3.0,2.0
    X1, Y1 = make_blobs(n_samples=1000, n_features=2, centers=3,cluster_std=
[1.0,3.0,2.0])
    plt.scatter(X1[:, 0], X1[:, 1], marker='o', c=Y1)
    plt.subplot(426)
    plt.title("Gaussian divided into four quantiles", fontsize='small')
    X1, Y1 = make_gaussian_quantiles(n_samples=1000, n_features=2, n_classes=4)
    plt.scatter(X1[:, 0], X1[:, 1], marker='o', c=Y1)
    plt.subplot(427)
    plt.title("hastie data ", fontsize='small')
    X1, Y1 = make_hastie_10_2(n_samples=1000)
    plt.scatter(X1[:, 0], X1[:, 1], marker='o', c=Y1)
    plt.show()
```

2. 数据集划分

使用 train_test_split 函数进行数据集的划分。在机器学习训练中，数据集一般分为训练集和测试集（有些情况下还存在验证集），使用 train_test_split 函数是最常用的数据集划分方法。

```
sklearn.model_selection.train_test_split(*arrays,test_size=None, train_size=
None, random_state=None, shuffle=True, stratify=None)
```

其中，*arrays 表示输入的是列表、数组等可索引的序列；test_size 表示测试样本的大小，数值为浮点数表示占总数据集的比例，数值为整数表示测试样本数，数值为空则表示训练集的补集；train_size 表示训练样本的大小，数值为浮点数表示占总数据集的比例，数值为整数表示训练样本数，数值为空则表示测试集的补集；random_state 表示随机种子，也就是该组随机数的编号，在需要重复试验的时候，保证得到一组一样的随机数。例如，我们在本次试验和下次代码循环到这个位置时都想要一样的随机数，那就每次都将随机数设置为一样的值，默认值为 False，即虽然每次切分的比例相同，但是切分的结果不同。stratify 的设置是为了保持划分前数据的分布，若 stratify 的值为 None，则在划分出来的测试集或训练集中，类标签所占的比例是随机的；若 stratify 的值不为 None，则划分出来的测试集或训练集中类标签所占的比例同输入的数组中类标签所占的比例相同，该设置可以用于处理不均衡的数据集。

课堂随练 6-4　划分数据集，使得测试集占比为 30%。

```
    X_train, X_test, y_train, y_test = train_test_split(X, y, test_size=0.3,
```

```
random_state=0)
```

任务实施

Step 1：导入库，并导入数据集 fetch_california_housing。

```
from sklearn.model_selection import train_test_split
from sklearn import datasets
from sklearn.datasets import fetch_california_housing as housing #加利福尼亚房价数据集
import pandas as pd
```

Step 2：将数据集读取到 DataFrame 中，以便查看。

```
print(datasets.get_data_home())#查看
housing = housing()
data = pd.DataFrame(housing.data)  #放入 DataFrame 中，以便查看
```

Step 3：查看一些数据集的内容。

```
label = housing.target#读取标签
print("数据集的大小为",data.shape)
print("标签个数：",label.shape)
print("前 5 行数据为",data.head())
print("数据集的特征名称为",housing.feature_names)
data.columns = housing.feature_names
print("带上特征值的数据的前 5 行：",data.head())
```

Step 4：划分测试集与训练集。

```
X_train, X_test, Y_train, Y_test = 
 train_test_split(data,label,test_size=0.3,random_state=420)
```

读取数据集如图 6-7 所示。

C:\Users\Administrator\scikit_learn_data

(a) 数据集下载地址

```
数据集的大小为 (20640, 8)
标签个数：(20640,)
前5行数据为        0     1         2         3       4         5       6       7
0  8.3252  41.0  6.984127  1.023810   322.0  2.555556  37.88 -122.23
1  8.3014  21.0  6.238137  0.971880  2401.0  2.109842  37.86 -122.22
2  7.2574  52.0  8.288136  1.073446   496.0  2.802260  37.85 -122.24
3  5.6431  52.0  5.817352  1.073059   558.0  2.547945  37.85 -122.25
4  3.8462  52.0  6.281853  1.081081   565.0  2.181467  37.85 -122.25
数据集的特征名称为 ['MedInc', 'HouseAge', 'AveRooms', 'AveBedrms', 'Population', 'AveOccup', 'Latitude', 'Longitude']
带上特征值的数据的前5行：    MedInc  HouseAge  AveRooms  AveBedrms  Population  AveOccup  Latitude  \
0  8.3252      41.0  6.984127   1.023810       322.0  2.555556     37.88
1  8.3014      21.0  6.238137   0.971880      2401.0  2.109842     37.86
2  7.2574      52.0  8.288136   1.073446       496.0  2.802260     37.85
3  5.6431      52.0  5.817352   1.073059       558.0  2.547945     37.85
4  3.8462      52.0  6.281853   1.081081       565.0  2.181467     37.85
```

(b) 数据集内容展示

图 6-7　读取数据集

任务评价

任务评价表（一）如表 6-1 所示。

表 6-1　任务评价表（一）

任务：_____时间：_____

阶段任务	任务评价		
	合格	良好	优秀
任务布置			
知识准备			
任务实施			

任务 6.2　训练线性回归模型

任务情景

线性回归模型是机器学习中最简单的回归模型，是所有回归模型的基础。分类问题的目标是得到离散型的类别，回归问题的目标是得到连续的目标值，如预测销售额、房价等。

本任务旨在使学生了解线性回归模型的基本原理、搭建过程，并使学生学会使用 sklearn 库自带的函数搭建线性回归模型，训练加利福尼亚房价数据集，预测房价并展示。

加利福尼亚房价数据集如图 6-8 所示。

```
     MedInc  HouseAge  AveRooms  AveBedrms  Population  AveOccup  Latitude  \
0    8.3252      41.0  6.984127   1.023810       322.0  2.555556     37.88
1    8.3014      21.0  6.238137   0.971880      2401.0  2.109842     37.86
2    7.2574      52.0  8.288136   1.073446       496.0  2.802260     37.85
3    5.6431      52.0  5.817352   1.073059       558.0  2.547945     37.85
4    3.8462      52.0  6.281853   1.081081       565.0  2.181467     37.85
```

图 6-8　加利福尼亚房价数据集

任务布置

要求通过建立线性回归模型来预测测试样本值，并输出线性回归模型的回归系数和截距。测试样本的预测结果如图 6-9 所示。

```
预测值为
 [1.51384887 0.46566247 2.2567733  ... 2.11885803 1.76968187 0.73219077]
```

图 6-9　测试样本的预测结果

线性回归模型的回归系数如图 6-10 所示。

```
回归系数为
 [ 4.37358931e-01  1.02112683e-02 -1.07807216e-01  6.26433828e-01
  5.21612535e-07 -3.34850965e-03 -4.13095938e-01 -4.26210954e-01]
```

图 6-10　线性回归模型的回归系数

知识准备

1. 线性回归的原理

1）一元线性回归的原理

一元线性回归的原理与初中学过的一元一次方程类似,设 x 和 y 为两个变量,假设 y 受 x 影响,两者之间的关系为

$$y = wx + b \tag{6-1}$$

式中,w 为回归系数;b 为截距。回归的典型例子就是给定数据点,拟合出最优曲线,这种只包含一个自变量 x 的模型被称为一元线性回归模型,如图 6-11 所示。

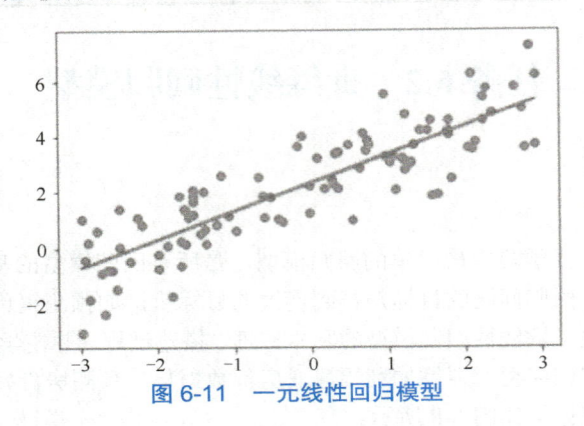

图 6-11 一元线性回归模型

2）多元线性回归的原理

多元线性回归研究的是一个因变量与多个自变量之间的关系,多元线性回归函数的计算公式为

$$y = b + w_1 x_1 + w_2 x_2 + \cdots + w_i x_i + \cdots + w_n x_n + \varepsilon \tag{6-2}$$

2. 模型评估

如何根据多个样本 $(x_1, y_1), (x_2, y_2), \cdots, (x_i, y_i), \cdots, (x_n, y_n)$ 来确定线性回归模型的 w 和 b 呢?线性回归模型示例如图 6-12 所示,对于平面中的 n 个点可以有无数条直线来对它们进行拟合,如何选出最合适的直线是我们需要考虑的问题。

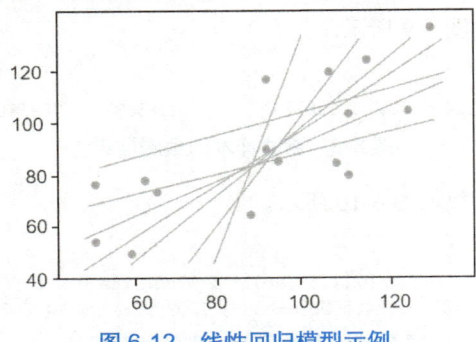

图 6-12 线性回归模型示例

线性回归模型的预测可以通过残差来评估，线性回归模型残差示例如图 6-13 所示。

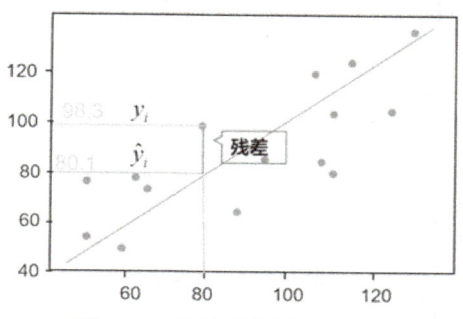

图 6-13　线性回归模型残差示例

假设选取图 6-12 中的一条拟合直线，线上连续的值为预测值 $\hat{y}$，那么该点的拟合误差为 $y_i - \hat{y}_i$，拟合误差的计算公式为

$$y_i - \hat{y}_i = y_i - (wx_i + b) \tag{6-3}$$

因此，最优拟合直线应该是使所有样本总的拟合误差最小的直线，所有点的残差可以表示为 $\sum_{i=1}^{n}(y_i - \hat{y}_i)$，残差总和被定义为模型的损失（Loss）。

损失函数/代价函数（Loss Function/Cost Function）用于表示模型的预测值和真实值不一致的程度，其计算公式为

$$\text{Loss} = \sum_{i=1}^{n}(y_i - \hat{y}_i) = \sum_{i=1}^{n}[y_i - (wx_i + b)] \tag{6-4}$$

注意：由式（6-3）发现，残差是有符号的。在选定直线上方的点，它的残差总是正的；而在直线下方的点，它的残差总是负的。如果将残差简单地相加，那么正的残差和负的残差就会相互抵消，这样做的话，有可能每个样本单独的残差都很大，而计算得到的残差的和却很小。这样的直线显然不满足我们的预期，因此代价函数的值应该是一个非负数，那么我们很容易想到可以使用绝对值来消除残差中符号的影响。用残差绝对值的和作为代价函数，可以避免正负误差相互抵消的问题。

用残差绝对值的和表示的代价函数为

$$\text{Loss} = \sum_{i=1}^{n}|y_i - \hat{y}_i| = \sum_{i=1}^{n}|y_i - (wx_i + b)| \tag{6-5}$$

但是，求残差和的最小值是一个求最值的问题。在求函数的最值时，一般要进行求导运算，而绝对值是不利于求导运算的。为了消除绝对值运算，可以将式（6-5）中的绝对值改为平方，使得所有样本点的残差平方和最小。用残差平方和表示的代价函数为

$$\text{Loss} = \sum_{i=1}^{n}(y_i - \hat{y}_i)^2 = \sum_{i=1}^{n}[y_i - (wx_i + b)]^2 \tag{6-6}$$

经常将代价函数写为

$$J(\theta_0, \theta_1) = \frac{1}{2m}\sum_{i=1}^{m}\left[h_\theta(x^{(i)}) - y^{(i)}\right]^2 \tag{6-7}$$

式中，m 为训练集的数量；$x^{(i)}$ 为 x 的第 i 个元素；$y^{(i)}$ 为 y 的第 i 个元素；$h_\theta(x^{(i)})$ 为第 i 个预测值，$h_\theta(x^{(i)}) = \theta_0 + \theta_1 x^i$。

注意：有时为了方便求导运算，直接在 Loss 前面加上 1/2。

式（6-6）即为平方和代价函数，是机器学习中最常见的代价函数。平方和代价函数示意图如图 6-14 所示。

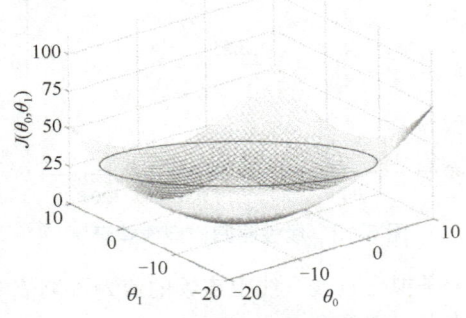

图 6-14　平方和代价函数示意图

3. 最小二乘法求解回归模型

下面采用最小二乘法计算 w 和 b。假设给定一组样本值 x_i、y_i，i（$i=1,2,\cdots,n$），要求回归函数尽可能拟合这组值，如果采用普通的最小二乘法，则会选择使残差平方和达到最小值的回归函数。我们发现，式（6-5）是关于 w 和 b 的二元二次方程。一元二次方程的示意图如图 6-15 所示。

二元二次方程在三维空间中的示意图如图 6-16 所示。

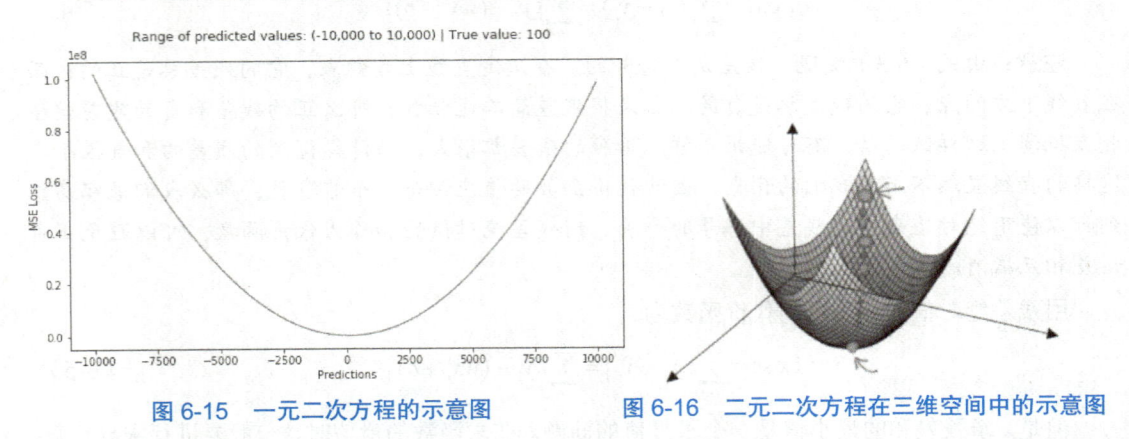

图 6-15　一元二次方程的示意图　　　图 6-16　二元二次方程在三维空间中的示意图

注意：该问题的解决依赖于凸函数问题的解决，其在微积分中的解释为，当代价函数的导数为 0 时，代价函数的取值最小。

在式（6-6）的基础上对 w 和 b 分别求偏导，得到

$$\frac{\partial L}{\partial b} = 2\sum_{i=1}^{n}(y_i - b - wx_i) = 0 \tag{6-8}$$

$$\frac{\partial L}{\partial w} = 2\sum_{i=1}^{n}(y_i - b - wx_i)x_i = 0 \tag{6-9}$$

代入样本值就可以求得 w 和 b。

4. 梯度下降算法求解回归模型

梯度下降算法也是将代价函数最小化的常用方法之一，如果是线性回归，那么代价函数的形状如图 6-16 所示，是碗状结构，即只存在一个数据最小的点。而梯度下降算法的原理是将代价函数理解为一座山，假设站在某个山坡上，向四周观察，判断往哪个方向走一步能够下降得最快。

根据式（6-7），梯度下降的实现步骤如下：

（1）确定"步伐"大小 α，一般称之为学习率（Learning Rate）。

（2）初始化 θ_0 和 θ_1，这决定了我们从哪个山坡上开始下坡，选择不同的位置进行梯度下降的示意图如图 6-17 所示。

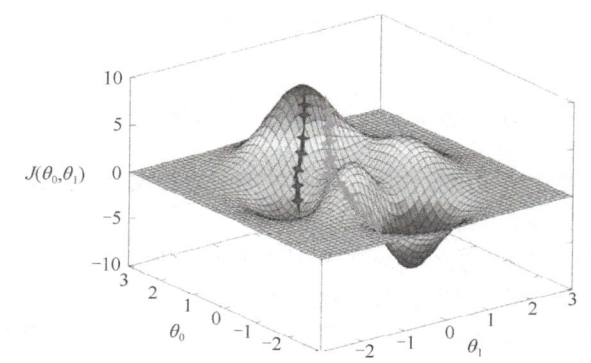

图 6-17　选择不同的位置进行梯度下降的示意图

（3）根据 α 更新 θ_0 和 θ_1，使得 $J(\theta_0,\theta_1)$ 逐渐减小，θ 更新如图 6-18 所示。

$$\theta_j = \theta_j - \alpha \frac{\partial}{\partial \theta_j} J(\theta_0, \theta_1)$$

学习率　　　　求导

图 6-18　θ 更新

（4）当下降的值低于定好的阈值或者条件时，停止下降。

在实际的应用过程中，根据每次梯度下降过程中样本数的不同，通常存在 3 种常用的梯度下降方法，样本数的不同会影响每次学习过程的准确性和学习时间。

① 批量梯度下降（Batch Gradient Descent，BGD）算法。批量梯度下降算法是梯度下降算法中最常用的形式，具体做法就是在更新参数时使用所有的 m 个样本来更新。更新公式为

$$\theta_j := \theta_j - \alpha \frac{1}{m} \sum_{i=1}^{m} (h_\theta(x^{(i)}) - y^{(i)}) x_j^{(i)}$$

梯度下降算法最终得到的是局部极小值。而线性回归的代价函数为凸函数，有且只有一个局部最小值，则这个局部最小值一定是全局最小值。因此，在线性回归中使用批量梯度下降算法，一定可以找到一个全局最优解。

使用批量梯度下降算法可以求出全局最优解，易于并行实现，并且总体迭代次数不多，方便统计，但是当样本数目很多时，训练速度会较慢，每次迭代会耗费大量的时间。

② 随机梯度下降（Stochastic Gradient Descent，SGD）算法。随机梯度下降算法与批量梯

度下降算法的原理类似，区别在于求梯度时没有用所有的 m 个样本的数据，而是仅仅选取一个样本 i 来求梯度。更新公式为

$$\theta_j := \theta_j - \alpha \frac{1}{m}(h_\theta(x^{(i)}) - y^{(i)})x_j^{(i)}$$

随机梯度下降算法每次随机选择一个样本来更新模型参数，这种方式的优点是每次迭代量很小，训练速度很快，同时随机梯度下降算法可能从一个局部极小值点到另一个更低的局部极小值点；缺点是可能每次更新不会按照一定正确的方向进行，可能带来优化波动，也可能最终结果并不是全局最小值点。

③ 小批量梯度下降（Mini-Batch Gradient Descent，MBGD）算法。小批量梯度下降算法同时参考了批量梯度下降算法和随机梯度下降算法，选取一部分（少量）样本进行迭代，例如对于总体 m 个样本，选取其中 x 个样本进行迭代，多数情况下可以选取 x=10、20、100 等。更新公式为

$$\theta_j := \theta_j - \alpha \frac{1}{m}\sum_{i=t}^{t+x-1}(h_\theta(x^{(i)}) - y^{(i)})x_j^{(i)}$$

使用小批量梯度下降算法在批量梯度下降算法和随机梯度下降算法中间取得了一定的均衡效果。

（5）算法调优。梯度下降算法，可以在以下几个地方进行优化调整：

① 算法的步长选择。步长一般选择 1，但是在实际的应用过程中，步长的选择取决于样本数据，可以采取多次实验比较代价函数结果的方法进行选择。在步长逐渐增大时，迭代速度加快也会导致"跨过"某些最优解到达另一个解。步长越小，迭代速度就越慢，系统效率也就越低。在步长的选择方面，可以依次选择 0.01、0.1、1、10、100 进行测试，再在合适的区间内进行微调。

② 算法参数的初始值选择。初始值不同，获得的最小值也有可能不同，因此梯度下降算法求得的只是局部最小值，若代价函数是凸函数，则该值一定是最优解。由于有获得局部最优解的风险，需要多次用不同的初始值运行算法，选择使得代价函数最小化的初始值。

③ 归一化。由于样本不同特征的取值范围也不同，可能导致迭代速度很慢，为了减少特征取值的影响，可以将特征数据归一化，也就是对于每个特征 x，求出它的期望和标准差 $\text{std}(x)$，然后转化为 $\frac{x - \bar{x}}{\text{std}(x)}$。这样特征的新期望为 0，新方差为 1，迭代速度可以大大加快。

5. 梯度下降算法与最小二乘法的对比

梯度下降算法	最小二乘法
缺点： （1）需要选择学习率 α。 （2）需要多次迭代。 （3）当特征值的范围相差太大时，需要归一化。 优点： 当特征数 n 很大时，能够较好地工作	优点： （1）不需要选择学习率 α。 （2）不需要多次迭代。 （3）不需要归一化。 缺点： 当特征数 n 很大时，运算得很慢，因为求逆矩阵的速度比较慢

通常情况下，当 n<10000 时，用最小二乘法；当 n≥10000 时，用梯度下降算法。对于

一些复杂的算法，只能用梯度下降算法。

代码实例1：批量梯度下降算法。

```python
#!/usr/bin/python
#coding=utf-8
import numpy as np
from scipy import stats
import matplotlib.pyplot as plt
# 构造训练数据
x = np.arange(0., 10., 0.2)
m = len(x) # 训练数据点的数目
print (m)
x0 = np.full(m, 1.0)
input_data = np.vstack([x0, x]).T # 将偏置b作为权向量的第一个分量
target_data = 2 * x + 5 + np.random.randn(m)
# 两种终止条件
loop_max = 10000 # 最大迭代次数（防止死循环）
epsilon = 1e-3
# 初始化权重
np.random.seed(0)
theta = np.random.randn(2)
alpha = 0.001 # 步长（注意：取值过大会导致振荡，即不收敛；取值过小会导致收敛速度变慢）
diff = 0.
error = np.zeros(2)
count = 0 # 循环次数
finish = 0 # 终止标志
while count < loop_max:
    count += 1
    # 标准梯度下降是在权重更新前对所有样例汇总误差，而随机梯度下降的权重是通过考查某个训练样例来更新的
    # 在标准梯度下降中，权重更新的每一步都要对多个样例求和，需要更多的计算
    sum_m = np.zeros(2)
    for i in range(m):
        dif = (np.dot(theta, input_data[i]) - target_data[i]) * input_data[i]
        sum_m = sum_m + dif # 当alpha取值过大时，sum_m会在迭代过程中溢出
    theta = theta - alpha * sum_m # 注意：步长alpha的取值过大会导致振荡
    # theta = theta - 0.005 * sum_m # alpha取0.005时产生振荡，需要将alpha调小
    # 判断是否已收敛
    if np.linalg.norm(theta - error) < epsilon:
        finish = 1
        break
    else:
        error = theta
    print ('loop count = %d' % count, '\tw:',theta)
```

```
    print ('loop count = %d' % count, '\tw:',theta)
    # check with scipy linear regression
    slope, intercept, r_value, p_value, slope_std_error = stats.linregress(x, target_data)
    print ('intercept = %s slope = %s' % (intercept, slope))
    plt.plot(x, target_data, 'g*')
    plt.plot(x, theta[1] * x + theta[0], 'r')
    plt.show()
```

代码实例2：随机梯度下降算法。

```
#!/usr/bin/python
#coding=utf-8
import numpy as np
from scipy import stats
import matplotlib.pyplot as plt
# 构造训练数据
x = np.arange(0., 10., 0.2)
m = len(x) # 训练数据点的数目
x0 = np.full(m, 1.0)
input_data = np.vstack([x0, x]).T # 将偏置b作为权向量的第一个分量
target_data = 2 * x + 5 + np.random.randn(m)
# 两种终止条件
loop_max = 10000 # 最大迭代次数（防止死循环）
epsilon = 1e-3
# 初始化权重
np.random.seed(0)
theta = np.random.randn(2)
# w = np.zeros(2)
alpha = 0.001 # 步长（注意：取值过大会导致振荡，即不收敛；取值过小会导致收敛速度变慢）
diff = 0.
error = np.zeros(2)
count = 0 # 循环次数
finish = 0 # 终止标志
######-随机梯度下降算法
while count < loop_max:
    count += 1

    # 遍历训练集，不断更新权重
    for i in range(m):
        diff = np.dot(theta, input_data[i]) - target_data[i] # 代入训练集，计算误差值
        # 采用随机梯度下降算法，更新一次权重只使用一组训练数据
        theta = theta - alpha * diff * input_data[i]
    # ---------------------------终止条件判断---------------------------
```

        # 若没终止，则继续读取样本并加以处理。若所有样本都读取完了，则循环，重新开始读取样本并加以处理
        # ----------------------------终止条件判断--------------------------------
        # 注意：有多种迭代终止条件和判断语句的位置。终止判断可以放在权向量更新一次后，也可以放在更新 m 次后
        if np.linalg.norm(theta - error) < epsilon: # 终止条件：前后两次计算出的权向量的绝对误差充分小
            finish = 1
            break
        else:
            error = theta
    print ('loop count = %d' % count, '\tw:',theta)
    # check with scipy linear regression
    slope, intercept, r_value, p_value, slope_std_error = stats.linregress(x, target_data)
    print ('intercept = %s slope = %s' % (intercept, slope))
    plt.plot(x, target_data, 'g*')
    plt.plot(x, theta[1] * x + theta[0], 'r')
    plt.show()
```

代码实例 3：小批量梯度下降算法。

```
#!/usr/bin/python
#coding=utf-8
import numpy as np
from scipy import stats
import matplotlib.pyplot as plt

# 构造训练数据
x = np.arange(0.,10.,0.2)
m = len(x) # 训练数据点的数目
print (m)
x0 = np.full(m, 1.0)
input_data = np.vstack([x0, x]).T # 将偏置 b 作为权向量的第一个分量
target_data = 2 *x + 5 +np.random.randn(m)

# 两种终止条件
loop_max = 10000 #最大迭代次数（防止死循环）
epsilon = 1e-3

# 初始化权重
np.random.seed(0)
theta = np.random.randn(2)

alpha = 0.001 #步长（注意：取值过大会导致振荡，即不收敛；取值过小会导致收敛速度变慢）
```
```

```
        diff = 0.
        error = np.zeros(2)
        count = 0 #循环次数
        finish = 0 #终止标志
        minibatch_size = 5 #每次更新的样本数
        while count < loop_max:
            count += 1
            # 小批量梯度下降是在权重更新前对所有样例汇总误差，而随机梯度下降的权重是通过考查某个训练样例来更新的
            # 在小批量梯度下降中，权重更新的每一步都要对多个样例求和，需要更多的计算

            for i in range(1,m,minibatch_size):
                sum_m = np.zeros(2)
            for k in range(i-1,i+minibatch_size-1,1):
                dif = (np.dot(theta, input_data[k]) - target_data[k]) *input_data[k]
                sum_m = sum_m + dif #当 alpha 取值过大时，sum_m 会在迭代过程中溢出
            theta = theta- alpha * (1.0/minibatch_size) * sum_m #注意：步长 alpha 的取值过大会导致振荡
            # 判断是否已收敛
            if np.linalg.norm(theta- error) < epsilon:
                finish = 1
                break
            else:
                error = theta
                print ('loopcount = %d'% count, '\tw:',theta)
        print ('loop count = %d'% count, '\tw:',theta)
        # check with scipy linear regression
        slope, intercept, r_value, p_value,slope_std_error = stats.linregress(x, target_data)
        print ('intercept = %s slope = %s'% (intercept, slope))
        plt.plot(x, target_data, 'g*')
        plt.plot(x, theta[1]* x +theta[0],'r')
        plt.show()
```

任务实施

Step 1：引入相关模块。

```
from sklearn.linear_model import LinearRegression as LR
```

Step 2：使用 sklearn 库自带的 LinearRegression 函数创建线性回归模型，使用 fit 函数直接训练该模型，使用 predict 函数预测输出值。

```
#训练模型
model = LR().fit(X_train, Y_train)
```

```
y_predict = model.predict(X_test)
print("预测值为\n",y_predict)
```

Step 3：输出线性回归模型的 w 和 b，也就是回归系数和截距，使用.coef_直接返回回归系数，使用.intercept_返回截距。

```
# 根据特征的数量返回相应数量的w
print('回归系数为\n',model.coef_)
# 将求出的w和特征数据的名称放到一起展示
print('将特征名称与对应回归系数同时输出\n: ',
[*zip(X_train.columns,model.coef_)])
# 返回截距
print('线性回归模型的截距为\n',model.intercept_)
```

任务评价

任务评价表（二）如表 6-2 所示。

表 6-2　任务评价表（二）

任务：_____ 时间：_____

阶段任务	任务评价		
	合格	良好	优秀
任务布置			
知识准备			
任务实施			

任务 6.3　模型评估

任务情景

评估线性回归模型优劣的最好方式是利用方差，除了利用残差平方和，还存在一些较为常用的评估方法。

下面将采用几种关键方法对线性回归模型进行评估。

任务布置

要求通过几种常见的评估线性回归模型的方法对模型进行评估。

MSE 的值如图 6-19 所示。

```
MSE的值为
0.53090126393245Z1
```

图 6-19　MSE 的值

R-square 评估模型的误差如图 6-20 所示。

$$R\text{-square}评估模型的误差：$$
$$0.6043668160178817$$

图 6-20　R-squre 评估模型的误差

使用曲线图对比模型预测值与真实标签，如图 6-21 所示。

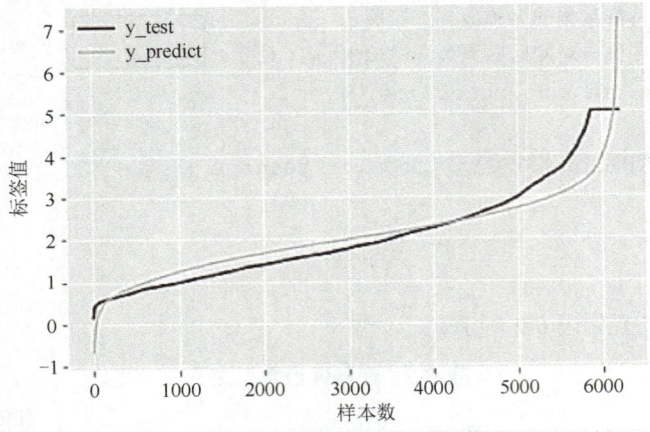

图 6-21　模型预测值与真实标签的对比曲线图

知识准备

1. 多种评估方法

1）均方误差（Mean Square Error，MSE）

MSE 用于描述预测数据和原始数据对应点误差的平方和的均值，即

$$\text{MSE} = \frac{1}{n}\text{SSE} = \frac{1}{n}\sum_{i=1}^{n}(y_i - \hat{y}_i)^2 \tag{6-10}$$

2）均方根误差（Root Mean Square Error，RMSE）

RMSE 用于描述回归系统的拟合标准差，是 MSE 的平方根，即

$$\text{RMSE} = \sqrt{\text{MSE}} = \sqrt{\frac{1}{n}\text{SSE}} = \sqrt{\frac{1}{n}\sum_{i=1}^{n}(y_i - \hat{y}_i)^2} \tag{6-11}$$

3）确定系数（Coefficient of Determination，R-square）

要了解 R-square，就要先了解 SSR 和 SST，回归结果的平方和（Sum of Squares of the Regression，SSR）表示预测数据与原始数据均值之差的平方和，即

$$\text{SSR} = \sum_{i=1}^{n}(\overline{y}_i - \hat{y}_i)^2 \tag{6-12}$$

总平方和（Total Sum of Squares，SST）表示原始数据和均值之差的平方和

$$\text{SST} = \sum_{i=1}^{n}(y_i - \overline{y}_i)^2 \tag{6-13}$$

由此可以发现 SST = SSE + SSR。

定义 R-square = SSR / SST，得到 R-square = 1 − SSE/SST。R-square 的正常取值范围是[0,1]，其值越接近 1，表明方程的变量对 y 的解释能力越强，该模型对数据拟合得也就越好。

课堂随练 6-5　给出线性回归模型预测出的 y_predict 和原始标签 y_test，使用 MSE 评估模型。

```
from sklearn.metrics import mean_squared_error as MSE
average_error = MSE(y_predict,Y_test)
print("MSE 的值为", average_error)
```

课堂随练 6-6　给出线性回归模型预测出的 y_predict 和原始标签 y_test，使用 R-square 评估模型。

```
from sklearn.metrics import r2_score
matching_eval = r2_score(Y_test,y_predict)
print(matching_eval)
```

2. 曲线图对比

为了对比线性回归模型预测出的连续值和原始标签，可以画出两个结果的曲线图。

使用 plt.plot 函数，将 y_predict 与 y_test 的值排序输出（原值不一定按照顺序排序，因此可以将 x 轴设置为固定值，y 轴按照递增排序）。

任务实施

Step 1：计算 MSE 的值，导入 mean_squared_error 库。

```
from sklearn.metrics import mean_squared_error as MSE
average_error = MSE(y_predict,Y_test)
print("MSE 的值为", average_error)
```

Step 2：采用 R-square 方法评估模型。

```
from sklearn.metrics import r2_score
r_square_error = r2_score(Y_test,y_predict)
print('采用 R-square 方法计算误差',r_square_error)
```

Step 3：利用曲线图对比预测值与真实值。

```
import matplotlib.pyplot as plt
plt.plot(range(len(Y_test)),sorted(Y_test),c="black",label= "y_test")
plt.plot(range(len(y_predict)),sorted(y_predict),c="red",label       = "y_predict")
plt.legend()
plt.xlabel('样本数')
plt.ylabel('标签值')
plt.show()
```

任务拓展

sklearn 库自带糖尿病数据集，请读取该数据集，并进行线性回归预测。

用于读取糖尿病数据集的代码如下：

```python
from sklearn.datasets import load_diabetes
```

程序编写

利用线性回归预测加利福尼亚房价的完整代码如下：

```python
from matplotlib.pylab import style
plt.rcParams['font.sans-serif'] = ['SimHei']
from sklearn.linear_model import LinearRegression as LR
from sklearn.model_selection import train_test_split
from sklearn.datasets import fetch_california_housing as housing #加利福尼亚房价数据集
import pandas as pd
from sklearn import datasets
#print(datasets.get_data_home())#查看数据集所在位置
housing = housing()   #读取数据集
data = pd.DataFrame(housing.data)  #放入DataFrame中以便查看
label = housing.target#读取标签
#print("数据集的大小为",data.shape)
#print("标签个数：",label.shape)
#print("前5行数据为",data.head())
#print("数据集的特征名称为",housing.feature_names)
data.columns = housing.feature_names
#print("带上特征值的数据的前5行：\n\n",data.head())
#训练集和测试集的划分
X_train, X_test, Y_train, Y_test = 
  train_test_split(data,label,test_size=0.3,random_state=420)
# 恢复索引
for i in [X_train, X_test]:
    i.index = range(i.shape[0])
#print('训练集的大小',X_train.shape)
#print("测试集数据：\n",X_test)
#训练模型
model = LR().fit(X_train, Y_train)
y_predict = model.predict(X_test)
print("预测值为\n",y_predict)
# 根据特征的数量返回相应数量的w
```

```python
print('回归系数为\n',model.coef_)
# 将求出的w和特征数据的名称放到一起展示
print('将特征名称与对应回归系数同时输出\n:',[*zip(X_train.columns,model.coef_)])
# 返回截距
print('线性回归模型的截距为\n',model.intercept_)
#查看都有哪些参数
import sklearn
sorted(sklearn.metrics.SCORERS.keys())
# MSE
#MSE的计算
from sklearn.metrics import mean_squared_error as MSE
average_error = MSE(y_predict,Y_test)
print("MSE的值为\n", average_error)
#R-square
from sklearn.metrics import r2_score
r_square_error = r2_score(Y_test,y_predict)
print('采用R-square方法计算误差:\n',r_square_error)
#绘制拟合出来的y_predict和y_test的曲线对比图
import matplotlib.pyplot as plt
plt.plot(range(len(Y_test)),sorted(Y_test),c="black",label= "y_test")
plt.plot(range(len(y_predict)),sorted(y_predict),c="red",label = "y_predict")
plt.legend()
plt.xlabel("样本数")
plt.ylabel("标签值")
plt.show()
```

利用线性回归模型预测糖尿病数据集的完整代码如下:

```python
# 导数据分析常用包
import numpy as np
import pandas as pd
import matplotlib.pyplot as plt
# 导包读取糖尿病数据集
from sklearn.datasets import load_diabetes
data_diabetes = load_diabetes()
print(data_diabetes)
# 先看一下数据是什么样的
# diabetes是一个关于糖尿病的数据集,该数据集包括442个病人的生理数据及一年以后的病情发展情况
data = data_diabetes['data']
target = data_diabetes['target']
feature_names = data_diabetes['feature_names']
#现在三个数据都是NumPy格式的一维数据形式,将它们组合成DataFrame可以更直观地观察数据
df = pd.DataFrame(data,columns = feature_names)
```

```
df.head()    # 查看前几行数据
# 查看数据集的基本信息
df.info()
# 1.抽取训练集和测试集
from sklearn.model_selection import train_test_split
train_X,test_X,train_Y,test_Y =  train_test_split(data,target,train_size=0.8)
# 2.建立模型
from sklearn.linear_model import LinearRegression
model = LinearRegression()
# 3.训练数据
model.fit(train_X,train_Y)
LinearRegression(copy_X=True, fit_intercept=True, n_jobs=1, normalize=False)
# 4.评估模型
model.score(train_X,train_Y)
```

任务评价

任务评价表（三）如表 6-3 所示。

表 6-3　任务评价表（三）

任务：_____ 时间：_____

阶段任务	任务评价		
	合格	良好	优秀
任务布置			
知识准备			
任务实施			

测试习题

1. 多元线性回归中的"线性"是指什么是线性的？（　　）
   A．因变量　　　　　　　　　　B．系数
   C．因变量差　　　　　　　　　D．误差
2. 欠拟合产生的原因有（　　）。
   A．学习到数据的特征过少
   B．学习到数据的特征过多
   C．学习到错误数据
   D．机器运算错误
3. 线性回归的核心是（　　）。
   A．搭建模型　　　　　　　　　B．距离度量

C. 参数学习   D. 特征提取

4. 在线性回归方程中，回归系数 b 为负数表明自变量与因变量为（　　）。
   A. 负相关   B. 正相关
   C. 显著相关   D. 不相关

5. 在回归分析中，下列哪个选项不属于线性回归？（　　）
   A. 一元线性回归
   B. 多个因变量与多个自变量的回归
   C. 分段回归
   D. 多元线性回归

6. 下列关于线性回归的说法中不正确的是（　　）。
   A. 线性回归是目标值预期为输入变量的线性组合
   B. 回归用于预测输入变量和输出变量之间的关系
   C. 线性回归的曲线拟合已知数据且能很好地预测未知数据
   D. 线性回归不属于回归问题

7. 线性回归中只有一个自变量的情况被称为（　　）。
   A. 单变量回归   B. 多变量回归
   C. 多元回归   D. 二元回归

8. 下列有关线性回归的说法中不正确的是（　　）。
   A. 线性回归分析就是寻找一条贴近样本点的直线的方法
   B. 线性回归方程及其回归系数可以估计和预测变量的取值和变化趋势
   C. 由任何一组观测值都能得到具有代表意义的回归直线方程
   D. 线性回归直线方程最能代表线性相关的观测值 x、y 之间的关系

9. 下列关于线性回归方程的说法中不正确的是（　　）。
   A. 具有相关关系的两个变量不一定具有因果关系
   B. 散点图能直观地反映数据的相关程度
   C. 回归直线最能代表线性相关的两个变量之间的关系
   D. 任意一组数据都有回归方程

10. 用逻辑回归模型可以解决线性不可分问题吗？（　　）
    A. 可以   B. 不可以
    C. 视数据具体情况而定   D. 以上说法都不对

技能训练

实训项目编程讲解视频请扫码观看。

实训目的

通过本次实训，学生能够彻底掌握线性回归模型案例，扩展研究线性回归的深层原理。

实训内容

不通过 sklearn 库（数据集可从 sklearn 库中读取），只通过 Python 和 NumPy 搭建出线性回归模型。

单元小结

本单元主要讲解线性回归模型的原理和训练方法，线性回归模型是机器学习领域最简单也最基础的学习模型，学生不仅要知道线性回归模型的训练步骤，还要知道训练的方法、最小二乘法和评估方法等。线性回归模型为整个机器学习中的回归问题打下基础。

思政故事

高尔顿与回归分析的起源

为了研究父代与子代之间身高的关系，高尔顿和他的学生卡尔·皮尔逊搜集了 1078 对夫妇及其儿子的身高数据。他们发现这些数据的散点图大致呈直线状态，也就是说，总的趋势是父母的身材偏高（矮）时，儿子的身材也偏高（矮）。具体来说，以每对夫妇的平均身高作为自变量，以他们的一个成年儿子作为因变量，父母身高和儿子身高的关系可以拟合成一条直线，即儿子的身高 y 与父母的平均身高 x 之间的关系大致可归结为

$$y = 33.73 + 0.516x \text{（inch）}$$

$$y = 0.8567 + 0.516x \text{（m）}$$

这个拟合关系表明：通过父母的身高可以预测儿子（成年）的身高。假如父母的平均身高为 1.70m，则预测儿子的身高约为 1.73m。（学生可以用自己身边的家庭身高数据作为测试样本验证一下这个公式的准确度）

结合前面提到的线性关系可以得出以下结论：身材较高的父母，他们的儿子也较高，但这些儿子的平均身高并没有他们父母的平均身高高；身材较矮的父母，他们的儿子也较矮，但这些儿子的平均身高却比他们父母的平均身高高。它反映了一个规律，即儿子的身高有向其父母的平均身高回归的趋势。对这个一般结论的解释如下：大自然具有一种约束力，这种约束力使人类身高的分布相对稳定而不产生两极分化。

1855 年，高尔顿将上述结果发表在论文《遗传的身高向平均数方向的回归》中，这就是统计学上"回归"定义的第一次出现。虽然"回归"的初始含义与线性关系拟合的一般规则无关（"线性"和"回归"是研究父母与儿子的身高得出的两个方面的结论），但"线形回归"这一术语却因此沿用下来，线性回归被作为根据一种变量（父母身高）预测另一种变量（子女身高）

或多种变量关系的描述方法。

高尔顿于 1822 年出生于英格兰伯明翰一个显赫的银行家家庭。高尔顿 15 岁开始在伯明翰市立医院做了两年内科见习医生。高尔顿 18 岁时到伦敦国王学院学习解剖学和植物学，随后转到剑桥大学三一学院学习自然哲学和数学，后又进入圣乔治医院继续学医。

从 1845 年开始，高尔顿对地理科学发生兴趣。1850 年，他与友人先后远赴马耳他、埃及尼罗河流域和南非进行科学考察，还曾只身进入巴勒斯坦腹地，这使他成为一位知名探险家。1853 年，他被选为英国皇家地理学会会员。1856 年，他又被选为英国皇家学会会员，年仅 34 岁。他于 1857 年定居伦敦，正式开始了他的书斋式的科学研究活动。1909 年，他被英国王室授予勋爵称号。1911 年，他病逝于英格兰南部，享年 89 岁。

据高尔顿学生的不完全统计，高尔顿平生著书 15 种，撰写各种学术论文 220 篇，涉猎范围包括地理、天文、气象、物理、机械、人类学、民族学、社会学、统计学、教育学、医学、生理学、心理学、遗传学、优生学、指纹学、照相术、登山术、音乐、美术、宗教等，是一位百科全书式的学者。

高尔顿虽然最早是以地理学家的名义进入科学界的，但在 1859 年其表兄达尔文的《物种起源》发表之后，高尔顿立即成了达尔文学说的信奉者，其科学兴趣也很快转移到与生命有关的科学——遗传学领域。高尔顿是用统计方法研究生物学的第一人，他用实际行动将统计学与概率论真正结合起来，为数理统计学的产生奠定了基础。

单元 7　SVM 算法

学习目标

　　通过对本单元的学习，学生能够了解 SVM 算法模型的原理；能够掌握线性分类的过程及核函数、松弛变量的应用；能够熟练运用独热编码对非数值型数据进行预处理；能够运用 sklearn 库搭建并训练 SVM 算法模型，以及对测试集进行预测；能够结合分类结果评估 SVM 算法模型并进行模型调优。

　　通过对单元的学习，学生能够利用 SVM 算法对蘑菇数据集进行分析和处理；能够选择合适的核函数来训练模型及评估模型；能够具备发现事物内在规律的创新思维和坚持专注的精神。

引例描述

　　自然界中毒蘑菇的种类繁多，目前我国已知的毒蘑菇有 400 多种，且其分布广泛，媒体上常有误食毒蘑菇中毒的新闻。人在吃了毒蘑菇后，往往出现呕吐、恶心、腹痛、腹泻等消化系统的不适症状，甚至危及生命。那么在野外采摘蘑菇时，该如何判别蘑菇是否有毒呢？有时人们会通过蘑菇的形状和颜色去判别。如果通过计算机来分辨，该如何实现呢？专家已经定义了蘑菇的特征、生长环境，以及蘑菇是否有毒的蘑菇数据集。给定一朵新的蘑菇，采集与其相应的特征和生长环境信息，根据机器学习的分类算法，可辨别该蘑菇是否有毒。本单元通过 SVM 算法来完成蘑菇是否有毒的分类过程。

任务 7.1　蘑菇数据集导入与数据预处理

任务情景

　　SVM 算法模型是一种二分类模型，由于它的分类效果好，因此被广泛应用于字符识别、面部识别、行人检测、文本分类等领域。

　　本任务通过 SVM 算法对蘑菇数据进行分类，在进行分类之前，需要先对数据集进行导入，并使用独热编码对数据进行预处理，而后分离出需要使用的训练集与测试集、标签值与特征值。本任务采用的数据集来自 UCI 提供的蘑菇数据集。该数据集可从华信教育网本书配套资源处下载。

蘑菇数据集总共 8123 条记录，每条记录由 22 个特征和 1 个标签构成，其中，特征分别为菌盖颜色、菌盖形状、菌盖表面形状、气味、菌褶等。根据这些特征将蘑菇数据集分为两类，即毒蘑菇和可食用的蘑菇，可食用的蘑菇的数据记录有 4208 条，占总数据集的 51.8%；毒蘑菇的数据记录有 3916 条，占总数据集的 48.2%。

在机器学习中，衡量两个样本之间的相似度往往需要计算两个样本之间的距离，但是样本的特征并不总是连续的数值，也有可能是离散的文本分类值。对于文本分类值，难以计算距离，如某个特征的值域为{'A','B','C'}。为了计算两个带有分类值的样本之间的距离，需要对分类值进行编码，由可用于计算的编码替代分类值。采用独热编码即可解决对带有分类值的样本无法计算距离的问题。

任务布置

在 Python 中，实现数据集导入，对数据使用独热编码，提取特征值和标签值，随机选取测试集与训练集。导入的蘑菇数据集的 8 条记录如图 7-1 所示。

```
  p x s n t p.1 f c n.1 k ... s.2 w w.1 p.2 w.2 o p.3 k.1 s.3 u
0 e x s y t a f c b k ...  s   w  w   p   w  o p   n   n  g
1 e b s w t l f c b n ...  s   w  w   p   w  o p   n   n  m
2 p x y w t p f c n n ...  s   w  w   p   w  o p   k   s  u
3 e x s g f n f w b k ...  s   w  w   p   w  o e   n   a  g
4 e x y y t a f c b n ...  s   w  w   p   w  o p   k   n  g
5 e b s w t a f c b g ...  s   w  w   p   w  o p   k   n  m
6 e b y w t l f c b n ...  s   w  w   p   w  o p   n   s  m
7 p x s w t p f c n p ...  s   w  w   p   w  o p   k   v  g
```

[8 rows x 23 columns]

图 7-1 导入的蘑菇数据集的 8 条记录

蘑菇数据独热编码后的 5 条记录如图 7-2 所示。

```
  p_e p_p x_b x_c x_f x_k x_s x_x s_f s_g ... s.3_s s.3_v s.3_y \
0  1   0   0   0   0   0   0   1   0   0  ...   0     0     0
1  1   0   0   0   0   0   0   1   0   0  ...   0     0     0
2  0   1   0   0   0   0   0   1   0   0  ...   1     0     0
3  1   0   0   0   0   0   0   1   0   0  ...   0     0     0
4  1   0   0   0   0   0   0   1   0   0  ...   0     0     0

  u_d u_g u_l u_m u_p u_u u_w
0  0   1   0   0   0   0   0
1  0   0   1   0   0   0   0
2  0   0   0   0   0   1   0
3  0   1   0   0   0   0   0
4  0   1   0   0   0   0   0
```

[5 rows x 119 columns]

图 7-2 蘑菇数据独热编码后的 5 条记录

切分后的训练数据如图 7-3 所示，切分后的训练数据标签值如图 7-4 所示。

```
         x_b x_c x_f x_k x_s x_x s_f s_g s_s s_y ... s.3_s s.3_v  \
4055      0   0   1   0   0   0   0   1   0   0  ...    0     1
764       0   0   1   0   0   0   1   0   0   0  ...    0     0
2998      0   0   0   0   0   1   0   0   0   1  ...    0     1
8079      0   0   0   1   0   0   0   0   1   0  ...    0     1
197       0   0   0   0   0   1   0   0   0   0  ...    1     0
...      ...  ... ... ... ... ... ... ... ... ... ...   ...   ...
6596      0   0   1   0   0   0   0   0   1   0  ...    0     0
275       0   0   1   0   0   0   0   0   0   1  ...    0     0
6358      0   0   1   0   0   0   0   1   0   0  ...    0     1
3318      0   0   1   0   0   0   1   0   0   0  ...    0     0
5575      0   0   0   0   0   1   0   0   0   1  ...    0     1

         s.3_y u_d u_g u_l u_m u_p u_u u_w
4055      0    0   0   0   1   0   0
764       0    0   1   0   0   0   0
2998      0    1   0   0   0   0   0
8079      0    1   0   0   0   0   0
197       0    0   0   1   0   0   0
...      ...  ... ... ... ... ... ...
6596      0    0   1   0   0   0   0
275       1    0   1   0   0   0   0
6358      0    0   0   0   1   0   0
3318      1    1   0   0   0   0   0
5575      0    0   0   0   1   0   0

[7310 rows x 117 columns]
```

图 7-3 切分后的训练数据

```
4055      0
764       1
2998      1
8079      0
197       1
...      ...
6596      0
275       1
6358      0
3318      1
5575      0
Name: p_e, Length: 7310, dtype: uint8
```

图 7-4 切分后的训练数据标签值

知识准备

1. 数据读取

通过对前几个单元的学习，我们已经知道 Python 中读取数据的方式有多种，如使用 pandas 库中的 read_csv 函数导入下载好的.csv 格式的文件。可以使用 sklearn 库提供的函数自动生成数据集，也可以使用 sklearn 库自带的小数据集通过 sklearn.datasets.load_<name>函数直接导入数据。本单元案例主要使用 pandas 库中的 read_csv 函数导入已下载好的数据集。

课堂随练 7-1 读取本地文件夹下的 students.csv 文件。

```
import pandas as pd
stu = pd.read_csv("./student.csv")
```

read_csv 函数不仅可以读取本地文件，也可以读取 URL 指向的文件。

课堂随练 7-2 读取 URL 上的文件。

```
import pandas as pd
```

```
stu = pd.read_csv("http://localhost/student.csv")
```

2. 数据预处理

假设蘑菇数据集只有两个特征，其中，一个特征是帽面特征，它有四种特征值——纤维（f）、凹槽（g）、鳞片（y）和光滑（s），那么该特征可以表示为"cap-surface:[f,g,y,s]"；另外一个特征是面纱类型特征，它的两个特征值为部分（p）和通用（u），那么该特征可以表示为"veil-type:[p,u]"。假设有两个蘑菇数据，分别为蘑菇 A(f,u)、蘑菇 B(g,p)。为了计算两个蘑菇之间的相似度，需要计算它们之间的距离，这就需要将分类值的特征数字化。如果采用直接序列化的方式，可以将[f,g,y,s]与[0,1,2,3]对应，将[p,u]与[0,1]对应，那么 A(f,u)转变为 A(0,1)，B(g,p)转变为 B(1,0)。由于帽面与面纱类型属于不同的类型，因此不能直接对序列化后的数据使用机器学习算法进行计算。

基于以上问题，可以采用独热编码的方式对上述样本编码，帽面特征的 f 值用[1,0,0,0]表示，g 值用[0,1,0,0]表示，y 值用[0,0,1,0]表示，s 值用[0,0,0,1]表示；面纱类型特征的 p 值用[1,0]表示，u 值用[0,1]表示；那么蘑菇 A 可以表示为[1,0,0,0,0,1]，蘑菇 B 可以表示为[0,1,0,0,1,0]。此时就可以通过欧氏距离计算这两者之间的距离。由于蘑菇 A 和蘑菇 B 的两个特征均无关联，因此两者之间的欧氏距离为 2，两者之间的相似度较小。对蘑菇 C(f,p)、蘑菇 D(y,p)使用独热编码后的值分别为 C[1,0,0,0,1,0]、D[0,0,1,0,1,0]。蘑菇 C 与蘑菇 D 的欧氏距离为 1，两者之间的相似度较大，因为 C 和 D 中有一个特征是一样的。

课堂随练 7-3 对特征数据中的非数值数据使用独热编码。

```
import numpy as np
import pandas as pd
data = pd.DataFrame({'gender':['female', 'male', 'female'],'size': ['M', 'L', 'XL'],
                    'age': [30, 29, 23]},
                    columns=['gender', 'size', 'age'])
a_encoded = pd.get_dummies(data)
print(a_encoded)
```

任务实施

Step 1：引入相关模块，pandas 库不仅提供了加载和读取流行的参考数据集的方法，还提供了对数据进行预处理的编码方法。

```
import pandas as pd
```

Step 2：使用 pandas 库中的 read_csv 函数导入蘑菇数据集。

```
#导入蘑菇数据集
mush_df = pd.read_csv('./mashuroom.csv')
print(mush_df.head(8))
```

Step 3：使用 pandas 库中的 get_dummies 函数对数据集编码。

```
#对蘑菇数据集使用独热编码
mushroom_encoded = pd.get_dummies(mushroom)
print(mushroom_encoded.head(5))
```

Step 4：提取使用独热编码后的蘑菇样本数据，并将数据集分离成训练集和测试集两部分。

```
#data 表示由所有蘑菇样本数据组成的数据集
data = mushroom_encoded.iloc[:,2:]
#label 表示这些蘑菇样本数据对应的标签值，0 代表有毒，1 代表可食用
label = mushroom_encoded.iloc[:,0]
x_train, x_test, y_train, y_test = train_test_split(data,label,test_size=0.1)
print(data.head(5))
print(label.head(5))
```

任务评价

任务评价表（一）如表 7-1 所示。

表 7-1　任务评价表（一）

任务：_____ 时间：_____

阶段任务	任务评价		
	合格	良好	优秀
任务布置			
知识准备			
任务实施			

任务 7.2　训练 SVM 算法模型

任务情景

SVM 算法是一种监督学习方法，可被应用于统计分类及回归分析领域。

本任务旨在使学生了解 SVM 算法的基本原理及 SVM 算法模型的搭建过程，并使学生学会使用 Python 语言搭建 SVM 算法模型，训练蘑菇数据集，调整参数以得到较好的效果。

任务布置

要求通过蘑菇数据集分离出来的训练集训练 SVM 算法模型，查看设定不同的惩罚因子 C 对结果的影响，C 值为 0.01 时的分类准确率如图 7-5 所示。

测试集数据分类准确率： 0.998769987699877

图 7-5　C 值为 0.01 时的分类准确率

C 值为 1 时的分类准确率如图 7-6 所示。

测试集数据分类准确率： 1.0

图 7-6　C 值为 1 时的分类准确率

在本任务中，C 值为 1 时得到最优的分类模型，学生可以选择其他案例进行测试。

知识准备

1. SVM 概述

SVM（支持向量机）是科尔特斯（Cortes）和瓦普尼克（Vapnik）于 1995 年首先提出的，是一种基于统计学习理论的机器学习方法。在搭建 SVM 算法模型时，模型将样本数据映射为空间中的一些点，寻找一个最优超平面，不仅能将训练样本正确分开，而且能使两类样本的分类间隔最大。

可以使用 SVM 算法针对用户击键行为判断用户是合法身份还是非法身份，如给定一个拥有标签值和特征值的用户击键行为训练集，SVM 算法会将训练数据映射到特征空间中，通过一个超平面将两类用户分离，并且能够让两类用户击键行为特征点与超平面的距离最远，超平面能够将合法用户和非法用户隔离在平面两侧。给定一个用户的击键行为数据，判断该用户在超平面的哪一侧，就可以判断用户的身份。

假设给定一个线性可分的训练集，如图 7-7 所示，实心圆形和空心圆形分别表示两个类别的训练数据。

寻找一个超平面，使得实心圆形在这个超平面的一侧，空心圆形在这个超平面的另一侧。然而，可能存在无穷个这样的超平面，如图 7-8 所示。

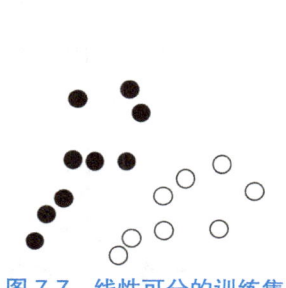

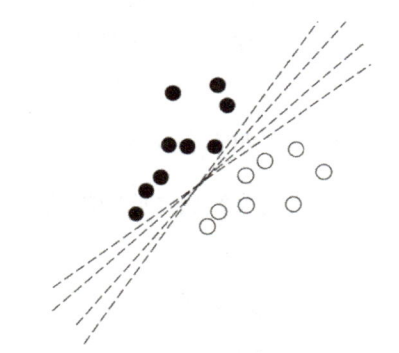

图 7-7　线性可分的训练集　　　图 7-8　线性可分的训练集的可能超平面

对于图 7-8 中的超平面，训练数据在训练过程中的误差都是 0，但是无法满足后续测试数据的正确分类。为了能获得高质量的分类效果，必须在这些超平面中找到一个最优超平面。最优超平面要满足其与两类数据之间的间隔最大，即图 7-9 中的实线与两条虚线之间的间隔要最大。其中，实线部分是最优超平面，虚线部分是两类数据的边缘。

给定一个新的无标签待测数据（见图 7-10 中的三角形），该数据被分类为与空心圆形同一类别的数据。

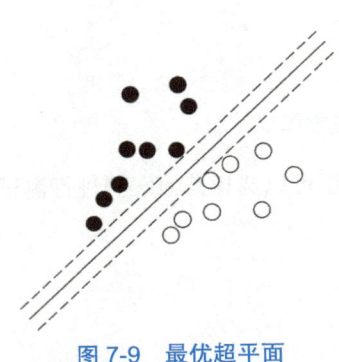

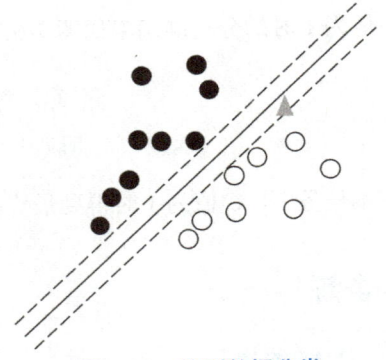

图 7-9 最优超平面　　　　　　　　　图 7-10 待测数据分类

2. SVM 算法模型

通过对 SVM 算法的学习，我们可以知道，对于线性可分的数据，SVM 算法模型的建立首先要寻找到一个超平面，然后在寻找超平面的基础上找到最优的决策函数，并对目标函数进行优化。

对于非线性的数据，需要通过核函数将线性不可分的数据映射到一个高维空间中，在新空间中构建最优分类超平面，从而实现对样本空间的划分。在使用 SVM 算法对数据进行分类时，需要选择合适的核函数来完成高维数据的分类。

1）线性分类器

图 7-11 中给定了一组带有标签的二维数据，其中，实心圆形为类别 A（标签值为1），空心圆形为类别 B（标签值为-1）。对这组二维数据进行分类时，在二维空间中需要找到一条直线，这条直线能够将 A、B 两个类别隔开。由图 7-8 可知，能够将数据完全分割的直线不止一条。最优的那条直线 $kx+b=0$ 能够使训练集上正负样本之间的间隔最大，即图 7-11 中的实线，它与直线 $kx+b=1$ 和直线 $kx+b=-1$ 之间的距离最大。

对高维数据进行分类，需要寻找高维特征空间的一个最优平面。假设给定仅有两个类别的训练集 $D_i=(\pmb{x}_i, y_i)$，$i=1,\cdots,m$，$y_i \in \{+1,-1\}$，并将其映射到二维空间中进行分析。为了得到超平面 $\pmb{\omega}^{\mathrm{T}}\pmb{x}+b=0$，如图 7-12 所示。最大化 $\dfrac{2}{\|\pmb{\omega}\|}$ 其实等价于最小化 $\dfrac{\|\pmb{\omega}\|^2}{2}$，因此通过求 $\dfrac{\|\pmb{\omega}\|^2}{2}$ 的极小值可以获得两类数据之间间隔最大的最优超平面。

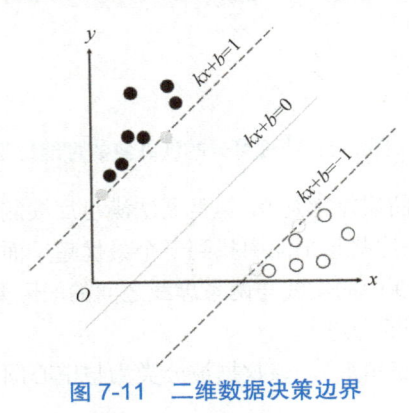

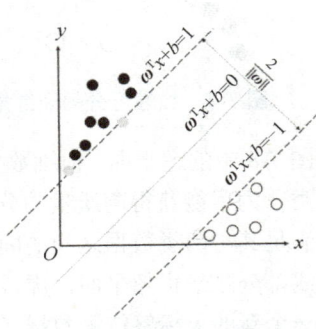

图 7-11 二维数据决策边界　　　　　　图 7-12 数据决策边界

为了得到 $\dfrac{\|\boldsymbol{\omega}\|^2}{2}$ 的极小值,可以结合其约束条件 $y_i(\boldsymbol{\omega}^T\boldsymbol{x}_i+b)\geqslant 1$($i=1,\cdots,m$,$m$ 是样本数),将构造最优超平面的问题转化成求解下式:

$$\min(\Phi(\boldsymbol{\omega}))=\dfrac{\|\boldsymbol{\omega}\|^2}{2} \tag{7-1}$$

引入拉格朗日函数来解决以上优化问题,如下式所示:

$$L(\boldsymbol{\omega},b,\lambda)=\dfrac{\|\boldsymbol{\omega}\|^2}{2}-\sum_{i=1}^{m}\lambda_i\left[y_i\left(\boldsymbol{\omega}^T\boldsymbol{x}_i+b\right)-1\right] \tag{7-2}$$

式中,λ_i 为拉格朗日乘子,$\lambda_i \geqslant 0$。通过对 $\boldsymbol{\omega}$ 和 b 求偏导数,设置偏导数为 0,并解决对偶问题,可求 $\boldsymbol{\lambda}$ 的最优解 $\boldsymbol{\lambda}^*=\left(\lambda_1^*,\lambda_2^*,\cdots,\lambda_m^*\right)^T$,最终可求得最优权向量 $\boldsymbol{\omega}^*$ 和最优偏置 b^*:

$$\boldsymbol{\omega}^*=\sum_{i=1}^{m}\lambda_i y_i \boldsymbol{x}_i \tag{7-3}$$

$$b^*=y_i-\sum_{j=1}^{m}y_j\lambda_j\left(\boldsymbol{x}_j\boldsymbol{x}_i^T\right) \tag{7-4}$$

由此可以获得最优决策函数,即

$$f(x)=\operatorname{sgn}\left(\boldsymbol{\omega}^*\boldsymbol{x}+b^*\right)=\operatorname{sgn}\left\{\left(\sum_{j=1}^{m}\lambda_j^* y_j\left(\boldsymbol{x}_j\boldsymbol{x}_i^T\right)\right)+b^*\right\} \tag{7-5}$$

由以上公式推导可知,最优权向量 $\boldsymbol{\omega}^*$ 和最优偏置 b^* 由与最优超平面距离最近的特殊样本所决定,图 7-12 中曲线上的实心圆形和空心圆形满足 $|\boldsymbol{\omega}^T\boldsymbol{x}+b|=1$,曲线上的这些圆形数据点被称为支持向量。由于支持向量最靠近分类决策面,是最难分类的数据点,因此它们在 SVM 的运行中起着主导作用。

2)核函数

利用 SVM 算法能够实现对线性可分数据的分类。对于实际上难以实现线性分类的问题,可以将待分类数据映射到某个高维的特征空间中,并在该特征空间中构造最优分类面,从而将该问题转化成线性可分类问题。如图 7-13 所示,给定一个二维的环形数据集,在二维空间中,无法使用直线 $kx+b=0$ 对该数据集进行类别划分。为此,可以将该数据集映射到三维的特征空间中,如图 7-14 所示,寻找到最优超平面并对数据进行分类,原来不可分的二维环形数据映射到三维特征空间后就变成可分了。

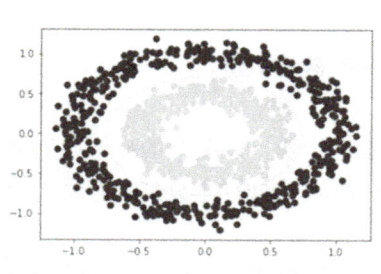

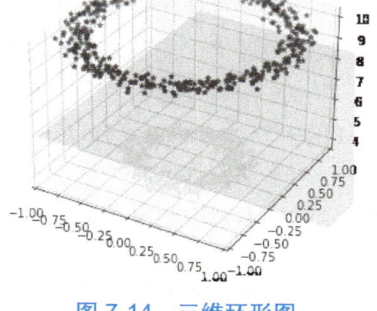

图 7-13　二维环形图

图 7-14　三维环形图

将非线性可分数据从低维空间映射到高维空间,在高维空间中找到一个最优超平面并对映射后的数据进行切分,用高维空间中的样本$\Phi(x)$代替原样本数据 x,可以得到最优分类函数,即

$$f(x) = \mathrm{sgn}\left\{\sum_{j=1}^{l} a_j y_j \Phi(x_j) \cdot \Phi(x_i) + b\right\} \tag{7-6}$$

在高维特征空间中构造最优超平面时,仅使用特征空间中的内积来实现,可以利用一个核函数 $K(X, X^P)$,即

$$K(X, X^P) = \Phi^{\mathrm{T}}(X)\Phi(X^P) = \sum_{j=1}^{M} \phi_j(X)\phi_j(X^P) \tag{7-7}$$

则在高维征空间中建立超平面时,无须考虑变换Φ的形式来简化映射空间中的内积运算。于是为了降低计算的复杂度,解决映射后可能产生的维度爆炸问题,引入了核函数。核函数不仅可以用于 SVM 算法中,也可以用于处理高维映射计算的其他应用中。SVM 算法常用的核函数如下:

(1) 线性核函数:

$$K(\boldsymbol{x}_i, \boldsymbol{x}_j) = \boldsymbol{x}_i^{\mathrm{T}} \boldsymbol{x}_j \tag{7-8}$$

(2) 多项式核函数:

$$K(\boldsymbol{x}_i, \boldsymbol{x}_j) = \left(\boldsymbol{x}_i^{\mathrm{T}} \boldsymbol{x}_j\right)^d \tag{7-9}$$

(3) 径向基核函数:

$$K(\boldsymbol{x}_i, \boldsymbol{x}_j) = \exp\left(-\frac{\|\boldsymbol{x}_i - \boldsymbol{x}_j\|^2}{2\delta^2}\right) \tag{7-10}$$

式中,δ是一个自由参数,通常称为带宽参数,用于控制数据点对模型的影响程度。

(4) sigmoid 核函数:

$$K(\boldsymbol{x}_i, \boldsymbol{x}_j) = \tanh\left(\beta \boldsymbol{x}_i^{\mathrm{T}} \boldsymbol{x}_j + \theta\right) \tag{7-11}$$

式中,β和θ是两个自由参数,用于控制函数的形状和波动程度。

3) 多分类

SVM 算法模型是一种二分类模型,但是在实际应用中,往往需要处理大量的多个类别的问题。那么需要构建 SVM 的多分类器来解决这些问题。构建 SVM 分类器的方法可以归纳为以下 2 类:

(1) 直接法:直接在目标函数上修改,将多个分类面的参数求解并合并到一个最优化问题中,通过求解该最优化问题来一次性实现多分类。

(2) 间接法:通过组合多个二元分类器来实现多分类器的构建。

SVM 的多分类方法主要有以下几种:

(1) 一对多法:训练时,依次把某个类别的样本归为一类,将剩余的样本归为另一类,这样 k 个类别的样本就构建出了 k 个 SVM 分类器。分类时,将未知样本分到具有最大分类函数值的那类中。

例如,给定一个 m 个类标签的数据集 $C = \{c_1, c_2, c_3, \cdots, c_m\}$,其中,类标签为 i 的数据集是 c_i。将类别为 j 的数据集 c_j 设置为一个类别(正类),将其余的数据集设置为另一个类别(负类),

那么通过 SVM 即可训练得到一个二元分类器，最终可以训练得到 m 个二元分类器。对于一个待分类数据 x，使用训练得到的 m 个二元分类器分别对其进行分类，如果分类器 k（由类别 k 与其他类别构建的二元分类器）对 x 进行分类的结果是正类，那么类别 k 获得 1 票，否则除类别 k 以外的其他所有类别均获得 1 票。在对 x 进行 m 轮分类后，获得票数最多的类别即为 x 的最终类标签。

（2）一对一法：在每两个类别间训练一个分类器，那么对于 m 个类别的数据集，就要训练 $m(m-1)/2$ 个分类器。在对未知样本进行分类时，每个分类器都对其类别进行判断，并为相应的类别投上一票，得票最多的类别即作为该未知样本的类别。

例如，给定 3 个类别的数据集 $C=\{c_1,c_2,c_3\}$，可以分为 3 种场景：①使用 c_1 和 c_2 构建 SVM 二元分类器 M_1；②使用 c_1 和 c_3 构建二元分类器 M_2；③使用 c_2 和 c_3 构建 SVM 二元分类器 M_3。对于待分类数据 x，分别使用 M_1、M_2、M_3 对其进行分类，根据分类的结果 $M_1(x)$、$M_2(x)$、$M_3(x)$，最终通过投票的方式确定 x 属于哪一类别。

本单元将使用 sklearn.svm.SVC 函数实现数据分类，该函数是基于 libsvm 软件包实现的，其中，libsvm 的多类分类使用一对一法实现。因此，本单元将使用一对一法实现。

（3）层次分类法：先将所有类别分成两个子类，再将子类进一步分成两个次级子类……直到得到一个单独的类别为止。

（4）其他多类分类方法：除了以上几种方法，还有有向无环图（Directed Acyclic Graph）SVM 法和对类别进行二进制编码的纠错编码 SVM 法等方法。

课堂随练 7-4 sklearn 库中的 svm 模块提供了 SVC 函数，用于创建 SVM 算法模型，通过 fit 函数，输入训练集的样本数据和标签数据来搭建模型。

```
from sklearn.svm import SVC
model = SVC (C=1.0, kernel='rbf', degree=3, gamma='scale', coef0=0.0,
shrinking=True, probability=False, tol=0.001, cache_size=200, class_weight=
None, verbose=False, max_iter=- 1, decision_function_shape='ovr', break_ties=
False, random_state=None)
model = model.fit(data,label)
```

SVC 函数中的参数描述如表 7-2 所示。

表 7-2 SVC 函数中的参数描述

参数	名称	描述
C	正则化系数	其默认值为 1.0。C 值越大，对模型的惩罚越多，泛化能力越弱；C 值越小，对模型的惩罚越少，泛化能力越强
kernel	核函数	其默认值为'rbf'。它的值有 'linear'、'poly'、'rbf'、'sigmoid' 和 'precomputed'，其中，'linear'表示线性核函数，'poly'表示多项式核函数，'rbf'表示径向基核函数，'sigmoid'表示 sigmoid 核函数，'precomputed'表示预先计算好的自定义的核函数矩阵
degree	多项式核函数的维度	其默认值为 3。该参数用来确定多项式核函数的维度，将 kernel 设置为多项式核函数时才使用
gamma	'rbf'、'poly'、'sigmoid' 核函数的系数	该函数的值有'scale'和'auto'，默认值为'scale'。它只作用于'poly'、'rbf'、'sigmoid'三个核函数

续表

参数	名称	描述
coef0	常数项	该参数只作用于'poly'和'sigmoid'核函数，对核函数映射的结果进行一个移位操作。其默认值为 0
shrinking	是否启用启发式收缩	其默认值为'True'。当迭代次数过大时，启用启发式收缩可以缩短训练时间，但是当 tol 值设置得过高时，不用启发式收缩可能训练时间更短
probability	是否启用概率估计	其默认值为'False'。在拟合（fit）模型之前启用概率估计，启用之后会减缓拟合速度，但在拟合之后，模型能够输出各个类别对应的概率
tol	停止拟合容忍度	其默认值为 0.001。该参数用于定义模型停止拟合的误差值
cache_size	核缓存的大小	其默认值为 200MB，用于指定模型在训练时占用的最大内存空间。当训练的维度及记录量大，所需内存超出默认值时，需要通过该参数来调整
class_weight	类别的权重	其默认值为'None'。该参数表示给每个类别分别设置不同的惩罚因子 C，如果未照此设置，则所有类别都设置 $C=1$；如果给定了参数'balance'，则自动调整权重：$C = n\_samples / (n\_classes * np.bincount(y))$。其中，y 为每个训练数据的标签值
verbose	是否启用详细输出	默认值为'False'。该参数表示日志是否启用详细输出，会输出 iter 次数、nSV 等参数的值
max_iter	最大迭代次数	其默认值为-1。该参数用于设置最大迭代次数，不管模型是否拟合完成，都在迭代次数达到最大值时停止模型拟合；使用默认值则不限制迭代次数，即按照误差值来停止模型拟合
decision_function_shape	多分类策略	其默认值为'ovr'。该参数用于设置进行多分类任务。在进行二分类任务时，忽略该参数
break_ties	启用打破平局	其默认值为'Flase'。如果将该参数值设置为'True'，decision_function_shape='ovr'，并且类数大于 2，根据 decision_function 的置信值，预测将打破平局；否则返回绑定类中的第一个类。请注意，与简单的预测相比，打破平局的计算成本相对较高
random_state	随机数	其默认值为'None'。该参数用于控制伪随机数的生成，保证在多次训练的过程中，打乱的数据是一致的，从而进行概率估计。当 probability 的值为 False 时，自动忽略该参数

4）松弛变量

在对线性不可分的数据进行分类时，先用核函数将数据投射到更高维的空间中，然后到高维空间中寻找最优超平面来实现数据分类。有些数据被映射到更高维的空间后，数据仍然线性不可分，如图 7-15 所示。在图 7-15 中，处于两条直线之间的空心圆形偏离正常点较远，可能是噪声点。但是，SVM 算法模型的搭建仅使用支持向量来完成，由于噪声点的存在对模型的搭建产生较大的影响，因此引入松弛变量使噪声点成为支持向量。

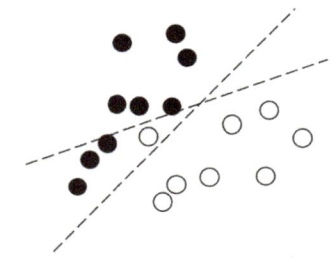

图 7-15　映射到高维空间中的不可分数据

在线性分类器中，约束条件为 $y_i(\boldsymbol{\omega}^T\boldsymbol{x}_i+b) \geqslant 1$，考虑到这些噪声点，将约束条件转变为 $y_i(\boldsymbol{\omega}^T\boldsymbol{x}_i+b) \geqslant 1-\xi_i$，其中 ξ_i 为松弛变量（$\xi_i \geqslant 0$），对应数据点 $\boldsymbol{x}_i$ 允许偏离的函数间隔。如果未对松弛变量进行约束，那么任意超平面都符合以上条件，因此需要对原来的目标函数进行改造，使得这些松弛变量的总和也最小，改造后的目标函数为

$$\min\left(\frac{1}{2}\|\boldsymbol{\omega}\|^2 + C\sum_{i=1}^{l}\xi_i\right) \qquad (7\text{-}12)$$

式中，ξ_i 的值只与离群点有关，非离群点的 ξ_i 的值为 0；C 是惩罚因子，它决定了对所有离群点带来的损失的重视程度。

但是，并不是每个松弛变量都必须使用相同的惩罚因子 C，可以对不同离群点采用不同的 C 值，以此表明样本的重要程度。对于重要的样本，C 就取大点，反之取小点。在模型优化过程中，也可以利用不同的惩罚因子 C 所引起的变化，来寻找最优的 SVM 算法模型。

课堂随练 7-5　sklearn 库中的 model_selection 模块提供了 GridSearchCV 函数，用于实现模型的自动调参，通过模型的训练来寻找最优的惩罚因子 C。

```
from sklearn.model_selection import GridSearchCV
#设置惩罚因子C的变化值
param_grid = {'C': [1, 2, 3, 4]}
grid = GridSearchCV(model, param_grid)
grid.fit(data, label)          #数据训练
print(grid.best_params_)                #输出最优的惩罚因子C
```

3. SVM 算法的优缺点分析

1）SVM 算法的优点

SVM 算法的优点如下：

（1）使用核函数可以实现向高维空间的映射，以解决非线性数据的分类问题。

（2）SVM 学习问题可以表示为凸优化问题，可以利用已知的有效算法发现目标。

（3）函数的全局最小值的分类思想很简单，分类效果较好。

2）SVM 算法的缺点

SVM 算法的缺点如下：

（1）对于大规模的训练样本数据难以实施。

（2）依赖参数的设置与核函数的选择。

任务实施

Step 1：引入相关模块。

```
#sklearn 库包含 SVC 模型函数
from sklearn.svm import SVC
from sklearn.metrics import accuracy_score
```

Step 2：使用 sklearn 库自带的 SVC 函数创建 SVM 算法模型，核函数选择线性核函数，设定 C 的值为 0.01 和 1，通过 accuracy_score 函数查看模型分类效果。

```
#搭建 SVM 算法模型
model = SVC(C=0.01,kernel='linear')
#使用训练集训练模型
model.fit(x_train,y_train)
#使用测试集测试模型
y_test_pre = model.predict(x_test)
#验证测试数据的正确率
acc_score = accuracy_score(y_test, y_test_pre)
print('测试集数据的分类准确率：',acc_score)
```

任务评价

任务评价表（二）如表 7-3 所示。

表 7-3 任务评价表（二）

任务：_____ 时间：_____

阶段任务	任务评价		
	合格	良好	优秀
任务布置			
知识准备			
任务实施			

任务 7.3　模型评估

任务情景

　　模型评估是算法模型训练中的一个重要环节。在分类模型的搭建过程中，需要利用评估方法对分类结果进行评估，以此认定分类模型的优劣。在本任务中，我们利用 Python 中的工具对模型进行评估，并寻找合适的方法对评估结果进行可视化，以便更好地观察模型的表现。

查看设定不同的惩罚因子 C 对结果的影响，在将 C 值设定为 0.01 时，几种常用指标值的评估结果如图 7-16 所示。

惩罚因子 C 为 0.01 时的混淆矩阵如图 7-17 所示。

```
accuracy: 0.995079950799508
precision: 0.9906103286384976
recall: 1.0
f1: 0.9952830188679246
```

生成的混淆矩阵为
[[387   4]
 [0 422]]

图 7-16　几种常用指标值的评估结果　　　图 7-17　惩罚因子 C 为 0.01 时的混淆矩阵

混淆矩阵的热图如图 7-18 所示。

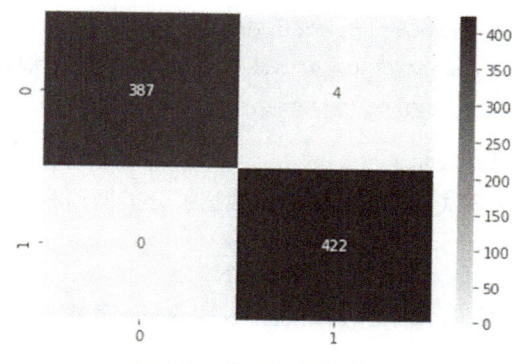

图 7-18　混淆矩阵的热图

知识准备

1. 常见的二分类评估指标

在了解二分类评估指标之前，需要先掌握一些基本知识。假设二分类中的两个类别分别为 A 和 B，为了方便理解后续知识，我们将 A 认定为正分类，将 B 认定为负分类。在二分类的过程中，会出现以下 4 种情况：

（1）正分类的样本被预测为正分类，即为真正类（True Positive，TP）。
（2）正分类的样本被预测为负分类，即为假负类（False Negative，FN）。
（3）负分类的样本被预测为正分类，即为假正类（False Positive，FP）。
（4）负分类的样本被预测为负分类，即为真负类（True Negative，TN）。

1）准确率（Accuracy）

准确率是指对于给定的测试集，分类器正确分类的样本数与总样本数之比，即

$$\text{Accuracy} = \frac{TP + TN}{TP + FN + FP + TN} \tag{7-13}$$

课堂随练 7-6　使用 sklearn 库中的 metrics.accuracy_score 函数对分类模型的结果的准确率进行评估。

```
from sklearn.metrics import accuracy_score
```

```
#验证测试数据的正确率，y_test 为正确类标签，y_test_pre 为预测类标签
acc_score = accuracy_score(y_test, y_test_pre)
```

2）精确率（Precision，用 P 表示）

精确率是指对于给定的测试集，在被分类器预测为正分类的那些数据里，预测正确的数据所占的比例，即

$$P = \frac{TP}{TP + FP} \tag{7-14}$$

课堂随练 7-7 使用 sklearn 库中的 metrics.precision_score 函数对分类模型的结果的精确率进行评估。

```
from sklearn.metrics import precision_score
#验证测试数据的精确率，y_test 为正确类标签，y_test_pre 为预测类标签
pre_score = precision_score (y_test, y_test_pre)
```

3）召回率（Recall，用 R 表示）

召回率是指对于给定的测试集，正分类样本数据被分类器预测为正样本的比例，即

$$R = \frac{TP}{TP + FN} \tag{7-15}$$

课堂随练 7-8 利用 sklearn 库中的 metrics.recall_score 函数，对分类模型的结果使用召回率进行评估。

```
from sklearn.metrics import recall_score
#验证测试数据的召回率，y_test 为正确类标签，y_test_pre 为预测类标签
rec_score = recall_score (y_test, y_test_pre)
```

4）综合评估指标（F Measure）

综合评估指标又被称为 F Score，是精确率和召回率的调和平均数，它的计算公式为

$$F = \frac{2PR}{P + R} \tag{7-16}$$

只有当精确率和召回率两者的值都高时，F 值才高。若有一个值低，则 F 值接近那个很低的数。

课堂随练 7-9 利用 sklearn 库中的 metrics.f1_score 函数，对分类模型的结果使用综合评估指标进行评估。

```
from sklearn.metrics import f1_scores
#验证测试数据的召回率，y_test 为正确类标签，y_test_pre 为预测类标签
f_score = f1_score (y_test, y_test_pre)
```

2. 混淆矩阵

混淆矩阵（Confusion Matrix）是可视化工具，是机器学习中总结分类模型预测结果的分析表，其中，矩阵的行表示真实值，矩阵的列表示预测值，如图 7-19 所示。

单元 7　SVM 算法

混淆矩阵		预测值		
^^	^^	A	B	C
真实值	A	48	0	2
	B	0	50	0
	C	14	0	36

图 7-19　混淆矩阵

课堂随练 7-10　使用 confusion_matrix 函数生成混淆矩阵。

```
from sklearn.metrics import confusion_matrix
y_test = [1,0,1,0,0,0,1,1,1,0]
y_test_pre = [1,0,1,0,0,1,0,0,1,1]
#生成混淆矩阵，y_test 为正确类标签，y_test_pre 为预测类标签
cm = confusion_matrix(y_test, y_test_pre)
#打印混淆矩阵
Print("生成的混淆矩阵为")
print(cm)
```

分类后的混淆矩阵如图 7-20 所示。

```
生成的混淆矩阵为
[[3 2]
 [2 3]]
```

图 7-20　分类后的混淆矩阵

任务实施

Step 1：使用几种常用评估指标评估分类结果。

```
import sklearn.metrics as metrics
#验证测试数据的正确率，y_test 为正确类标签，y_test_pre 为预测类标签
acc_score = metrics.accuracy_score(y_test, y_test_pre)
pre_score = metrics.precision_score (y_test, y_test_pre)
rec_score = metrics.recall_score (y_test, y_test_pre)
f_score = metrics.f1_score (y_test, y_test_pre)
print("accuracy:",acc_score)
print("precision:",pre_score)
print("recall:",rec_score)
print("f1:",f_score)
```

Step 2：使用测试集的原始标签与预测结果标签构建混淆矩阵。

```
#生成混淆矩阵，y_test 为正确类标签，y_test_pre 为预测类标签
cm = confusion_matrix(y_test, y_test_pre)
#打印混淆矩阵
print("生成的混淆矩阵为")
```

```
print(cm)
```

Step 3：输出混淆矩阵的热图。

```
import seaborn as sns
sns.heatmap(cm, cmap='rocket_r', annot=True, fmt='g');
```

任务拓展

乳腺癌数据集预测任务和乳腺癌数据集可从华信教育资源网本书配套资源处下载。

通过本任务的实施，学生可以搭建 SVM 算法模型，实现对乳腺癌人员是否患病的归类。

程序编写

首先，根据导入的乳腺癌数据集，将数据集分为训练集和测试集，设置惩罚因子为 1，采用线性核函数搭建 SVM 算法模型；然后，对测试集进行分类；最后，对分类结果使用分类评估指标进行评估，并输出评估结果，即混淆矩阵和热图。

```
import sklearn.datasets as datasets
from sklearn.svm import SVC
from sklearn.model_selection import train_test_split
from sklearn.metrics import accuracy_score
from sklearn.model_selection import GridSearchCV
#导入乳腺癌数据集
cancer = datasets.load_breast_cancer()
#提取特征数据
data = cancer.data
#提取标签数据
label = cancer.target
#将数据与标签分离
x_train, x_test, y_train, y_test = train_test_split(data,label,test_size=0.1)  #将数据集分成测试集和训练集
#根据训练集寻找最优的 SVM 算法模型
model = SVC(C=1,kernel='linear')
model.fit(x_train,y_train)
#测试数据测试模型
y_test_pre = model.predict(x_test)
#验证测试数据的各评估指标
acc_score = accuracy_score(y_test, y_test_pre)
print('测试集的数据分类准确率：',acc_score)
#生成混淆矩阵，y_test 为正确类标签，y_test_pre 为预测类标签
cm = confusion_matrix(y_test, y_test_pre)
#打印混淆矩阵
print("生成的混淆矩阵为")
```

```
print(cm)
#输出混淆矩阵热图
sns.heatmap(cm, cmap='rocket_r', annot=True, fmt='g');
```

测试习题

1. 如果一个样本空间线性可分，就能找到（　　）个平面来划分样本。
   A．不确定　　　　　B．1　　　　　　　C．无数　　　　　　D．k
2. 下列哪个不是二分类的评估指标？（　　）
   A．准确率　　　　　　　　　　　　　　B．轮廓系数
   C．精确率　　　　　　　　　　　　　　D．召回率
3. 下面关于SVM（支持向量机）的描述中正确的是（　　）。（多选）
   A．是一种监督学习方法　　　　　　　　B．可用于解决多分类问题
   C．支持非线性核函数　　　　　　　　　D．是一种生成模型
4. 属于SVM核函数的选项有（　　）。（多选）
   A．linear　　　　　B．rbf　　　　　　C．sigmoid　　　　　D．ploy
5. 在Python中，用于搭建SVM算法模型的函数是（　　）。
   A．SVM　　　　　　B．SVR　　　　　　C．SVC　　　　　　　D．SRC
6. 下列关于SVM的描述中正确的是（　　）。
   A．SVM能够处理大规模训练样本的数据
   B．SVM不依赖核函数和参数
   C．使用核函数可以实现向高维空间的映射，以解决非线性的分类问题
   D．SVM算法是一种无监督的机器学习方法
7. 下列关于蘑菇数据集的描述中正确的是（　　）。
   A．蘑菇数据集有23个特征
   B．蘑菇数据集的特征值都是连续值
   C．蘑菇数据集中的毒蘑菇数据与可食用的蘑菇数据数量一致
   D．对蘑菇数据集可使用独热编码
8. 假设A特征的值为$[f,g,y,s]$，那么对其使用独热编码后对应的数据为（　　）。
   A．[1,2,3,4]　　　　　　　　　　　　　B．[6,7,19,25]
   C．[0,1,0,1]　　　　　　　　　　　　　D．[1000,0100,0010,0001]
9. 下列选项中描述正确的是（　　）。
   A．松弛变量与离群点无关
   B．每个松弛变量都必须使用相同的惩罚因子
   C．可以对不同的离群点采用不同的惩罚因子
   D．松弛变量和惩罚因子是一样的
10. sklearn.model_selection模块提供了下列哪个函数用于实现模型的自动调参？（　　）
    A．GridSearchCV函数　　　　　　　　　B．accuracy_score函数
    C．confusion_matrix函数　　　　　　　D．sns.heatmap函数

技能训练

实训项目编程讲解视频请扫码观看。

实训目的

通过本次实训，学生能够彻底掌握 SVM 算法分类模型案例，研究并寻找最优的惩罚因子 C。

实训内容

通过乳腺癌数据集训练 SVM 算法模型，要求学生用训练集找到线性核函数的最优的惩罚因子 C，并要求学生使用混淆矩阵和热图展示分类结果。

单元小结

本单元主要讲解 SVM 算法的基础知识、实现原理和机制，使用 SVM 算法对蘑菇数据集和乳腺癌数据集进行分类，掌握 SVM 算法分类模型的基础搭建方法的技巧并寻找惩罚因子 C，掌握常见的数据分类评估指标和混淆矩阵的使用方法，并在最终的实训部分，希望学生能独立完成对乳腺癌数据集的分类，并尝试使用各种评估指标对其结果进行分析。

拓展学习

[1] 周志华. 机器学习[M]. 北京：清华大学出版社，2016.

[2] 李爱国，库向阳. 数据挖掘原理、算法及应用[M]. 西安：西安电子科技大学出版社，2018.

思政故事

统计学理论的主要创始人

弗拉基米尔·瓦普尼克，其英文名为 Vladimir Naumovich Vapnik，是俄罗斯统计学家、数学家。他是统计学习理论（Statistical Learning Theory）的主要创始人之一，该理论也被称作 VC 理论（Vapnik Chervonenkis Theory）。1958 年，他在撒马尔罕（现属乌兹别克斯坦）的乌兹别克国立大学完成了硕士学业。1964 年，他于莫斯科的控制科学学院获得博士学位。毕业后，他在该校工作到 1990 年，并成了该校计算机科学与研究系的系主任。

弗拉基米尔·瓦普尼克在 1963 年读博期间，就和他的同事阿列克谢·切尔沃宁基斯共同提出了支持向量机（SVM）的概念。但由于受到当时的国际环境影响，他们用俄文发表的论文并没有受到国际学术界的关注。直到 20 世纪 90 年代，弗拉基米尔·万普尼克来到美国新泽西州的美国电话电报公司贝尔实验室工作，发表了 SVM 理论。这为 20 世纪 60 年代就被遗弃的感知机网络开辟了一个新篇章。SVM 成为功能强大的分类器，并出现在每个神经网络工作者的工具包中。SVM 的内核技巧（Kernel Trick）是一种数学转换方法，相当于将数据从其抽样空间重新映射到使其更容易被分离的超空间中。

单元 8　神经网络

学习目标

通过对本单元的学习，学生能够掌握神经网络模型的原理和结构，能够理解人工智能、神经网络、深度学习的概念及分类规则，掌握神经网络模型的实现方法与评估方法，并掌握关于 MNIST 数据预处理的方法知识。

通过对本单元的学习，学生能够熟练运用 sklearn 库、keras 库搭建神经网络模型，熟练运用神经网络模型对数据集进行预测；能够对数据进行预处理，结合分类结果评估模型进行基础的调优；能够具备"科技改变社会，科技服务社会"的意识，在人工智能时代下，能够不畏困难，迎接挑战。

引例描述

人类可以很轻松地分辨出手写的数字是多少，但是对计算机来说，实现手写数字乃至手写文字的分类却是艰难的。试想，如果计算机能够像人脑一样"思考"，拥有一层层连接的"神经元"，模拟人脑的思考活动，那么它能不能对手写的数字甚至文字进行判断、分类呢？使用算法模拟人脑进行智能运算的结构与模型被称为神经网络。本单元通过使用神经网络实现手写数字识别来使学生了解当下人工智能的热点话题——神经网络问题。情景描述如图 8-1 所示。

（a）

（b）

（a：人与计算机对话。
计算机：我不认得这是什么？人：这些数字很好认啊！
b：我学会使用神经网络啦，这是 3！）

图 8-1　情景描述

任务 8.1　MNIST 数据集导入与数据预处理

任务情景

人工神经网络（Artificial Neural Network，ANN）在本书中简称神经网络（Neural Network，NN），是一种模拟生物神经网络的算法结构与模型。由于其拥有强大的适应性和处理能力，所以其在图像处理、分类等方面有着广泛的应用。

MNIST 数据集是经典的机器学习数据集，本任务旨在对 MNIST 数据集进行数据的读取与导入，分离出需要用到的训练集与测试集、标签值与特征值。该数据集由美国国家标准与技术研究院整理，自 1998 年起，该数据集被广泛地应用于机器学习与深度学习等领域，在 k-NN 算法、SVM 算法、神经网络、卷积神经网络等方面都得到了广泛的应用。

MNIST 数据集（该数据集可从华信教育资源网本书配套资源处下载）共统计了来自 250 个不同的人手写的数字图片，其中，50%来自高中生，50%来自人口普查局的工作人员。扫描二维码并下载该数据集，可以得到四个压缩包，解压后得到四个文件。MNIST 数据集的四个文件如图 8-2 所示。

- t10k-images.idx3-ubyte
- t10k-labels.idx1-ubyte
- train-images.idx3-ubyte
- train-labels.idx1-ubyte

图 8-2　MNIST 数据集的四个文件

训练集 train-images.idx3-ubyte 和 train-labels.idx1-ubyte 共包含 60 000 张图像和标签，测试集 t10k-images.idx3-ubyte 和 t10k-labes.idx1-ubyte 共包含 10 000 张图像和标签，测试集中的前 5000 个数据为美国人口普查局的员工手写数据，后 5000 个数据为大学生手写数据。

任务布置

在 Jupyter Notebook 中实现 idx 文件的读取与解析，要求能够读取数据的条数与矩阵的大小，并输出一部分训练集的手写数字图片。

训练集的大小如图 8-3 所示。

训练集 images_magic 为 2051
照片个数为 60000
行数为 28
列数为 28

图 8-3　训练集的大小

部分训练集标签如图 8-4 所示。

训练集标签为 [5 0 4 ... 5 6 8]

图 8-4　部分训练集标签

前 8 张训练集手写数字图片展示如图 8-5 所示。

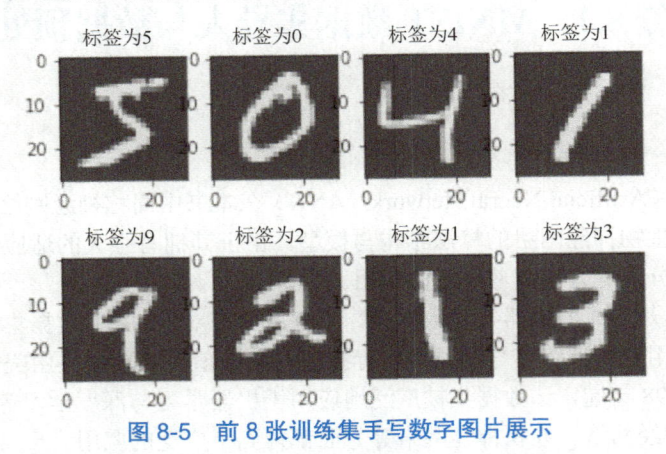

图 8-5　前 8 张训练集手写数字图片展示

测试集的大小如图 8-6 所示。部分测试集标签如图 8-7 所示。

测试集 images_magic 为 2051
照片个数为 10000
行数为 28
列数为 28

测试集标签为　[7 2 1 ... 4 5 6]

图 8-6　测试集的大小　　　　　　　　　　　图 8-7　部分测试集标签

前 8 张测试集手写数字图片展示如图 8-8 所示。

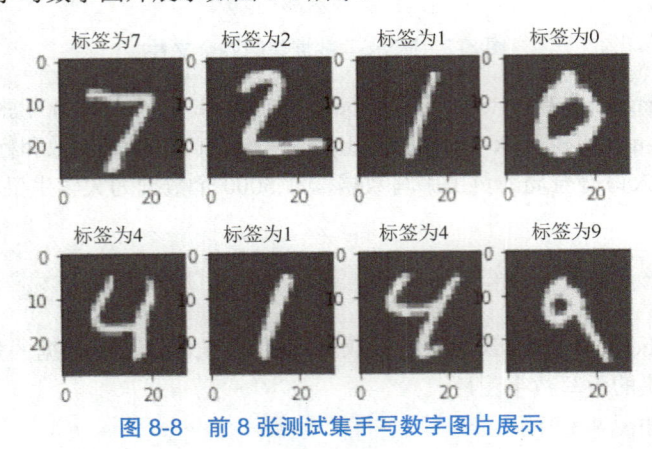

图 8-8　前 8 张测试集手写数字图片展示

知识准备

1. idx 文件读取

下载得到的四个文件并不是常用的 csv 文件或者图片文件，而是以 idx1-ubyte 和 idx3-ubyte 为后缀的文件，这是一种 idx 数据格式的文件。

根据 MNIST 官网，idx1-ubyte 文件的数据格式如图 8-9 所示。

```
[offset] [type]          [value]          [description]
0000     32 bit integer  0x00000801(2049) magic number (MSB first)
0004     32 bit integer  60000            number of items
0008     unsigned byte   ??               label
0009     unsigned byte   ??               label
........
xxxx     unsigned byte   ??               label
```

图 8-9 idx1-ubyte 文件的数据格式

其中，第 0～3 个字节表示的是 32 位整型数据，idx3-ubyte 文件的数据格式如图 8-10 所示。

```
[offset] [type]          [value]          [description]
0000     32 bit integer  0x00000803(2051) magic number
0004     32 bit integer  60000            number of images
0008     32 bit integer  28               number of rows
0012     32 bit integer  28               number of columns
0016     unsigned byte   ??               pixel
0017     unsigned byte   ??               pixel
........
xxxx     unsigned byte   ??               pixel
```

图 8-10 idx3-ubyte 文件的数据格式

测试集的文件类型与训练集相同。

由数据集的文件格式可知，我们需要读取 magic number，这是一种对文件协议的描述，要先采用 struct.unpack 函数读取 magic 值，再采用 np.fromfile 函数将字节读入数组中。

课堂随练 8-1　读取本地文件夹下的 train-labels.idx1-ubyte 标签数据集。

```
# 读取训练集标签
with open('./train-labels.idx1-ubyte', 'rb') as lbpath:
    labels_magic, labels_num = struct.unpack('>II', lbpath.read(8))
    labels = np.fromfile(lbpath, dtype=np.uint8)
    print("训练集标签为",labels)
```

课堂随练 8-2　读取本地文件夹下的 train-images.idx3-ubyte 训练集。

```
#读取训练集数据
with open('./train-images.idx3-ubyte', 'rb') as imgpath:
        images_magic, train_img_num, rows, cols = struct.unpack('>IIII', imgpath.read(16))
        print('训练集 images_magic 为%d \n' %(images_magic),
          '照片个数为%d \n'%(train_img_num),
          '行数为%d \n'%(rows),
          '列数为%d \n'%(cols))
        images = np.fromfile(imgpath, dtype=np.uint8).reshape(train_img_num, rows * cols)
```

接下来，对数据进行图形化展示。在 MNIST 数据集中，每张图片都是由 28×28 个像素点构成的，在读入数据时，将其展开成 784 维度的向量。若想展示图片，则将其继续重组为 28×28 的像素矩阵，再展示出来。

课堂随练 8-3 通过 plot 展示一张训练集中的图片。

```
# 取出一张图片和对应的标签
import matplotlib.pyplot as plt
j=1
plt.imshow(images[j].reshape(28,28))
plt.title('标签为 {}'.format(labels[j]))
plt.show()
```

其中，j 表示展示的是第几张图片，当 j=1 时，展示的第二张图片如图 8-11 所示。

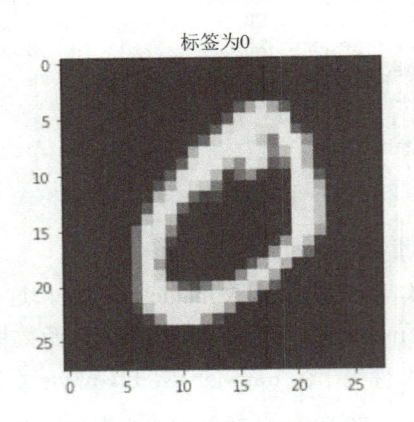

图 8-11 展示的第二张图片

以上是采用 struct.unpack 函数读取下载好的 ubyte 文件的代码。下面介绍一个适用于神经网络的库 keras。keras 库一般集成在 TensorFlow 上，是一个用 Python 语言编写的开源的神经网络库，可以作为 TensorFlow、Microsoft-CNTK 和 Theano 的高阶应用程序接口，用于深度学习模型的设计、调试、评估、应用和可视化。

keras 库可以直接使用 Anaconda Navigator 软件进行安装。

下面可以仅通过以下命令读取数据：

```
>>> from keras.datasets import mnist
>>>#若直接通过 keras 库导入报错，可从
https://s3.amazonaws.com/img-datasets/mnist.npz
>>>#链接中下载 MNIST 数据集
>>> (X_train, y_train), (X_test, y_test) = mnist.load_data() #加载数据
```

为了方便，在本单元中，采用 keras 模块进行神经网络的搭建。在此之前，要先了解数据集的构造。

2. 数据预处理

通过 shape 函数，我们可以看到由 mnist.load_data 函数得到的训练集的维度是 60000×28×28，测试集的维度是 10000×28×28，其中，第一维是指数据集的长度（样本数），第二维与第三维是指图片的宽度与高度。对于多层感知机（MLP），需要输入二维向量，因此在数据预处理的过程

中，需要使用 reshape 函数将 28×28 的数组转化成 784 长度的向量。

课堂随练 8-4 将维度为 X.shape[0]*X.shape[1]*X.shape[2]的数据 X 转化成二维数据。

```
X = X.reshape(X.shape[0], X.shape[1]*X.shape[2]).astype('float32')
```

同时，读取数据集之后的灰度值在 0～255 范围内，但为了使模型的训练效果更好，通常将训练数值归一化映射到 0～1 范围内。像素的归一化可总结为机器学习中一般的归一化方法：x'= (x - X_min) / (X_max - X_min)。

课堂随练 8-5 将数组 array=[1,2,3,4,5]中的数据归一化。

```
def Normalize(array):
    mx = np.nanmax(array)
    mn = np.nanmin(array)
    array_nor = (array-mn)/(mx-mn)
    return array_nor
```

3. 独热编码

独热编码又被称为一位有效编码，可以将其理解为对 N 种分类或状态使用 N 位状态寄存器进行的编码，每种类别或者状态都有独立的寄存器的位置，并且不能两种状态并存，即同一时刻只能一位有效。通常情况下，使用二进制向量来表示独热编码，将类别映射到二进制向量中的整数值，该位为 1，其他位置标记为 0。

下面将通过几个例子来对独热编码进行说明。

（1）假设对人的性别【男、女】进行独热编码，类别状态有 2 个，即有 2 位的状态寄存器，可以有如下表示方法：

将男表示为[1,0]，女表示为[0,1]。

（2）假设对图形的形状【方形、圆形、三角形】进行独热编码，类别状态有 3 个，即有 3 位的状态寄存器，可以有如下表示方法：

将方形表示为[1,0,0]，圆形表示为[0,1,0]，三角形表示为[0,0,1]。

（3）假设对人的情感状态【愤怒、惊讶、沮丧、快乐、恐惧、悲伤】进行独热编码，类别状态有 6 个，即有 6 位的状态寄存器，可以有如下表示方法：

将愤怒表示为[1,0,0,0,0,0]，惊讶表示为[0,1,0,0,0,0]，沮丧表示为[0,0,1,0,0,0]，快乐表示为[0,0,0,1,0,0]，恐惧表示为[0,0,0,0,1,0]，悲伤表示为[0,0,0,0,0,1]。

MNIST 数据集包括的标签表示为 0～9，即 10 个类别，转化成独热编码则有 10 位的状态寄存器。在 keras 库中，可以使用 keras.np_utils.to_categorical 函数将整型标签值转化为独热编码，例如当某个训练数据的标签值为数字 6 时，其独热编码表示为[0,0,0,0,0,0,1,0,0,0]。

课堂随练 8-6 将标签值[1,2]转化为独热编码。

```
import keras
a_new=keras.utils.to_categorical([1,2])
print(a_new)
"""
```

```
 [[0. 1. 0.]
  [0. 0. 1.]]
"""
a_new=keras.utils.to_categorical([1,3],num_classes=5)
print(a_new)
"""
[[0. 1. 0. 0. 0.]
 [0. 0. 0. 1. 0.]]
"""
```

任务实施

Step 1：引入相关模块，本次实验为了方便采用开源的神经网络库 keras，将 MNIST 数据集引入其中。

```
import numpy as np
import keras
from keras.datasets import mnist
```

Step 2：加载数据集，输出训练集中的样本数与测试集中的样本数。

```
(X_train, y_train), (X_test, y_test) = mnist.load_data() #加载数据
print("训练集中的样本数为",y_train.shape[0])
print("测试集中的样本数为",y_test.shape[0])
```

Step 3：将三维数据集转化为二维数据集。

```
num_pixels = X_train.shape[1] * X_train.shape[2]#784
X_train = X_train.reshape(X_train.shape[0], num_pixels).astype('float32')
X_test = X_test.reshape(X_test.shape[0], num_pixels).astype('float32')
```

Step 4：将像素值归一化。

```
X_train = X_train / 255
X_test = X_test / 255
```

Step 5：将标签值转化为独热编码。

```
y_train = np_utils.to_categorical(y_train)
y_test = np_utils.to_categorical(y_test)
num_classes = y_test.shape[1]
print("标签个数：",num_classes)
print("训练集标签值：",y_train)
print("测试集标签值：",y_test)
```

使用独热编码前后的标签值如图 8-12 所示。

```
原训练集标签值: [5 0 4 ... 5 6 8]
原测试集标签值: [7 2 1 ... 4 5 6]
```

(a)使用独热编码前的标签值

```
类别个数: 10
训练集标签值: [[0. 0. 0. ... 0. 0. 0.]
 [1. 0. 0. ... 0. 0. 0.]
 [0. 0. 0. ... 0. 0. 0.]
 ...
 [0. 0. 0. ... 0. 0. 0.]
 [0. 0. 0. ... 0. 0. 0.]
 [0. 0. 0. ... 0. 1. 0.]]
测试集标签值: [[0. 0. 0. ... 1. 0. 0.]
 [0. 0. 1. ... 0. 0. 0.]
 [0. 1. 0. ... 0. 0. 0.]
 ...
 [0. 0. 0. ... 0. 0. 0.]
 [0. 0. 0. ... 0. 0. 0.]
 [0. 0. 0. ... 0. 0. 0.]]
```

(b)使用独热编码后的标签值

图 8-12 使用独热编码前后的标签值

任务评价

任务评价表(一)如表 8-1 所示。

表 8-1 任务评价表(一)

任务:_____ 时间:_____

阶段任务	任务评价		
	合格	良好	优秀
任务布置			
知识准备			
任务实施			

任务 8.2 训练神经网络

任务情景

本任务旨在使学生了解神经网络算法的基本原理及神经网络的搭建过程,并使学生学会使用 Python 语言搭建神经网络,训练 MNIST 数据集,调整参数以得到较好的效果。

任务布置

要求可以简单查看模型摘要,模型摘要如图 8-13 所示。

```
Model: "sequential_11"
_____
Layer (type)                 Output Shape              Param #
=================================================================
dense_25 (Dense)             (None, 784)               615440
_____
dense_26 (Dense)             (None, 10)                7850
=================================================================
Total params: 623,290
Trainable params: 623,290
Non-trainable params: 0
```

图 8-13　模型摘要

要求通过建立模型来训练多层的神经网络，对 MNIST 数据集进行训练，得到测试集的预测准确率，再通过调整 Epoch 值、激活函数等来观看预测结果。Epoch 值为 9 时的训练结果如图 8-14 所示。

```
Epoch 1/9
300/300 - 3s - loss: 0.2709 - accuracy: 0.9234 - val_loss: 0.1380 - val_accuracy: 0.9582
Epoch 2/9
300/300 - 3s - loss: 0.1077 - accuracy: 0.9687 - val_loss: 0.0975 - val_accuracy: 0.9710
Epoch 3/9
300/300 - 3s - loss: 0.0694 - accuracy: 0.9797 - val_loss: 0.0868 - val_accuracy: 0.9735
Epoch 4/9
300/300 - 3s - loss: 0.0493 - accuracy: 0.9854 - val_loss: 0.0709 - val_accuracy: 0.9774
Epoch 5/9
300/300 - 3s - loss: 0.0361 - accuracy: 0.9898 - val_loss: 0.0724 - val_accuracy: 0.9765
Epoch 6/9
300/300 - 3s - loss: 0.0258 - accuracy: 0.9930 - val_loss: 0.0680 - val_accuracy: 0.9787
Epoch 7/9
300/300 - 3s - loss: 0.0187 - accuracy: 0.9955 - val_loss: 0.0644 - val_accuracy: 0.9802
Epoch 8/9
300/300 - 3s - loss: 0.0150 - accuracy: 0.9964 - val_loss: 0.0609 - val_accuracy: 0.9814
Epoch 9/9
300/300 - 3s - loss: 0.0102 - accuracy: 0.9978 - val_loss: 0.0614 - val_accuracy: 0.9817
预测准确率为 98.17%
```

图 8-14　Epoch 值为 9 时的训练结果

知识准备

1. 神经元

神经网络由人工神经元（本书中简称神经元）组成，这些神经元在概念上源自生物神经元。每个神经元都有输入并能产生单个输出，该输出可以发送到多个其他神经元。神经元模型示意图如图 8-15 所示。其中，x^i 表示输入信息，可以是图像、文档、语言或来自其他神经元的信息；w^i 表示对输入信息赋予的权重；对输入信息加权求和得到的结果与阈值 θ 进行比较，将比较结果通过函数 $f(\cdot)$ 映射后得到输出 y；$f(\cdot)$ 为激励函数（激活函数）。

神经元的输出 $y = f(r)$，其中，$r = \sum_{i=1}^{n} x^i w^i - \theta$。

图 8-15 所示的模型是 1943 年由心理学家 Warren McCulloch 和数学家 Walter Pitts 提出的 M-P 模型。在 M-P 模型中，神经元只有两种状态——兴奋和抑制，因此输出 y 也只有 0 和 1 两种结果，早期的激活函数只是一个阶跃函数，这个函数的特征是在输入为零时会发生跳转，形

状像一个台阶。在图 8-16 中，当阶跃函数的输入小于或等于 0 时，输出为 0，而在其他情况下，输出为 1。

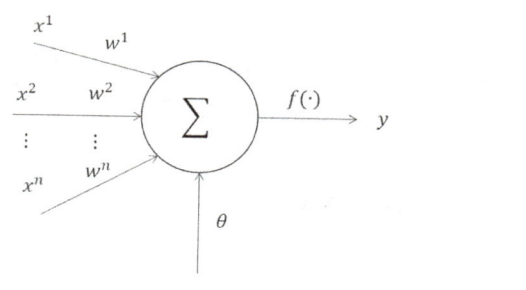

图 8-15　神经元模型示意图

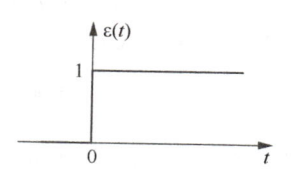

图 8-16　阶跃函数示意图

从生物学的角度，可以这样理解阶跃函数：将手放在一个水要烧开的锅的锅盖上，锅盖的温度就是神经元的输入，神经元感受到烫后发出指令：手离开（1）或者不离开（0）。当神经元感觉到温度经过了一定的阈值处理（如对于 43℃以上的水，我们会觉得烫），就通过激活函数发出判断：手离开（1）或者不离开（0）。这种只有 0 和 1 的二分类问题可以通过阶跃函数来实现，可如果我们希望感受到不同的温度，例如 20℃左右、大于 30℃及 40℃以上这种非线性的结果，那么简单的阶跃函数不能满足非线性的需求。目前，常用的激活函数还包括以下几种。

1）sigmoid 函数

sigmoid 函数可以将输入的整个实数范围内的任意值映射到[0,1]范围内，当输入值较大时，返回一个接近 1 的值；当输入值较小时，返回一个接近 0 的值。在 TensorFlow 中，通过 tf.sigmoid(x) 直接调用 sigmoid 函数。sigmoid 函数的数学公式为

$$f(x) = \frac{1}{1+e^{-x}}$$

sigmoid 函数示意图如图 8-17 所示。

图 8-17　sigmoid 函数示意图

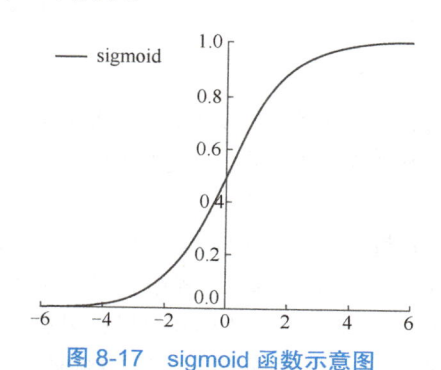

2）softmax 函数

softmax 函数实际上是在 sigmoid 函数的基础上所做的提升，它可以将所有输出映射成概率的形式，即值在[0,1]范围内且概率总和为 1。在 TensorFlow 中，可以通过 tf.nn.softmax 函数来调用 softmax 函数。softmax 函数的数学公式为

$$f(x_i) = \frac{e^{x_i}}{\sum_i e^{x_i}}$$

3）tanh 函数

tanh 函数与 sigmoid 函数相似，但它能将值映射到[-1,1]范围内。与 sigmoid 函数相比，它的输出均值是 0，使得其收敛速度比 sigmoid 函数快，减少了迭代次数，但幂运算的问题依然存在。tanh 函数的数学公式为

$$\tanh(x) = \frac{e^x - e^{-x}}{e^x + e^{-x}} = 2 \cdot \text{sigmoid}(2x) - 1$$

tanh 函数示意图如图 8-18 所示。

4）ReLU 函数

ReLU 函数是目前使用最频繁的激活函数，ReLU 函数在 $x<0$ 时，输出始终为 0。由于 $x>0$ 时，ReLU 函数的导数为 1，即保持输出为 x，所以 ReLU 函数能够在 $x>0$ 时保持梯度不断衰减，从而缓解梯度消失的问题，还能加快收敛速度。ReLU 函数的数学公式为

$$f(x) = \max(0, x)$$

ReLU 函数示意图如图 8-19 所示。

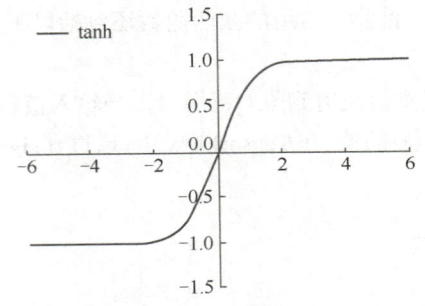

图 8-18　tanh 函数示意图 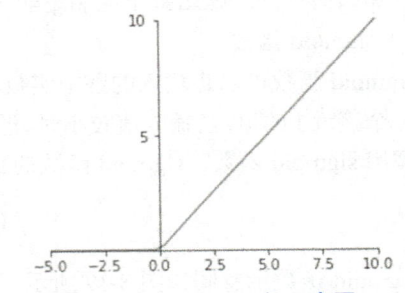　　　　图 8-19　ReLU 函数示意图

2. 多层神经网络

单层的感知机模型因为激活函数通常只有两个输出，所以一般只用于二分类的输出，如果将多个感知机组合起来，再加上可输出值为 0 与 1 之间的连续值的激活函数，就可以实现从输入到输出的任意非线性的映射。

下面学习将多个单层的感知机组合成为多层感知机的组合，这种特殊类型的全连接网络被称为多层感知机（Multi-Layer Perceptron，MLP）模型。图 8-20 所示为一个三层的 MLP 模型。

在 MLP 模型中，除了输入层和输出层，中间还可以有很多隐藏层。在图 8-20 中，输入层上的全部单元都连接着隐藏层，隐藏层上的全部单元都连接着输出层，当 MLP 模型中有一个以上的隐藏层时，称其为深度神经网络。

从原则上讲，只要隐藏层中神经元的个数足够多，且神经元的激活函数为非线性函数，这样的多层神经网络可以逼近任何函数。

MLP 可以从运行过程区分模型的结构，模型的结构分为前向部分和后向部分，前向部分为前向传播算法，指的是从输入层开始计算逐步向后输出的过程；后向部分为反向传播算法，指的是通过神经网络反向求导降低误差来更新神经网络参数的过程。

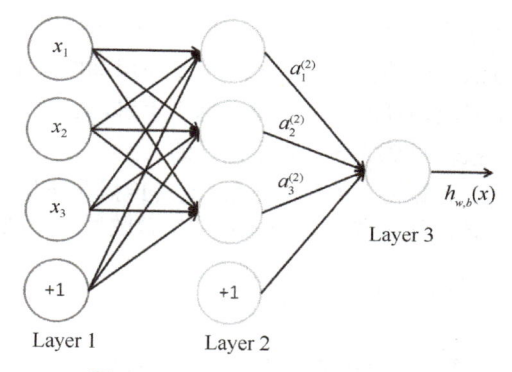

图 8-20 一个三层的 MLP 模型

能否解决确定神经网络学习过程中的参数这一问题是影响神经网络发展的关键,误差反向传播算法的发明使得多层神经网络得以快速发展。

1) 前向传播算法

前向传播算法示意图如图 8-21 所示。

前向传播算法就是将上一层的输出作为下一层的输入,并计算下一层的输出,直到运算到输出层为止。在图 8-20 中,隐藏层 Layer 2 的输出 $a_1^{(2)}$、$a_2^{(2)}$ 和 $a_3^{(2)}$ 的计算公式(其中,假设激活函数为 sigmoid 函数,用符号 σ 表示)为

$$a_1^{(2)} = \sigma(z_1^{(2)}) = \sigma(w_{11}^{(2)}x_1 + w_{12}^{(2)}x_2 + w_{13}^{(2)}x_3 + b_1^{(2)})$$
$$a_2^{(2)} = \sigma(z_2^{(2)}) = \sigma(w_{21}^{(2)}x_1 + w_{22}^{(2)}x_2 + w_{23}^{(2)}x_3 + b_2^{(2)})$$
$$a_3^{(2)} = \sigma(z_3^{(2)}) = \sigma(w_{31}^{(2)}x_1 + w_{32}^{(2)}x_2 + w_{33}^{(2)}x_3 + b_3^{(2)})$$

输出层 Layer 3 的输出 $a_1^{(3)}$、$a_2^{(3)}$ 的计算公式为

$$a_1^{(3)} = \sigma(z_1^{(3)}) = \sigma(w_{11}^{(3)}a_1^{(2)} + w_{12}^{(3)}a_2^{(2)} + w_{13}^{(3)}a_3^{(2)} + b_1^{(3)})$$
$$a_2^{(3)} = \sigma(z_2^{(3)}) = \sigma(w_{21}^{(3)}a_1^{(2)} + w_{22}^{(3)}a_2^{(2)} + w_{23}^{(3)}a_3^{(2)} + b_2^{(3)})$$

将其写成矩阵乘法的形式为

$$\boldsymbol{z}^{(l)} = \boldsymbol{W}^{(l)}\boldsymbol{a}^{(l-1)} + \boldsymbol{b}^{(l)}$$
$$\boldsymbol{a}^{(l)} = \sigma(\boldsymbol{z}^{(l)})$$

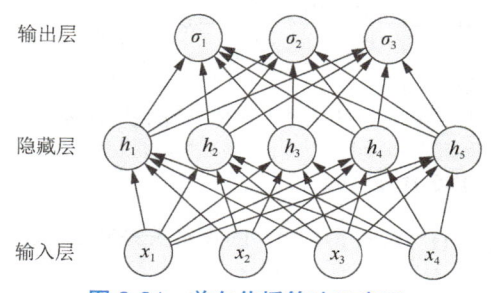

图 8-21 前向传播算法示意图

2) 反向传播算法

反向传播算法是一种与最优化方法(如梯度下降算法)结合使用的,用来训练神经网络的常见方法。该方法对网络中所有权重计算代价函数的梯度。这个梯度会反馈给最优化方法,用来更新权重以最小化代价函数。

机器学习技术

"反向传播"这个术语经常被误解为用于多层神经网络的整个学习算法。实际上,反向传播算法仅指用于计算梯度的方法。而随机梯度下降算法是使用梯度来学习的。另外,反向传播算法还经常被误解为仅适用于多层神经网络,但是从原则上讲,它可以计算任何函数的导数(对于一些函数,正确的响应为报告函数的导数是未定义的)。

微积分中的链式法则用于计算复合函数的导数。反向传播算法是一种计算链式法则的算法,使用高效的特定运输顺序。设 x 是实数,f 和 g 是从实数映射到实数的函数。假设 $y=g(x)$ 且 $z=g(g(x))=f(y)$,那么链式法则为 $\frac{\mathrm{d}z}{\mathrm{d}x}=\frac{\mathrm{d}z}{\mathrm{d}y}\cdot\frac{\mathrm{d}y}{\mathrm{d}x}$。

假设用最常用的 MSE 来作为代价函数,代价函数记为 $C(\boldsymbol{W},\boldsymbol{b})=\frac{1}{2}\|\boldsymbol{a}^{(l)}-\boldsymbol{y}\|^{2}$,其中,$\boldsymbol{a}^{(l)}$ 为对训练样本计算的输出;$\boldsymbol{y}$ 为训练样本的真实值。加入系数 $\frac{1}{2}$ 是为了抵消微分出来的指数。

(1)输出层的梯度。

输出层的梯度的计算公式为

$$\frac{\partial C(\boldsymbol{W},\boldsymbol{b})}{\partial \boldsymbol{w}^{(l)}}=\frac{\partial C(\boldsymbol{W},\boldsymbol{b})}{\partial \boldsymbol{a}^{(l)}}\cdot\frac{\partial \boldsymbol{a}^{(l)}}{\partial \boldsymbol{z}^{(l)}}\cdot\frac{\partial \boldsymbol{z}^{(l)}}{\partial \boldsymbol{w}^{(l)}}=(\boldsymbol{a}^{(l)}-\boldsymbol{y})\odot\sigma'(\boldsymbol{z}^{(l)})\boldsymbol{a}^{(l-1)}$$

$$\frac{\partial C(\boldsymbol{W},\boldsymbol{b})}{\partial \boldsymbol{b}^{(l)}}=\frac{\partial C(\boldsymbol{W},\boldsymbol{b})}{\partial \boldsymbol{a}^{(l)}}\cdot\frac{\partial \boldsymbol{a}^{(l)}}{\partial \boldsymbol{z}^{(l)}}\cdot\frac{\partial \boldsymbol{z}^{(l)}}{\partial \boldsymbol{b}^{(l)}}=(\boldsymbol{a}^{(l)}-\boldsymbol{y})\odot\sigma'(\boldsymbol{z}^{(l)})$$

式中,$\odot$ 为 Hadamard 积符号,即两个维度相同的矩阵对应元素的乘积。

在求解输出层梯度时,有公共的部分,可以记为

$$\boldsymbol{\delta}^{(l)}=\frac{\partial C(\boldsymbol{W},\boldsymbol{b})}{\partial \boldsymbol{a}^{(l)}}\cdot\frac{\partial \boldsymbol{a}^{(l)}}{\partial \boldsymbol{z}^{(l)}}=(\boldsymbol{a}^{(l)}-\boldsymbol{y})\odot\sigma'(\boldsymbol{z}^{(l)})$$

(2)隐藏层的梯度。

我们已经将输出层 l 的梯度计算出来了,那么如何计算 $(l-1)$ 层和 $(l-2)$ 层的梯度呢?之前已经求出了输出层的误差,根据误差反向传播的原理,可以将当前层的误差理解为上一层所有神经元误差的复合函数,即用上一层的误差来表示当前层误差,并依次递推。采用数学归纳法,假设 $(l+1)$ 层的 $\boldsymbol{\delta}^{(l+1)}$ 已经求出,那么如何求出第 l 层的 $\boldsymbol{\delta}^{(l)}$ 呢?

$$\boldsymbol{\delta}^{(l)}=\frac{\partial C(\boldsymbol{W},\boldsymbol{b})}{\partial \boldsymbol{z}^{(l+1)}}\cdot\frac{\partial \boldsymbol{z}^{(l+1)}}{\partial \boldsymbol{z}^{(l)}}=\boldsymbol{\delta}^{(l+1)}\frac{\partial \boldsymbol{z}^{(l+1)}}{\partial \boldsymbol{z}^{(l)}}$$

而 $\boldsymbol{z}^{(l+1)}$ 和 $\boldsymbol{z}^{(l)}$ 之间的关系如下:

$$\boldsymbol{z}^{(l+1)}=\boldsymbol{W}^{(l+1)}\boldsymbol{a}^{(l)}+\boldsymbol{b}^{(l+1)}=\boldsymbol{W}^{(l+1)}\sigma(\boldsymbol{z}^{(l)})+\boldsymbol{b}^{(l+1)}$$

由此得出 $\frac{\partial \boldsymbol{z}^{(l+1)}}{\partial \boldsymbol{z}^{(l)}}=(\boldsymbol{w}^{(l+1)})^{\mathrm{T}}\odot\sigma'(\boldsymbol{z}^{(l)})$。

则 $\boldsymbol{\delta}^{(l)}=(\boldsymbol{w}^{(l+1)})^{\mathrm{T}}\boldsymbol{\delta}^{(l+1)}\odot\sigma'(\boldsymbol{z}^{(l)})$。在得出 $\boldsymbol{\delta}^{(l)}$ 的递推关系式后,就可以求出 l 层的 $\boldsymbol{w}^{(l)}$ 和 $\boldsymbol{b}^{(l)}$ 的对应梯度:

$$\frac{\partial C(\boldsymbol{W},\boldsymbol{b})}{\partial \boldsymbol{w}^{(l)}}=\boldsymbol{\delta}^{(l)}\boldsymbol{a}^{(l-1)}$$

$$\frac{\partial C(\boldsymbol{W},\boldsymbol{b})}{\partial \boldsymbol{b}^{(l)}}=\boldsymbol{\delta}^{(l)}$$

对反向传播算法的归纳如下。

输入总层数 L，各隐藏层与输出层的神经元个数，激活函数，代价函数，迭代步长 α，最大迭代次数 MAX，以及停止迭代阈值 ε。输出的 m 个训练样本为 $((x_1,y_1),(x_2,y_2),\cdots,(x_m,y_m))$。

（1）初始化参数 W、b。

（2）执行前向传播算法。

  for $l=2$ to L：
$$z^{(l)} = w^{(l)}a^{(l-1)} + b^{(l)}$$
$$a^{(l)} = \sigma(z^{(l)})$$

（3）利用代价函数计算输出层的梯度。

（4）执行反向传播算法。

  for $l=L-1$ to 2：
$$\delta^{(l)} = (w^{(l+1)})^{\mathrm{T}}\delta^{(l+1)} \odot \sigma'(z^{(l)})$$

（5）更新 W、b。

利用梯度下降算法更新权重 W 和偏置 b 的值，α 为学习率（步长），$\alpha \in (0,1]$。

$$w^{(l)} = w^{(l)} - \alpha \frac{\partial C(W,b)}{\partial b^{(l)}}$$

$$b^{(l)} = b^{(l)} - \alpha \frac{\partial C(W,b)}{\partial b^{(l)}}$$

（6）如果所有 W、b 的变化值都小于停止迭代阈值 ε，则跳出迭代循环。

（7）输出隐藏层与输出层的线性关系系数矩阵 W 和偏置 b。

代码实例 1：利用 Python 语言实现三层感知机对 MNIST 数据集中手写数字的识别。

```
# -*- coding:utf-8
import numpy as np
import struct
import os
import matplotlib.pyplot as plt
import random
import pickle
class Data:
    def __init__(self):
        self.K = 10
        self.N = 60000
        self.M = 10000
        self.BATCHSIZE = 2000
        self.reg_factor = 1e-3
        self.stepsize = 1e-2
        self.train_img_list = np.zeros((self.N, 28 * 28))
        self.train_label_list = np.zeros((self.N, 1))
        self.test_img_list = np.zeros((self.M, 28 * 28))
        self.test_label_list = np.zeros((self.M, 1))
        self.loss_list = []
        self.init_network()
```

```python
        self.show_train_images('train-images.idx3-ubyte')
        self.show_test_images('t10k-images.idx3-ubyte')
        self.read_train_images( 'train-images.idx3-ubyte')
        self.read_train_labels( 'train-labels.idx1-ubyte')
        self.train_data = np.append( self.train_img_list, self.train_label_list, axis = 1 )
        self.read_test_images('t10k-images.idx3-ubyte')
        self.read_test_labels('t10k-labels.idx1-ubyte')
    def predict(self):
        hidden_layer1 = np.maximum(0, np.matmul(self.test_img_list, self.W1) + self.b1)
        hidden_layer2 = np.maximum(0, np.matmul(hidden_layer1, self.W2) + self.b2)
        scores = np.maximum(0, np.matmul(hidden_layer2, self.W3) + self.b3)
        prediction = np.argmax( scores, axis = 1 )
        prediction = np.reshape( prediction, ( 10000,1 ) )
        print("prediction.shape: ",prediction.shape)
        print("self.test_label_list.shape: " ,self.test_label_list.shape)
        accuracy = np.mean( prediction == self.test_label_list )
        print('The accuracy is:  ',accuracy)
        return
    def train(self):
        for i in range( 100 ):
            np.random.shuffle( self.train_data )
            img_list= self.train_data[:self.BATCHSIZE,:-1]
            label_list = self.train_data[:self.BATCHSIZE, -1:]
            print("Train Time: ",i)
            self.train_network( img_list, label_list )
    def train_network(self, img_batch_list, label_batch_list):
        # calculate softmax
        train_example_num = img_batch_list.shape[0]
        hidden_layer1 = np.maximum( 0, np.matmul( img_batch_list, self.W1 ) + self.b1 )
        hidden_layer2 = np.maximum( 0, np.matmul( hidden_layer1, self.W2 ) + self.b2 )
        scores = np.maximum( 0, np.matmul( hidden_layer2, self.W3 ) + self.b3 )
        scores_e = np.exp( scores )
        scores_e_sum = np.sum( scores_e, axis = 1, keepdims= True )
        probs = scores_e / scores_e_sum
        loss_list_tmp = np.zeros( (train_example_num, 1) )
        for i in range( train_example_num ):
            loss_list_tmp[ i ] = scores_e[ i ][ int(label_batch_list[ i ]) ] / scores_e_sum[ i ]
        loss_list = -np.log( loss_list_tmp )
```

```python
        loss = np.mean( loss_list, axis=0 )[0] + \
               0.5 * self.reg_factor * np.sum( self.W1 * self.W1 ) + \
               0.5 * self.reg_factor * np.sum( self.W2 * self.W2 ) + \
               0.5 * self.reg_factor * np.sum( self.W3 * self.W3 )
        self.loss_list.append( loss )
        print("loss: \n",loss, " ", len(self.loss_list))
        # backpropagation

        dscore = np.zeros( (train_example_num, self.K) )
        for i in range( train_example_num ):
            dscore[ i ][ : ] = probs[ i ][ : ]
            dscore[ i ][ int(label_batch_list[ i ]) ] -= 1
        dscore /= train_example_num
        dW3 = np.dot( hidden_layer2.T, dscore )
        db3 = np.sum( dscore, axis = 0, keepdims= True )
        dh2 = np.dot( dscore, self.W3.T )
        dh2[ hidden_layer2 <= 0 ] = 0
        dW2 = np.dot( hidden_layer1.T, dh2 )
        db2 = np.sum( dh2, axis = 0, keepdims= True )
        dh1 = np.dot( dh2, self.W2.T )
        dh1[ hidden_layer1 <= 0 ] = 0
        dW1 = np.dot( img_batch_list.T, dh1 )
        db1 = np.sum( dh1, axis = 0, keepdims= True )
        dW3 += self.reg_factor * self.W3
        dW2 += self.reg_factor * self.W2
        dW1 += self.reg_factor * self.W1
        self.W3 += -self.stepsize * dW3
        self.W2 += -self.stepsize * dW2
        self.W1 += -self.stepsize * dW1
        self.b3 += -self.stepsize * db3
        self.b2 += -self.stepsize * db2
        self.b1 += -self.stepsize * db1
        return
    def init_network(self):
        self.W1 = 0.01 * np.random.randn( 28 * 28, 100 )
        self.b1 = 0.01 * np.random.randn( 1, 100 )

        self.W2 = 0.01 * np.random.randn( 100, 20 )
        self.b2 = 0.01 * np.random.randn( 1, 20 )
        self.W3 = 0.01 * np.random.randn( 20, self.K )
        self.b3 = 0.01 * np.random.randn( 1, self.K )
    def show_train_images(self,filename):
        # 读取标签数据集
        with open('./train-labels.idx1-ubyte', 'rb') as lbpath:
```

```
            labels_magic, labels_num = struct.unpack('>II', lbpath.read(8))
            labels = np.fromfile(lbpath, dtype=np.uint8)
        print("训练集标签为",labels)
        #读取图片数据集
        with open('./train-images.idx3-ubyte', 'rb') as imgpath:
            images_magic, train_img_num, rows, cols = struct.unpack('>IIII', imgpath.read(16))
            print('训练集images_magic 为%d \n' %(images_magic),
                  '照片个数为%d \n'%(train_img_num),
                  '行数为%d \n'%(rows),
                  '列数为%d \n'%(cols))
            images = np.fromfile(imgpath, dtype=np.uint8).reshape(train_img_num, rows * cols)
        fig = plt.figure()
        for i in range(0,8):
            label = labels[i]
            image = images[i].reshape(28,28)
            if i <=3:
                ax = fig.add_subplot(2,4,i+1)
                plt.imshow(image)
                plt.title('标签为{}'.format(label))
            else:
                ax = fig.add_subplot(2,4,i+1)
                plt.imshow(image)
                plt.title('标签为{}'.format(label))
        plt.show(block=True)
    def show_test_images(self,filename):
        # 读取标签数据集
        with open('./t10k-labels.idx1-ubyte', 'rb') as lbpath:
            labels_magic, labels_num = struct.unpack('>II', lbpath.read(8))
            labels = np.fromfile(lbpath, dtype=np.uint8)
        print("测试集标签为",labels)
        #读取图片数据集
        with open('./t10k-images.idx3-ubyte', 'rb') as imgpath:
            images_magic, train_img_num, rows, cols = struct.unpack('>IIII', imgpath.read(16))
            print('测试集images_magic 为%d \n' %(images_magic),
                  '照片个数为%d \n'%(train_img_num),
                  '行数为%d \n'%(rows),
                  '列数为%d \n'%(cols))
            images = np.fromfile(imgpath, dtype=np.uint8).reshape(train_img_num, rows * cols)
        fig = plt.figure()
        for i in range(0,8):
```

```python
                label = labels[i]
                image = images[i].reshape(28,28)
                if i <=3:
                    ax = fig.add_subplot(2,4,i+1)
                    plt.imshow(image)
                    plt.title('标签为{}'.format(label))
                else:
                    ax = fig.add_subplot(2,4,i+1)
                    plt.imshow(image)
                    plt.title('标签为{}'.format(label))
            plt.show(block=True)

    def read_train_images(self,filename):
        binfile = open(filename, 'rb')
        buf = binfile.read()
        index = 0
        magic, self.train_img_num, self.numRows, self.numColums = struct.unpack_from('>IIII', buf, index)
        print(magic, ' ', self.train_img_num, ' ', self.numRows, ' ', self.numColums )
        index += struct.calcsize('>IIII')
        for i in range(self.train_img_num):
            im = struct.unpack_from('>784B', buf, index)
            index += struct.calcsize('>784B')
            im = np.array(im)
            im = im.reshape(1, 28 * 28)
            self.train_img_list[ i , : ] = im
    def read_train_labels(self,filename):
        binfile = open(filename, 'rb')
        index = 0
        buf = binfile.read()
        binfile.close()
        magic, self.train_label_num = struct.unpack_from('>II', buf, index)
        index += struct.calcsize('>II')
        for i in range(self.train_label_num):
            # for x in xrange(2000):
            label_item = int(struct.unpack_from('>B', buf, index)[0])
            self.train_label_list[ i , : ] = label_item
            index += struct.calcsize('>B')

    def read_test_images(self, filename):
        binfile = open(filename, 'rb')
        buf = binfile.read()
        index = 0
```

```python
            magic, self.test_img_num, self.numRows, self.numColums = struct.unpack_from('>IIII', buf, index)
            #print(magic, ' ', self.test_img_num, ' ', self.numRows, ' ', self.numColums)
            print('测试集 images_magic 为%d \n' %(magic),
                '照片个数为%d \n'%(self.test_img_num),
                '行数为%d \n'%(self.numRows),
                '列数为%d \n'%(self.numColums))
            index += struct.calcsize('>IIII')
            for i in range(self.test_img_num):
                im = struct.unpack_from('>784B', buf, index)
                index += struct.calcsize('>784B')
                im = np.array(im)
                im = im.reshape(1, 28 * 28)
                self.test_img_list[i, :] = im
    def read_test_labels(self,filename):
        binfile = open(filename, 'rb')
        index = 0
        buf = binfile.read()
        binfile.close()
        magic, self.test_label_num = struct.unpack_from('>II', buf, index)
        index += struct.calcsize('>II')
        for i in range(self.test_label_num):
            # for x in xrange(2000):
            label_item = int(struct.unpack_from('>B', buf, index)[0])
            self.test_label_list[i, :] = label_item
            index += struct.calcsize('>B')
def main():
    data = Data()
    data.train()
    data.predict()
    pickle.dump( data.loss_list, open( "gradient_data", "w" ), False )
if __name__ == '__main__':
    main()
```

代码实例2：利用 TensorFlow 实现三层感知机对 MNIST 数据集中手写数字的识别。

```python
import tensorflow as tf
import numpy as np
#from tensorflow.examples.tutorials.mnist import input_data
import matplotlib.pyplot as plt
import tensorflow.compat.v1 as tf
# from tensorflow.examples.tutorials.mnist import input_data
tf.disable_v2_behavior()
#TensorFlow2.0 以上版本不再包括 tensorflow.examples.tutorials.mnist import
```

```python
input_data
#因此，input_data 可从官网上下载并直接导入，也可从华信教育资源网本书配套资源处下载
import input_data
mnist = input_data.read_data_sets('MNIST_data', one_hot=True)
inputSize = 784
outputSize = 10
hiddenSize = 50
batch_size = 50
epochs = 30
n_batch = mnist.train.num_examples // batch_size
x = tf.placeholder(tf.float32, shape=[None, inputSize])
y = tf.placeholder(tf.float32, shape=[None, outputSize])
# 创建一个简单的神经网络，输入层有 784 个特征，输出层有 10 个神经元：784-10
# 权重
W1 = tf.Variable(tf.truncated_normal([inputSize, hiddenSize], dtype=tf.float32, mean=0, stddev=0.1))
# 偏差
b1 = tf.Variable(tf.truncated_normal([hiddenSize]))
W2 = tf.Variable(tf.truncated_normal([hiddenSize, outputSize], dtype=tf.float32, mean=0, stddev=0.1))
b2 = tf.Variable(tf.truncated_normal([outputSize]))
# 使用 sigmoid 函数计算预测值
layer1 = tf.nn.sigmoid(tf.matmul(x, W1) + b1)
prediction = tf.nn.sigmoid(tf.matmul(layer1, W2) + b2)
# 代价函数
# loss = tf.losses.mean_squared_error(y, prediction)
cross_entropy = tf.nn.softmax_cross_entropy_with_logits_v2(logits=prediction, labels=y)
loss = tf.reduce_mean(cross_entropy)

# 使用梯度下降算法，学习率为 3.0
train = tf.train.GradientDescentOptimizer(3.0).minimize(loss)
# 将结果存放在一个布尔型列表中
correct_prediction = tf.equal(tf.argmax(y, 1), tf.argmax(prediction, 1))
# 求准确率
accuracy = tf.reduce_mean(tf.cast(correct_prediction, tf.float32))
# 定义会话
with tf.Session() as sess:
    # 变量初始化
    sess.run(tf.global_variables_initializer())
    # 进行训练，周期：将所有数据训练一次就经历了一个周期
    epos = []
    accs = []
    for epoch in range(epochs):
```

```
            for batch in range(n_batch):
                # 获取一个批次的数据和标签
                batch_xs, batch_ys = mnist.train.next_batch(batch_size)
                sess.run(train, feed_dict={x: batch_xs, y: batch_ys})
            # 每训练一个周期做一次测试,用测试集做测试
            acc = sess.run(accuracy, feed_dict={x: mnist.test.images, y: mnist.test.labels})
            epos.append(epoch)
            accs.append(acc)
            print("Epoch " + str(epoch) + ",Testing Accuracy " + str(acc))
        # 绘图
        plt.plot(epos, accs, 'b')
        plt.xlabel("epoch")
        plt.ylabel("accuracy")
        plt.title('Testing accuracy')
        plt.show()
```

任务实施

（1）搭建神经网络模型，创建一个函数，建立三层感知机模型（含有一个隐藏层），在 keras 库中有两种深度学习的模型：序列模型和通用模型，序列模型是实现全连接网络的最好方式，序列模型各层之间是依次顺序的线性关系，序列模型是多个网络层的线性堆栈，可以从 keras 库中导入序列模型。

```
from keras.models import Sequential
from keras.layers import Dense
from keras.layers import Dropout
model = Sequential()
```

（2）建立输入层与第一个隐藏层。keras 库中已经内建了各种神经网络层，只需将各层的模型添加到整体框架中，并设置各层的参数，即可完成封装。需要先添加输入层和隐藏层，因为添加输入层即添加输入的节点数，这里需要搭配一个隐蔽层来完成参数的设置，输入神经元的个数由输入神经网络的数据来决定。

```
model.add(Dense(784,input_dim=num_pixels,kernel_initializer='normal',activation='relu'))
```

其中，784 表示输出个数，即下一层的输入个数；input_dim 参数表示本层为输入层；kernel_initializer 表示使用正态分布的随机数来初始化权重和方差；activation 表示使用 activation 定义激活函数，在该层，可以使用 ReLU 函数。

（3）建立输出层。输出层与前一个隐藏层相连，不用设定输入个数，第一个参数用于设定输出神经单元的个数，这里的 10 为用独热编码表示的 10 种样本标签。之后，可以通过 summary 函数查看模型摘要，并查看每一层的参数。

```
model.add(Dense(10,kernel_initializer='normal',activation='softmax'))
```

```
print(model.summary())
```

注意： 在输出层之前可以加入多个隐藏层，方法与输入层的写法相同。训练结束后，可能会遇到训练集和测试集的准确率相差过大（过拟合）的问题，此时可以采用在隐藏层添加 Dropout 层的方法。因为输入的特征都是有可能被随机消除的，所以该神经元不会再特别依赖于任何一个输入特征，也不会给任何一个输入设置太大的权重，从而解决过拟合问题。或者，还可以采用一些其他的方法，如 L2 泛化等。Dropout 层的写法如下：

```
model.add(Dropout(0.5))  #随机消除50%的神经单元
```

（4）使用 compile 函数定义训练方式。使用 loss 参数设定代价函数，此处选择交叉熵的方式；optimizer 参数表示使用的是何种优化器，Adam 优化器可以使训练的收敛速度更快；将 metrics 参数设定为'accuracy'，即使用准确率来评估模型。

```
model.compile(loss='categorical_crossentropy',optimizer='adam',metrics=['accuracy'])
```

优化器的选择还包括随机梯度下降、AdaGrad、RMSprop 等多种方式，不同的优化器适用于不同的情况。在实际应用中，Adam 优化器最常用。

（5）训练模型。使用 fit 函数训练模型，epochs 参数表示训练周期，batch_size 表示每批训练的数据的项数（以下简称每批项数），训练周期和每批项数都可以根据测试进行调整，此处只训练 9 次。需要注意的是，训练周期的增加确实会使准确率变高，但同时会带来过拟合的问题，因此要均衡考虑过拟合程度和训练时间的问题。

```
model.fit(X_train,y_train,validation_data=(X_test, y_test), epochs=9, batch_size=200, verbose=2)
```

（6）评估模型。使用 evaluate 函数评估准确率，其中，scores[0]输出的为损失率，scores[1]输出的为准确率。

```
scores = model.evaluate(X_test, y_test, verbose=0)
print("预测准确率为 %.2f%%" % (scores[1]*100))
```

使用 keras 库实现三层感知机对 MNIST 数据集的分类的完整代码如下：

```
import os
os.environ["KMP_DUPLICATE_LIB_OK"] = "TRUE"
import numpy   #导入数据库
from keras.datasets import mnist
from keras.models import Sequential
from keras.layers import Dense
from keras.layers import Dropout
from keras.utils import np_utils
import matplotlib.pyplot as plt
seed = 7    #设置随机种子
numpy.random.seed(seed)
(X_train, y_train), (X_test, y_test) = mnist.load_data()  #加载数据
```

```python
# def plot_image(image):
#     fig = plt.gcf()
#     fig.set_size_inches(2,2)   # 设置图形的大小
#     plt.imshow(image,cmap='binary') # 传入图像image,将cmap参数设置为binary,以黑白灰度显示
#     plt.show()
# plot_image(X_train[0])
# print(y_train[0])

num_pixels = X_train.shape[1] * X_train.shape[2]#784
X_train = X_train.reshape(X_train.shape[0], num_pixels).astype('float32')
X_test = X_test.reshape(X_test.shape[0], num_pixels).astype('float32')
```
#数据集是三维的向量（instance length,width,height）。对于 MLP 模型，模型的输入是二维向量，因此这里需要将数据集维度重组，即将 28×28 的向量转换成长度为 784 的数组，可以用 NumPy 库的 reshape 函数轻松实现

#给定像素的灰度值在 0~255 范围内。为了使模型的训练效果更好，通常将数值归一化映射到 0~1 范围内

```python
X_train = X_train / 255
X_test = X_test / 255
```
#模型的输出是对每个类别的打分预测，对于分类结果从 0 到 9 的每个类别，都有一个预测分值
#表示将模型输入预测为该类的概率大小，概率越大，可信度就越高。由于原始的数据标签是 0~9 范围内的整数值，通常将其表示成 One-hot 向量
#如第一个训练数据的标签值为 5，使用独热编码表示为[0,0,0,0,0,1,0,0,0,0]

```python
y_train = np_utils.to_categorical(y_train)
y_test = np_utils.to_categorical(y_test)
num_classes = y_test.shape[1]
print("类别个数：",num_classes)
```
#现在需要搭建神经网络模型，创建一个函数，建立含有一个隐藏层的神经网络

```python
model = Sequential()
```
#建立输入层和第一个隐藏层。Dense 第一个参数表示输出参数个数，input_dim 表示输入层的神经元个数，表示当前层是第一层

```python
model.add(Dense(num_pixels,input_dim=num_pixels,kernel_initializer='normal',activation='relu'))
model.add(Dense(num_classes,kernel_initializer='normal',activation='softmax'))
# Compile model
model.compile(loss='categorical_crossentropy',optimizer='adam',metrics=['accuracy'])
print(model.summary())
```
#隐藏层含有 784 个节点，接收的输入长度也是 784（28×28），最后用 softmax 函数将预测结果转换为标签的概率值
#将训练数据拟合到模型中，设置迭代轮次，每轮 200 个训练样本，将测试集作为验证集，并查看训练的效果

```
model.fit(X_train, y_train, validation_data=(X_test, y_test), epochs=9,
```

```
batch_size=200, verbose=2)
    # Final evaluation of the model
    scores = model.evaluate(X_test, y_test, verbose=0)
    print("预测准确率为 %.2f%%" % (scores[1]*100))
```

任务评价

任务评价表（二）如表 8-2 所示。

表 8-2　任务评价表（二）

任务：_____时间：_____

阶段任务	任务评价		
	合格	良好	优秀
任务布置			
知识准备			
任务实施			

任务 8.3　深度学习

任务情景

相信很多人对"深度学习"这个词语已经不陌生，但是，"人工智能"、"深度学习"、"机器学习"及"神经网络"这些词语之间有什么关系呢？在此，将本任务作为拓展部分来简单介绍在人工智能领域发光发热的深度学习。

深度学习是机器学习研究中的一个新领域，其动机在于建立模拟人脑进行分析、学习的神经网络，模仿人脑的机制来解释数据，如图像、声音和文本。深度学习是无监督学习的一种。

深度学习的概念源于对神经网络的研究。包含多个隐藏层的 MLP 就是一种深度学习结构。深度学习通过组合低层特征形成更加抽象的高层来表示属性类别或特征，从而发现数据的分布式特征。

下面利用深度学习中著名的卷积神经网络（Convolutional Neural Network，CNN）进行 MNIST 数据集中手写数字的识别。卷积神经网络的基本模块是由输入层、输出层和多个隐藏层组成的，隐藏层可分为卷积层、池化层、线性整流（ReLU）层和全连接层。与其他图像分类算法相比，卷积神经网络算法使用相对较少的预处理操作。这意味着卷积神经网络可以学习使用传统算法中手工设计的过滤器。卷积神经网络可用于图像和视频识别，推荐系统，图像分类，医学图像分析，以及自然语言处理。

知识准备

1. 深度学习与 MLP 的对比

MLP 有几个缺点，特别是在图像处理方面。MLP 对每个输入使用一个感知机，例如对于图像中的像素,在 RGB 情况下乘以 3。对于大图像,权重迅速变得难以管理。想象一幅图像,该图像拥有 224×224×3 个像素,且用全连接层作为直接第一个隐藏层,具有 100 000 个感知机,连接总数将是 224×224×3×100 000 = 1 502 800 000 个(约 150 亿个),这是不可能处理的。另外,MLP 对输入图像及其移位版本的反应不同,它们不是平移不变的,且当图像变平为 MLP 时,空间信息会丢失。靠近的节点很重要,因为它们有助于定义图像的特征。因此,需要掌握一种利用图像特征(像素)的空间相关性的方法。

可以用以下 3 点概括用全连接神经网络处理大尺寸图像所具有的 3 个明显的缺点:

(1)将图像展开为向量会丢失空间信息。

(2)参数过多导致效率低下及训练困难。

(3)大量的参数很快会导致网络过拟合。

与常规神经网络不同,卷积神经网络的各层中的神经元是按三维排列的,具有宽度、高度和深度。其中的宽度和高度是很好理解的,因为本身卷积就是一个二维模板。但是卷积神经网络中的深度指的是激活数据体的第三个维度,而不是整个网络的深度,整个网络的深度指的是网络的层数。举个例子来理解宽度、高度和深度的概念,假如用 CIFAR-10 中的图像作为卷积神经网络的输入数据体,该输入数据体的维度是 32×32×3(宽度×高度×深度)。我们将看到,层中的神经元将只与前一层中的一小块区域连接,而不是采取全连接方式。至于对 CIFAR-10 中的图像进行分类的卷积网络,其最后的输出层的维度是 1×1×10,因为在卷积神经网络结构的最后部分,将会把全尺寸的图像压缩为包含分类评分的一个向量,向量是在深度方向上排列的。全连接神经网络与卷积神经网络的对比图如图 8-22 所示。

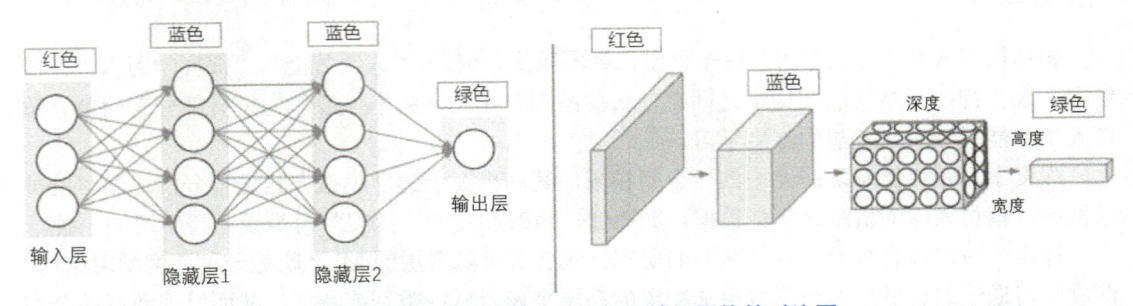

图 8-22 全连接神经网络与卷积神经网络的对比图

图 8-22 的左侧是一个 3 层的全连接神经网络;图 8-22 的右侧是一个卷积神经网络,将它的神经元排列成 3 个维度(宽度、高度和深度)。卷积神经网络的每一层都将三维的输入数据变化为神经元三维的激活数据并输出。在图 8-22 的右侧,红色的输入层代表输入图像,所以它的宽度和高度就是图像的宽度和高度,它的深度是 3(代表了红、绿、蓝 3 种颜色通道),与红色相邻的蓝色部分是经过卷积和池化的激活值(也可以看作是神经元),后面是卷积池化层。

2. 卷积神经网络

卷积神经网络通常包含以下几种层:

(1)卷积层(Convolutional Layer),卷积神经网络中的每个卷积层由若干卷积单元组成,每个卷积单元的参数都是通过反向传播算法优化得到的。卷积运算的目的是提取输入的不同特征,第一个卷积层可能只能提取一些低级的特征(如边缘、线条和角等),更多层的网络能从低级特征中迭代提取更复杂的特征。

（2）线性整流层（Rectified Linear Units Layer，ReLU Layer，即 ReLU 层），这一层神经的活性化函数（Activation Function）使用 ReLU 函数，即 $f(x)=\max(0,x)$。

（3）池化层（Pooling Layer），通常在卷积层之后会得到维度很大的特征，将特征切成几个区域，取其最大值或均值，得到新的、维度较小的特征。

（4）全连接层（Fully-Connected Layer），把所有的局部特征结合形成全局特征，用来计算最后每类的得分。

1）卷积层

卷积层是卷积神经网络的核心。在图像识别里提到的卷积是二维卷积，即离散二维滤波器（也被称作卷积核）与二维图像进行卷积操作，简单来讲，就是二维滤波器滑动到二维图像上的所有位置，并在每个位置上与该像素点及其领域像素点做内积。卷积操作被广泛应用于图像处理领域，用不同的卷积核可以提取不同的特征。在深层卷积神经网络中，通过卷积操作可以提取出图像中从低级到高级的特征。

卷积层的提取方式如图 8-23 所示。

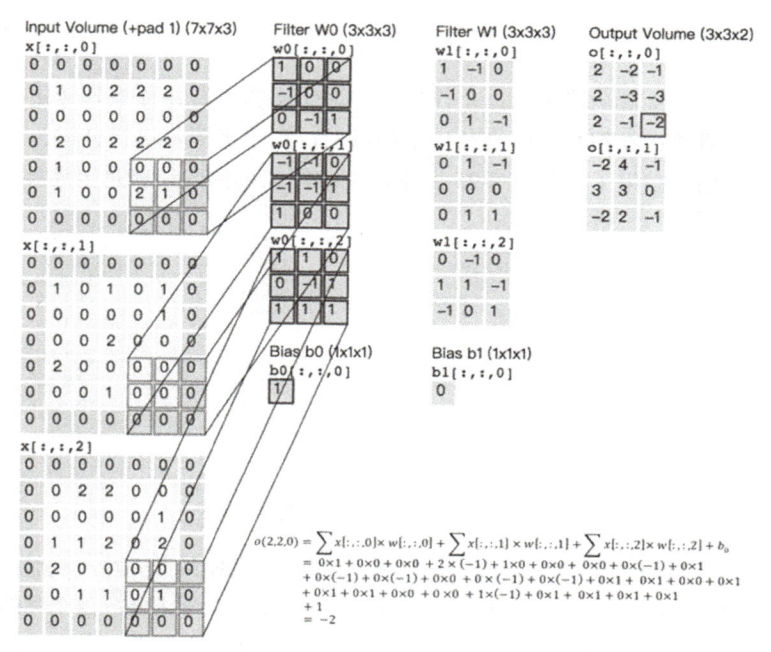

图 8-23　卷积层的提取方式

卷积操作即通过卷积核对每个通道的矩阵先从左到右（卷积核一般是 3×3 的矩阵）再从上至下地进行互相关运算（卷积操作也会保留位置信息），就像一个小的窗口一样，从左上角一步一步滑动到右下角，滑动的步长是个超参数，互相关运算的意思就是对应位置相乘再相加，最后把三个通道的值也对应加起来而得到一个值。

2）池化层

池化层的作用是对从卷积层中提取的特征进行挑选。常见的池化操作有最大池化和平均池化。池化层是通过 $n×n$ 大小的矩阵窗口的滑动进行计算的，类似于卷积层，只不过不是做互相关运算，而是求 $n×n$ 大小的矩阵中的最大值和均值。参考图 8-24 所示的池化层示意图，对特征图进行最大池化操作。

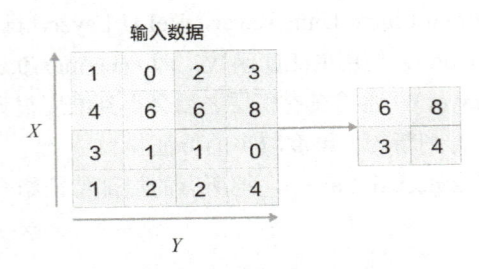

图 8-24　池化层示意图

池化层主要有以下几个作用：
（1）挑选不受位置干扰的图像信息。
（2）对特征进行降维，提高后续特征的感受野，也就是让池化后的一个像素对应池化前一定区域内的所有像素。
（3）因为池化层是不进行反向传播的，而且池化层减少了特征图的变量个数，所以池化层可以减少计算量。

3）全连接层

池化层的后面一般接着全连接层，全连接层将池化层的所有特征矩阵转化成一维的特征大向量。全连接层一般放在卷积神经网络结构中的最后，用于对图片进行分类。到了全连接层，神经网络就要准备输出结果了，如图 8-25 所示，倒数第二列的向量就是全连接层的数据。

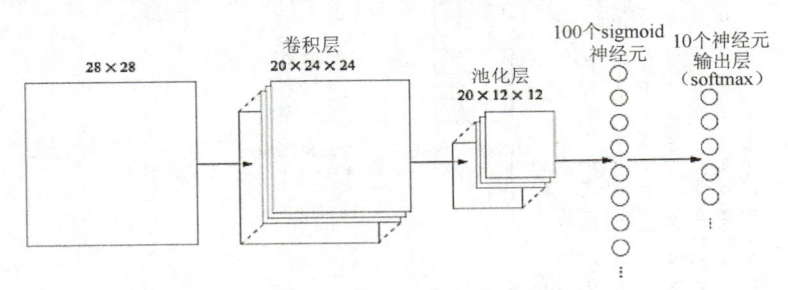

图 8-25　全连接层示意图

从池化层到全连接层会进行池化操作，数据会进行从多到少的映射，从而降维，这也就是为什么图 8-25 中从 20×12×12 变成 100 个神经元了。数据在慢慢减少，说明离输出结果越来越近。从全连接层到输出层会再一次减少数据，变成更低维的向量，这个操作一般叫作 softmax，这个向量的维度就是需要输出的类别个数。维度映射过程如图 8-26 所示。

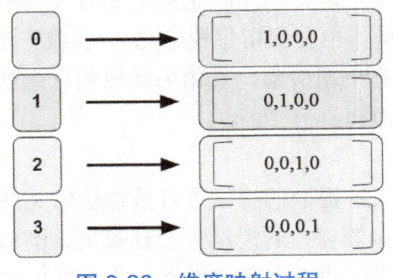

图 8-26　维度映射过程

因为从卷积层过来的数据太多，全连接层的作用主要是对数据进行降维操作，不然数据骤降到输出层，softmax 操作可能会丢失一些图像特征的重要信息。

任务实施

Step 1：数据预处理。读取 MNIST 数据集，转换图像特征向量，标准化特征值，将标签值转换成独热编码。

```
from keras.datasets import mnist
from keras.utils import np_utils
import numpy as np
np.random.seed(10)
# # 数据预处理
(x_Train, y_Train), (x_Test, y_Test) = mnist.load_data()
x_Train4D=x_Train.reshape(x_Train.shape[0],28,28,1).astype('float32')# 将图像特征值转换为四维矩阵
x_Test4D=x_Test.reshape(x_Test.shape[0],28,28,1).astype('float32')
x_Train4D_normalize = x_Train4D / 255#将图像特征值标准化可以提高模型预测的准确度，并且更快收敛
x_Test4D_normalize = x_Test4D / 255
y_TrainOneHot = np_utils.to_categorical(y_Train)#对训练数据和测试数据的标签进行独热编码转换
y_TestOneHot = np_utils.to_categorical(y_Test)
```

Step 2：建立模型。使用 Conv2D 函数建立卷积层和池化层，先分别建立卷积层 1、池化层 1、卷积层 2、池化层 2、平坦层 1、隐藏层 1、输出层，然后输出模型摘要。

```
# # 建立模型
from keras.models import Sequential
from keras.layers import Dense,Dropout,Flatten,Conv2D,MaxPooling2D
model = Sequential()
model.add(Conv2D(filters=16,
            kernel_size=(5,5),
            padding='same',
            input_shape=(28,28,1),
            activation='relu'))
model.add(MaxPooling2D(pool_size=(2, 2)))
model.add(Conv2D(filters=36,
            kernel_size=(5,5),
            padding='same',
            activation='relu'))
model.add(MaxPooling2D(pool_size=(2, 2)))
model.add(Dropout(0.25))
```

```python
model.add(Flatten())
model.add(Dense(128, activation='relu'))
model.add(Dropout(0.5))
model.add(Dense(10,activation='softmax'))
print(model.summary())
```

Step 3：训练模型。

```python
# # 训练模型
model.compile(loss='categorical_crossentropy',
              optimizer='adam',metrics=['accuracy'])
```

Step 4：展示模型训练效果，利用 history 属性展示训练过程。

```python
train_history=model.fit(x=x_Train4D_normalize,
                    y=y_TrainOneHot,validation_split=0.2,
                    epochs=3, batch_size=300,verbose=2)
import matplotlib.pyplot as plt
def show_train_history(train_acc,test_acc):
    plt.plot(train_history.history[train_acc])
    plt.plot(train_history.history[test_acc],linestyle='dashdot')
    plt.title('Train History')
    plt.ylabel('Accuracy')
    plt.xlabel('Epoch')
    plt.legend(['train', 'test'], loc='upper left')
    plt.show()
show_train_history('accuracy','val_accuracy')
show_train_history('loss','val_loss')
```

Step 5：评估模型的准确率，预测结果，并将结果展示在图片上。

```python
# # 评估模型的准确率
scores = model.evaluate(x_Test4D_normalize , y_TestOneHot)
print("模型的准确率为",scores[1])
# # 预测结果
prediction=model.predict_classes(x_Test4D_normalize)
print("预测结果为",prediction[:10])
# # 查看预测结果
import matplotlib.pyplot as plt
def plot_images_labels_prediction(images,labels,prediction,idx,num=10):
    fig = plt.gcf()
    fig.set_size_inches(12, 14)
    if num>25: num=25
    for i in range(0, num):
        ax=plt.subplot(5,5, 1+i)
```

```
            ax.imshow(images[idx], cmap='binary')

            ax.set_title("label=" +str(labels[idx])+
                    ",predict="+str(prediction[idx])
                    ,fontsize=10)

            ax.set_xticks([]);ax.set_yticks([])
            idx+=1
    plt.show()
plot_images_labels_prediction(x_Test,y_Test,prediction,idx=0)
```

Step 6：利用 crosstab 函数展示预测情况的混淆矩阵。

```
import pandas as pd
pd.crosstab(y_Test,prediction,
        rownames=['label'],colnames=['predict'])
df = pd.DataFrame({'label':y_Test, 'predict':prediction})
df[(df.label==5)&(df.predict==3)]
```

任务效果

任务效果如图 8-27～图 8-30 所示。

```
Model: "sequential"
_____
Layer (type)                 Output Shape              Param #
=================================================================
conv2d (Conv2D)              (None, 28, 28, 16)        416
_____
max_pooling2d (MaxPooling2D) (None, 14, 14, 16)        0
_____
conv2d_1 (Conv2D)            (None, 14, 14, 36)        14436
_____
max_pooling2d_1 (MaxPooling2 (None, 7, 7, 36)          0
_____
dropout (Dropout)            (None, 7, 7, 36)          0
_____
flatten (Flatten)            (None, 1764)              0
_____
dense (Dense)                (None, 128)               225920
_____
dropout_1 (Dropout)          (None, 128)               0
_____
dense_1 (Dense)              (None, 10)                1290
=================================================================
Total params: 242,062
Trainable params: 242,062
Non-trainable params: 0
```

图 8-27　模型摘要

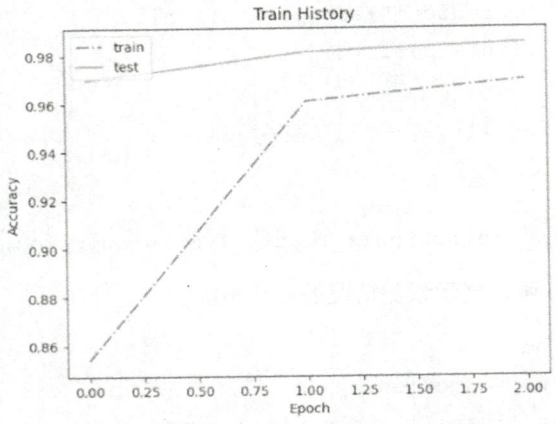

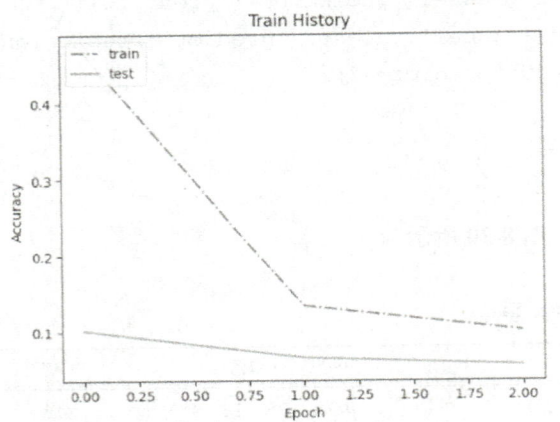

```
Epoch 1/3
- 48s - loss: 0.4684 - accuracy: 0.8537 - val_loss: 0.1010 - val_accuracy: 0.9696
Epoch 2/3
- 45s - loss: 0.1326 - accuracy: 0.9606 - val_loss: 0.0656 - val_accuracy: 0.9811
Epoch 3/3
- 41s - loss: 0.0998 - accuracy: 0.9693 - val_loss: 0.0551 - val_accuracy: 0.9846
```

图 8-28　经过 3 轮，准确率已经达到 98.46%

预测结果为：[7 2 1 0 4 1 4 9 5 9]

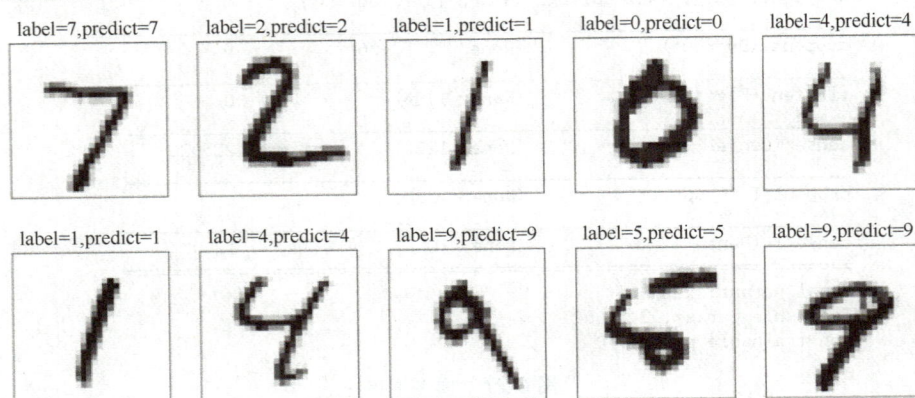

图 8-29　预测结果展示

	label	predict
340	5	3
1393	5	3

图 8-30　混淆矩阵展示

任务拓展

图 8-31 所示为猫狗数据集的图片展示，猫狗数据集可从华信教育资源网本书配套资源处下载。下面我们学习使用卷积神经网络对猫狗进行分类。

图 8-31　猫狗数据集的图片展示

代码实例 3：利用 TensorFlow 及 keras 库实现对猫狗的分类。

```
import os
import zipfile
import random
import tensorflow as tf
from tensorflow.keras.optimizers import RMSprop
from tensorflow.keras.preprocessing.image import ImageDataGenerator
from shutil import copyfile
import matplotlib.image  as mpimg
import matplotlib.pyplot as plt
local_zip = 'D:/data'   #设置压缩包的存放路径
zip_ref = zipfile.ZipFile(local_zip, 'r')   #压缩包解压缩
zip_ref.extractall('D:/tensorflowPoj/WEDTf/Q5/Q5data')    #将压缩包的内容全
```

部放到自己指定的文件夹内，注意，猫狗图片的训练集和测试集没有分开，需要自己分

```python
    zip_ref.close()
    print(len(os.listdir('D:/tensorflowPoj/WEDTf/Q5/Q5data/PetImages/Cat/'))
)     #打印猫狗图片的张数
    print(len(os.listdir('D:/tensorflowPoj/WEDTf/Q5/Q5data/PetImages/Dog/'))
)
    #分别创建猫狗图片的训练集和测试集的文件目录，以便接下来训练和测试
    try:
        os.mkdir('D:/tensorflowPoj/WEDTf/Q5/cats-v-dogs')
        os.mkdir('D:/tensorflowPoj/WEDTf/Q5/cats-v-dogs/trining')
        os.mkdir('D:/tensorflowPoj/WEDTf/Q5/cats-v-dogs/testing')
        os.mkdir('D:/tensorflowPoj/WEDTf/Q5/cats-v-dogs/trining/cats')
        os.mkdir('D:/tensorflowPoj/WEDTf/Q5/cats-v-dogs/trining/dogs')
        os.mkdir('D:/tensorflowPoj/WEDTf/Q5/cats-v-dogs/testing/cats')
        os.mkdir('D:/tensorflowPoj/WEDTf/Q5/cats-v-dogs/testing/dogs')
    except OSError:
        pass
    #分割数据集
    def split_data(source,trining,testing,split_size):
        files=[]
        for filename in os.listdir(source):    #遍历source路径下的所有文件和文件夹(也就是猫狗图片)
            file=source+filename                #图片的详细路径（文件夹路径+图片名称）
            if os.path.getsize(file) > 0 :     #判断该路径下是否存在图片（有的路径下没有图片，就没有图片被添加到训练集和测试集中）
                files.append(filename)
            else :
                print(filename+",is zeros length")
        trining_length=int(len(files)*split_size)         #训练集的长度为总长度乘以分割的长度 [下面采用90%（split_size=0.9）的数据为训练集，采用10%的数据为测试集]
        testing_length=int(len(files)-trining_length)     #测试集占10%
        shuffled_set=random.sample(files,len(files))      #将files数组打乱顺序
        trining_set=shuffled_set[0:trining_length]        #训练集图片
        testing_set=shuffled_set[-testing_length:]        #测试集图片

        for filename in trining_set: #把猫狗图片的训练集的数据放到创建的训练集文件夹内
            this_flie=source+filename              #训练集图片的原路径
            destination=trining+filename           #创建的训练集图片存放的目录
            copyfile(this_flie,destination)        #将训练集图片复制到创建好的目录下
        for filename in testing_set:               #把猫狗图片的测试集的数据放到创建的测试集文件夹内
            this_flie = source + filename
            destination = testing + filename
            copyfile(this_flie, destination)
```

```
    cat_source_dir='D:/tensorflowPoj/WEDTf/Q5/Q5data/PetImages/Cat/'        #原来
所有猫图片的路径
    trining_cats_dir='D:/tensorflowPoj/WEDTf/Q5/cats-v-dogs/trining/cats/'   #
猫图片的训练集要放的位置
    testing_cats_dir='D:/tensorflowPoj/WEDTf/Q5/cats-v-dogs/testing/cats/'   #
猫图片的测试集要放的位置
    dog_source_dir='D:/tensorflowPoj/WEDTf/Q5/Q5data/PetImages/Dog/'
    trining_dogs_dir='D:/tensorflowPoj/WEDTf/Q5/cats-v-dogs/trining/dogs/'
    testing_dogs_dir='D:/tensorflowPoj/WEDTf/Q5/cats-v-dogs/testing/dogs/'
    split_size=0.9

    split_data(cat_source_dir,trining_cats_dir,testing_cats_dir,split_size)
#分割训练集和测试集
    split_data(dog_source_dir,trining_dogs_dir,testing_dogs_dir,split_size)

    print(len(os.listdir('D:/tensorflowPoj/WEDTf/Q5/cats-v-dogs/trining/cats/')))
    print(len(os.listdir('D:/tensorflowPoj/WEDTf/Q5/cats-v-dogs/testing/cats/')))
    print(len(os.listdir('D:/tensorflowPoj/WEDTf/Q5/cats-v-dogs/trining/dogs/')))
    print(len(os.listdir('D:/tensorflowPoj/WEDTf/Q5/cats-v-dogs/testing/dogs/')))

    model = tf.keras.models.Sequential([
        tf.keras.layers.Conv2D(16, (3, 3), activation='relu', input_shape=(150, 150, 3)),   #第一层卷积,卷积核的大小为(3,3),卷积核的个数为16,ReLU函数
        tf.keras.layers.MaxPooling2D(2, 2),              #第一层池化
        tf.keras.layers.Conv2D(32, (3, 3), activation='relu'),
        tf.keras.layers.MaxPooling2D(2, 2),
        tf.keras.layers.Conv2D(64, (3, 3), activation='relu'),
        tf.keras.layers.MaxPooling2D(2, 2),
        tf.keras.layers.Flatten(),
        tf.keras.layers.Dense(512, activation='relu'),
        tf.keras.layers.Dense(1, activation='sigmoid')
    ])
    model.compile(optimizer=RMSprop(lr=0.001),  loss='binary_crossentropy',
metrics=['acc'])    #选取优化器和代价函数,显示准确率
    TRAINING_DIR ='D:/tensorflowPoj/WEDTf/Q5/cats-v-dogs/trining/'
    train_datagen =ImageDataGenerator(rescale=1.0/255)
    train_generator = train_datagen.flow_from_directory(
        TRAINING_DIR,
        batch_size=100,
        class_mode='binary',
```

```python
        target_size=(150,150)
)

VALIDATION_DIR = 'D:/tensorflowPoj/WEDTf/Q5/cats-v-dogs/testing/'
validation_datagen =ImageDataGenerator(rescale=1.0/255)
validation_generator = train_generator = train_datagen.flow_from_directory(
    VALIDATION_DIR,
    batch_size=100,
    class_mode='binary',
    target_size=(150,150)
)
history = model.fit_generator(train_generator,
                    epochs=15,
                    verbose=1,
                    validation_data=validation_generator)
acc=history.history['acc']
val_acc=history.history['val_acc']
loss=history.history['loss']
val_loss=history.history['val_loss']
epochs=range(len(acc)) # Get number of epochs
plt.plot(epochs, acc, 'r', "Training Accuracy")
plt.plot(epochs, val_acc, 'b', "Validation Accuracy")
plt.title('Training and validation accuracy')
plt.figure()
plt.plot(epochs, loss, 'r', "Training Loss")
plt.plot(epochs, val_loss, 'b', "Validation Loss")
plt.title('Training and validation loss')
model.save('Q5model')
##测试
import numpy as np
import tensorflow.compat.v1 as tf
tf.disable_v2_behavior()
import matplotlib.pyplot as plt
from tensorflow import keras
from tensorflow.keras.optimizers import RMSprop
import os
import zipfile
from tensorflow.keras.preprocessing.image import ImageDataGenerator
from tensorflow.keras.preprocessing import image
from tensorflow.keras.models import load_model
def image_plot(img):          #绘图
    plt.subplot()
    plt.axis('off')
    plt.imshow(img)
```

```
        plt.show()
model=load_model('Q5model')
path = r"D:/tensorflowPoj/WEDTf/Q5/Q5testpictures/"
for im in os.listdir(path):
    file=path+im
    img = image.load_img(file, target_size=(150,150))
    image_plot(img)
    x = image.img_to_array(img)
    x = np.expand_dims(x, axis=0)
    images = np.vstack([x])
    classes = model.predict(images, batch_size=10)
    print(classes)
    if classes>0.5:
        print('这是一条狗!')
    else :
        print('这是一只猫!')
```

人脸识别数据集展示如图 8-32 所示。

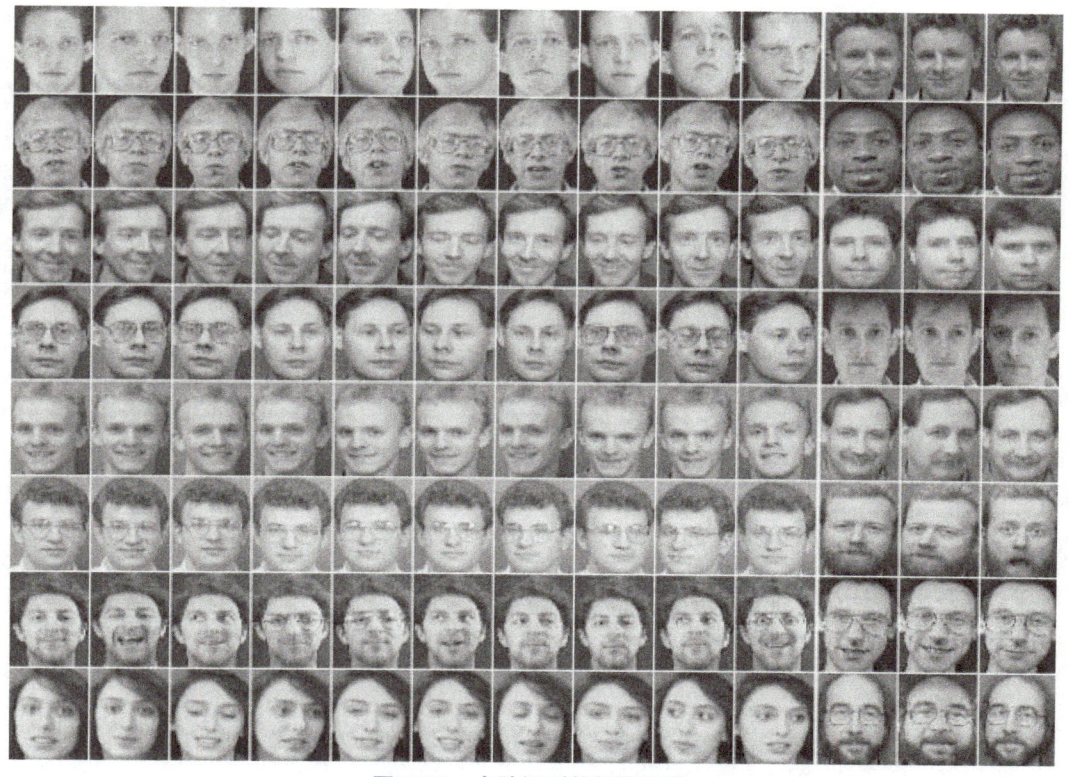

图 8-32　人脸识别数据集展示

代码实例 4：利用 TensorFlow 实现卷积神经网络人脸识别。

```
#coding=utf-8
```

```python
#tensorflow 1.3.1
#Python 3.6
import os
import numpy as np
import tensorflow as tf
import matplotlib.pyplot as plt
import matplotlib.image as mpimg
import matplotlib.patches as patches
import numpy
from PIL import Image
#获取dataset
def load_data(dataset_path):
    img = Image.open(dataset_path)
    # 定义一个20×20的训练样本，一共有40个人，每个人都有10张样本照片
    img_ndarray = np.asarray(img, dtype='float64') / 256
    #img_ndarray = np.asarray(img, dtype='float32') / 32
    # 记录脸数据矩阵，每张脸的像素矩阵大小为57×47
    faces = np.empty((400, 57 * 47))
    for row in range(20):
        for column in range(20):
            faces[20 * row + column] = np.ndarray.flatten(
                img_ndarray[row * 57: (row + 1) * 57, column * 47 : (column + 1) * 47]
            )
    label = np.zeros((400, 40))
    for i in range(40):
        label[i * 10: (i + 1) * 10, i] = 1
    # 将数据集分成训练集、验证集、测试集
    train_data  = np.empty((320, 57 * 47))
    train_label = np.zeros((320, 40))
    valid_data  = np.empty((40, 57 * 47))
    valid_label = np.zeros((40, 40))
    test_data   = np.empty((40, 57 * 47))
    test_label  = np.zeros((40, 40))
    for i in range(40):
        train_data [i * 8: i * 8 + 8] = faces[i * 10: i * 10 + 8]
        train_label[i * 8: i * 8 + 8] = label[i * 10: i * 10 + 8]
        
        valid_data [i] = faces[i * 10 + 8]
        valid_label[i] = label[i * 10 + 8]
        
        test_data [i]  = faces[i * 10 + 9]
        test_label[i]  = label[i * 10 + 9]
```

```python
        train_data = train_data.astype('float32')
        valid_data = valid_data.astype('float32')
        test_data = test_data.astype('float32')

    return [
        (train_data, train_label),
        (valid_data, valid_label),
        ( test_data,  test_label)
    ]
def convolutional_layer(data, kernel_size, bias_size, pooling_size):
    kernel = tf.get_variable("conv", kernel_size, initializer=tf.random_normal_initializer())
    bias = tf.get_variable('bias', bias_size, initializer=tf.random_normal_initializer())
    conv = tf.nn.conv2d(data, kernel, strides=[1, 1, 1, 1], padding='SAME')
    linear_output = tf.nn.relu(tf.add(conv, bias))
    pooling = tf.nn.max_pool(linear_output, ksize=pooling_size, strides=pooling_size, padding="SAME")
    return pooling
def linear_layer(data, weights_size, biases_size):
    weights = tf.get_variable("weigths", weights_size, initializer=tf.random_normal_initializer())
    biases = tf.get_variable("biases", biases_size, initializer=tf.random_normal_initializer())
    return tf.add(tf.matmul(data, weights), biases)
def convolutional_neural_network(data):
    # 根据类别个数定义最后输出层的神经元
    n_ouput_layer = 40
    kernel_shape1=[5, 5, 1, 32]
    kernel_shape2=[5, 5, 32, 64]
    full_conn_w_shape = [15 * 12 * 64, 1024]
    out_w_shape = [1024, n_ouput_layer]
    bias_shape1=[32]
    bias_shape2=[64]
    full_conn_b_shape = [1024]
    out_b_shape = [n_ouput_layer]
    data = tf.reshape(data, [-1, 57, 47, 1])
    # 在经过第一层卷积神经网络后，得到的张量为[batch, 29, 24, 32]
    with tf.variable_scope("conv_layer1") as layer1:
        layer1_output = convolutional_layer(
            data=data,
            kernel_size=kernel_shape1,
            bias_size=bias_shape1,
            pooling_size=[1, 2, 2, 1]
```

```python
        )
        # 在经过第二层卷积神经网络后,得到的张量为[batch, 15, 12, 64]
        with tf.variable_scope("conv_layer2") as layer2:
            layer2_output = convolutional_layer(
                data=layer1_output,
                kernel_size=kernel_shape2,
                bias_size=bias_shape2,
                pooling_size=[1, 2, 2, 1]
            )
        with tf.variable_scope("full_connection") as full_layer3:
            # 将卷积层的张量数据拉成二维张量
            layer2_output_flatten = tf.contrib.layers.flatten(layer2_output)
            layer3_output = tf.nn.relu(
                linear_layer(
                    data=layer2_output_flatten,
                    weights_size=full_conn_w_shape,
                    biases_size=full_conn_b_shape
                )
            )
            # layer3_output = tf.nn.dropout(layer3_output, 0.8)
        with tf.variable_scope("output") as output_layer4:
            output = linear_layer(
                data=layer3_output,
                weights_size=out_w_shape,
                biases_size=out_b_shape
            )
    return output;
def train_facedata(dataset, model_dir,model_path):
    # train_set_x = data[0][0]
    # train_set_y = data[0][1]
    # valid_set_x = data[1][0]
    # valid_set_y = data[1][1]
    #  test_set_x = data[2][0]
    #  test_set_y = data[2][1]
    # X = tf.placeholder(tf.float32, shape=(None, None), name="x-input")    #输入数据
    # Y = tf.placeholder(tf.float32, shape=(None, None), name='y-input')    #输入标签
    batch_size = 40
    # train_set_x, train_set_y = dataset[0]
    # valid_set_x, valid_set_y = dataset[1]
    #  test_set_x,  test_set_y = dataset[2]
    train_set_x = dataset[0][0]
    train_set_y = dataset[0][1]
```

```python
        valid_set_x = dataset[1][0]
        valid_set_y = dataset[1][1]
        test_set_x = dataset[2][0]
        test_set_y = dataset[2][1]
        X = tf.placeholder(tf.float32, [batch_size, 57 * 47])
        Y = tf.placeholder(tf.float32, [batch_size, 40])
        predict = convolutional_neural_network(X)
        cost_func = tf.reduce_mean(tf.nn.softmax_cross_entropy_with_logits(logits=predict, labels=Y))
        optimizer = tf.train.AdamOptimizer(1e-2).minimize(cost_func)
        # 用于保存训练的最优化模型
        saver     = tf.train.Saver()
        #model_dir  = './model'
        #model_path = model_dir + '/best.ckpt'
        with tf.Session() as session:
            # 若不存在模型数据，则需要训练模型参数
            if not os.path.exists(model_path + ".index"):
                session.run(tf.global_variables_initializer())
                best_loss = float('Inf')
                for epoch in range(20):
                    epoch_loss = 0
                    for i in range((int)(np.shape(train_set_x)[0] / batch_size)):
                        x = train_set_x[i * batch_size: (i + 1) * batch_size]
                        y = train_set_y[i * batch_size: (i + 1) * batch_size]
                        _, cost = session.run([optimizer, cost_func], feed_dict={X: x, Y: y})
                        epoch_loss += cost
                    print(epoch, ' : ', epoch_loss)
                    if best_loss > epoch_loss:
                        best_loss = epoch_loss
                        if not os.path.exists(model_dir):
                            os.mkdir(model_dir)
                            print("create the directory: %s" % model_dir)
                        save_path = saver.save(session, model_path)
                        print("Model saved in file: %s" % save_path)
            # 恢复数据，并对其进行校验和测试
            saver.restore(session, model_path)
            correct = tf.equal(tf.argmax(predict,1), tf.argmax(Y,1))
            valid_accuracy = tf.reduce_mean(tf.cast(correct,'float'))
            print('valid set accuracy: ', valid_accuracy.eval({X: valid_set_x, Y: valid_set_y}))
            test_pred = tf.argmax(predict, 1).eval({X: test_set_x})
            test_true = np.argmax(test_set_y, 1)
```

```
            test_correct = correct.eval({X: test_set_x, Y: test_set_y})
            incorrect_index = [i for i in range(np.shape(test_correct)[0]) if not test_correct[i]]
            for i in incorrect_index:
                print('picture person is %i, but mis-predicted as person %i'
                    %(test_true[i], test_pred[i]))
            plot_errordata(incorrect_index, "olivettifaces.gif")
#画出测试集中的错误数据
def plot_errordata(error_index, dataset_path):
    img = mpimg.imread(dataset_path)
    plt.imshow(img)
    currentAxis = plt.gca()
    for index in error_index:
        row    = index // 2
        column = index % 2
        currentAxis.add_patch(
            patches.Rectangle(
                xy=(
                    47 * 9 if column == 0 else 47 * 19,
                    row * 57
                    ),
                width   =47,
                height  =57,
                linewidth=1,
                edgecolor='r',
                facecolor='none'
            )
        )
    plt.savefig("result.png")
    plt.show()
def main():
    dataset_path = "olivettifaces.gif"
    data = load_data(dataset_path)
    model_dir = './model'
    model_path = model_dir + '/best.ckpt'
    train_facedata(data, model_dir, model_path)
if __name__ == "__main__":
    main()
```

程序编写

代码实例5：利用keras库实现三层感知机对MNIST数据集中手写数字的识别。

```
import matplotlib.pyplot as plt
```

```python
import pandas as pd
import numpy as np
import matplotlib.pyplot as plt
import seaborn as sns
from sklearn.model_selection import train_test_split
from sklearn import model_selection as cv
from sklearn.neighbors import KNeighborsClassifier
#添加画图显示中文模块
plt.rcParams['font.sans-serif']=['SimHei']
plt.rcParams['axes.unicode_minus']=False
#读取数据集
df = pd.read_csv("./winequality-red.csv")
df.head()
#特征值
X = np.array(df[df.columns[:11]])
print(X)
#分类标签
y = np.array(df.GoodWine)
print(y)
#将数据集划分为训练集与测试集，测试集占比为10%
X_train, X_test, y_train, y_test = train_test_split(X,y,test_size = 0.1)
#使用sklearn库自带的KNeighborsClassifier函数创建k-NN模型，参数选择模型的默认参数
knn = KNeighborsClassifier()
knn.fit(X_train,y_train)
y_ = knn.predict(X_test)
acc = knn.score(X_test,y_test)
print("测试集的准确率为",acc)
#画出交叉表与热图
pd.crosstab(index=y_,columns=y_test, rownames=['Predicted'], colnames=['True'], margins=True)
a= pd.crosstab(index=y_,columns=y_test, rownames=['Predicted'], colnames=['True'], margins=True)
sns.heatmap(a, cmap='rocket_r', annot=True, fmt='g')
```

代码实例6：用keras库实现卷积神经网络对MNIST数据集中手写数字的识别。

```python
# coding: utf-8
from keras.datasets import mnist
from keras.utils import np_utils
import numpy as np
np.random.seed(10)
# # 数据预处理
(x_Train, y_Train), (x_Test, y_Test) = mnist.load_data()
x_Train4D=x_Train.reshape(x_Train.shape[0],28,28,1).astype('float32')# 将
```

图像特征值转换为四维矩阵

```
x_Test4D=x_Test.reshape(x_Test.shape[0],28,28,1).astype('float32')
x_Train4D_normalize = x_Train4D / 255
```
#将图像特征值标准化可以提高模型预测的准确度，并且更快收敛
```
x_Test4D_normalize = x_Test4D / 255
y_TrainOneHot = np_utils.to_categorical(y_Train)
```
#对训练数据和测试数据的标签进行独热编码转换
```
y_TestOneHot = np_utils.to_categorical(y_Test)
# # 建立模型
from keras.models import Sequential
from keras.layers import Dense,Dropout,Flatten,Conv2D,MaxPooling2D
model = Sequential()
model.add(Conv2D(filters=16,
                 kernel_size=(5,5),
                 padding='same',
                 input_shape=(28,28,1),
                 activation='relu'))
model.add(MaxPooling2D(pool_size=(2, 2)))
model.add(Conv2D(filters=36,
                 kernel_size=(5,5),
                 padding='same',
                 activation='relu'))
model.add(MaxPooling2D(pool_size=(2, 2)))
model.add(Dropout(0.25))
model.add(Flatten())
model.add(Dense(128, activation='relu'))
model.add(Dropout(0.5))
model.add(Dense(10,activation='softmax'))
print(model.summary())
# # 训练模型
model.compile(loss='categorical_crossentropy',
              optimizer='adam',metrics=['accuracy'])

train_history=model.fit(x=x_Train4D_normalize,
                        y=y_TrainOneHot,validation_split=0.2,
                        epochs=3, batch_size=300,verbose=2)
import matplotlib.pyplot as plt
def show_train_history(train_acc,test_acc):
    plt.plot(train_history.history[train_acc])
    plt.plot(train_history.history[test_acc])
    plt.title('Train History')
    plt.ylabel('Accuracy')
    plt.xlabel('Epoch')
    plt.legend(['train', 'test'], loc='upper left')
```

```python
    plt.show()
show_train_history('accuracy','val_accuracy')
show_train_history('loss','val_loss')
## 评估模型的准确率
scores = model.evaluate(x_Test4D_normalize , y_TestOneHot)
print("模型的准确率为",scores[1])
## 预测结果
prediction=model.predict_classes(x_Test4D_normalize)
print("预测结果为",prediction[:10])
## 查看预测结果
import matplotlib.pyplot as plt
def plot_images_labels_prediction(images,labels,prediction,idx,num=10):
    fig = plt.gcf()
    fig.set_size_inches(12, 14)
    if num>25: num=25
    for i in range(0, num):
        ax=plt.subplot(5,5, 1+i)
        ax.imshow(images[idx], cmap='binary')
        ax.set_title("label=" +str(labels[idx])+
                    ",predict="+str(prediction[idx])
                    ,fontsize=10)
        ax.set_xticks([]);ax.set_yticks([])
        idx+=1
    plt.show()
plot_images_labels_prediction(x_Test,y_Test,prediction,idx=0)
## confusion matrix
import pandas as pd
pd.crosstab(y_Test,prediction,
            rownames=['label'],colnames=['predict'])
df = pd.DataFrame({'label':y_Test, 'predict':prediction})
df[(df.label==5)&(df.predict==3)]
```

任务评价

任务评价表（三）如表 8-3 所示。

表 8-3　任务评价表（三）

任务：_____　时间：_____

阶段任务	任务评价		
	合格	良好	优秀
知识准备			
任务实施			

测试习题

1. 下列关于 MLP 的描述中正确的是（　　）。
   A. 由于激活函数具有非线性特点，因此反向传播过程中存在梯度消失的问题
   B. 激活函数不必可导
   C. 没有前馈传播计算，也可以进行反向传播计算
   D. ReLU 函数导致的神经元死亡指的是该神经元以后都不可能被激活

2. MLP 由（　　）层神经元组成。
   A. 两   B. 三
   C. 大于或等于两层   D. 大于或等于三层

3. 神经网络的三层感知机除了输入层、输出层，还有（　　）。
   A. 隐藏层   B. 中间层
   C. Dropout 层   D. 平坦层

4. 卷积神经网络属于（　　）。
   A. 机器学习   B. 深度学习
   C. 大数据   D. 神经网络

5. 下列哪个说法是正确的？（　　）
   A. 神经网络的更深层通常能比前面层计算更复杂的输入特征
   B. 神经网络的前面层通常能比更深层计算更复杂的输入特征

6. 在前向传播期间，对于第一层的前向传播函数，需要知道第一层的激活函数（sigmoid、tanh、ReLU 等）是什么；在反向传播期间，对于相应的反向传播函数，也需要知道第一层的激活函数是什么。因为梯度是根据激活函数来计算的。这样描述正确吗？（　　）
   A. 正确
   B. 错误

7. 人工神经网络在本书中简称_____，是模拟_____进行信息处理的一种数学模型。

8. 神经网络是一种运算模型，由大量的节点（或称神经元）相互连接构成。每个节点代表一种特定的输出函数，该函数被称为_____。

9. 神经网络的基本结构是_____。

10. 神经网络有什么特点？又有什么局限性？

技能训练

实训项目编程讲解视频请扫码观看。

实训目的

通过本次实训，学生能够彻底掌握卷积神经网络的模型案例。

实训内容

通过现场采集人脸进行人脸识别，增加趣味性和可操作性。

单元小结

本单元主要讲解神经网络和深度学习，实现了从机器学习向深度学习的过渡。在人工智能领域，机器通过大量的数据训练，不断地学习和自我修正，得出对应的模型，相信随着无数研究者的探索，神经网络和深度学习会被越来越多地应用于日常生活中。

思政故事

神经网络

神经网络的发展大致经过了五个阶段。

第一阶段：模型的提出。

1943 年，心理学家 Warren McCulloch 和数学家 Walter Pitts 最早描述了一种理想化的神经网络，并构建了一种基于简单逻辑运算的计算机制。他们提出的神经网络模型被称为 M-P 模型。

Alan Turing 在 1948 年的论文中描述了一种 B 型图灵机。（赫布型学习）

1951 年，Warren McCulloch 和 Walter Pitts 的学生 Marvin Minsky 建造了第一台神经网络机，称之为随机神经模拟强化计算器（Stochastic Neural Analog Reinforcement Calculator，SNARC）。Rosenblatt 于 1958 年最早提出可以模拟人类感知能力的神经网络模型，称之为感知机（Perceptron），并提出了一种接近人类学习过程（迭代、试错）的学习算法。

第二阶段："冰河期"。

1969 年，Marvin Minsky 与 Seymour Papert 共同出版了《感知机》一书，书中论断直接将神经网络打入"冷宫"，导致神经网络出现十多年的"冰河期"。他们发现了神经网络的 2 个关键问题：

（1）基本感知机无法处理异或回路。

（2）计算机没有足够的能力来处理大型神经网络，因为这需要很长的计算时间。

1974 年，哈佛大学的 Paul Werbos 发明了反向传播算法，但当时该算法未受到应有的重视。

1980 年，Kunihiko Fukushima 提出了一种带卷积和子采样操作的多层神经网络——新认知机（Neocognitron）。

第三阶段：反向传播算法引起的复兴。

1983 年，物理学家 John Hopfield 对神经网络引入能量函数的概念，并提出了用于联想记忆和优化计算的网络（Hopfield 网络），在旅行商问题上获得了当时最好的结果，并引发了轰动。

1985 年，Geoffrey Hinton 和 Terry Sejnowski 借助统计物理学的概念和方法提出了一种随机神经网络模型——玻尔兹曼机。一年后，他们又改进了该模型，提出了受限玻尔兹曼机。

1986 年，David Rumelhart 和 James McClelland 对连接主义在计算机模拟神经活动中的应用提出了全面的论述，并发明了新的反向传播算法。

1986 年，Geoffrey Hinton 等人将反向传播算法引入了多层感知机。

1989 年，LeCun 等人将反向传播算法引入了卷积神经网络，并在手写数字的识别上取得了很大的成功。

第四阶段：流行度降低。

20 世纪 90 年代中期，统计学习理论和以 SVM 为代表的机器学习模型开始兴起。

相比之下，神经网络的理论基础不清晰、优化困难、可解释性差等缺点更加明显，关于神经网络的研究又一次陷入低潮。

第五阶段：深度学习的崛起。

2006 年，Geoffrey Hinton 等人发现多层前馈神经网络可以先通过逐层预训练，再通过反向传播算法精调的方式进行有效学习。深度神经网络在语音识别和图像分类等任务上取得了巨大成功。

2013 年，AlexNet 搭建了第一个现代深度卷积网络模型，这是深度学习技术在图像分类上取得真正突破的开端。

AlexNet 不用预训练和逐层训练，首次使用了很多现代深度网络的技术。

随着大规模并行计算及 GPU 设备的普及，计算机的计算能力得以大幅提高。此外，可供机器学习的数据规模也越来越大。在计算能力和数据规模的支持下，计算机已经可以训练大规模的神经网络。

深度学习

2012 年 6 月，《纽约时报》披露了 Google Brain 项目，吸引了公众的广泛关注。这个项目由斯坦福大学的著名机器学习教授 Andrew Ng 和大规模计算机系统方面的世界顶尖专家 Jeff Dean 共同主导，他们用 16 000 个 GPU Core（核心）的并行计算平台训练出一种名为"深度神经网络"的机器学习模型［其内部共有 10 亿个节点。这一网络自然不能与人类的神经网络相提并论。一个人的大脑中有 150 多亿个神经元，互相连接的节点（也就是突触数）更是如恒河沙数。曾经有人估算过，如果将一个人的大脑中所有神经细胞的轴突和树突依次连接起来，并拉成一根直线，可从地球连到月球，再从月球返回地球］，在语音识别和图像识别等领域获得了巨大的成功。

项目负责人之一 Andrew Ng 称："我们没有像通常那样自己框定边界，而是直接把海量数据投放到算法中，让数据自己'说话'，**系统会自动从数据中学习**。"另外一名负责人 Jeff 则说："我们在训练的时候从来不会告诉机器'这是一只猫'，系统其实是自己'发明'或者'领悟'了猫的概念。"

重点注意加粗的这句话。是的，深度学习就是使机器自己掌握学习能力。这样就可以解释为什么拥有大数据的互联网公司争相投入大量资源研发深度学习技术了。

反侵权盗版声明

电子工业出版社依法对本作品享有专有出版权。任何未经权利人书面许可，复制、销售或通过信息网络传播本作品的行为；歪曲、篡改、剽窃本作品的行为，均违反《中华人民共和国著作权法》，其行为人应承担相应的民事责任和行政责任，构成犯罪的，将被依法追究刑事责任。

为了维护市场秩序，保护权利人的合法权益，我社将依法查处和打击侵权盗版的单位和个人。欢迎社会各界人士积极举报侵权盗版行为，本社将奖励举报有功人员，并保证举报人的信息不被泄露。

举报电话：（010）88254396；（010）88258888
传　　真：（010）88254397
E-mail： dbqq@phei.com.cn
通信地址：北京市万寿路 173 信箱
　　　　　电子工业出版社总编办公室
邮　　编：100036